Andrea Ernst
Kurt Langbein
Hans Weiss

Gift-Grün

Andrea Ernst
Kurt Langbein
Hans Weiss

Gift-Grün

Chemie in der Landwirtschaft und die Folgen

Kiepenheuer & Witsch

Einband Hannes Jähn, Köln
Gesamtherstellung Clausen & Bosse, Leck
ISBN 3 462 01744 6

Mitautorin
des Kapitels »Irrsinn mit Methode – Giftexport nach Kenya«:
Brigitte Ortner

Mitarbeit

Verena Corazza, Wien
Krista Federspiel, Wien
Lizzy Feiler, Wien
Günther Kittel, Wien
Eva Kreisky, Wien
Ulrike Lunacek, Wien
Carlos Macedo, Wien
Franziska Mair, Wien
Christoph Matzuetter
Richard Mitten, Wien
Gerti Perlaki, Wien
Romana Riedesser, Wien
Erika Stegmann, Köln
Ein unbekannter Herr im mittleren Alter,
vermutlich Frankfurt
Susanne Will, Wien

Inhalt

1. Einleitung

»Millionen Menschen in der Welt haben nicht genug zu essen. Ohne Chemikalien wäre das Problem weit schlimmer«[1]. »Wenn tropische Früchte nicht (mit Pestiziden) besprüht würden, hätte das verheerende Folgen. Der daraus resultierende Hunger wäre die größte Katastrophe, die in der Welt je vorgekommen ist« [2] – nach Lektüre der vierfarbigen Hochglanzbroschüren der Chemie-Multis muß man annehmen, daß die Hersteller von Schädlingsbekämpfungsmitteln nur eines im Sinn haben: Die Befreiung der Welt vom Hunger.
Das ist schlicht falsch. Eine umfangreiche Studie hat ergeben, daß 70 Prozent der Schädlingsbekämpfungsmittel in den »unterentwickelten« Ländern auf Kaffee, Tee, Zucker, tropischen Früchten und auf Baumwolle landen – auf Pflanzen, die fast ausschließlich für den Export angebaut werden[3].
Der englische Pestizid-Experte David Bull kritisiert die Selbstdarstellung der Firmen folgerichtig: »Es ist nicht legitim, zu behaupten, daß der Pestizid-Einsatz in der Dritten Welt hilft, Unterernährung und Hunger zu bekämpfen. Um die Hungernden zu ernähren, muß man ihnen die Möglichkeit geben, die Nahrungsmittel anzubauen und zu kaufen, die sie benötigen. Der Pestizid-Einsatz führt hingegen oft zum Gegenteil«[4].

Heute schon wird rund ein Viertel des Pestizid-Umsatzes, der weltweit rund 50 Milliarden DM (öS 350 MRD) ausmacht, in den Ländern der Dritten Welt erzielt[5]. Der Exportanteil der

US-amerikanischen und europäischen Multis steigt weiter. Denn die Kosten dafür werden sehr oft von den Regierungen der Industriestaaten als »Entwicklungshilfe« direkt den Chemie-Herstellern bezahlt. Und in den USA wie auch in der BRD ermöglichen es Gesetze, all jene Agrargifte, die im eigenen Land wegen ihrer Gefährlichkeit längst verboten sind, in Entwicklungsländer zu exportieren.

Nutznießer dieser fatalen Politik sind vor allem die bundesdeutschen Multis. Der größte Pestizid-Hersteller Bayer (12,4 Prozent des Welt-Umsatzes) kontrolliert gemeinsam mit BASF, Schering, Hoechst und der Boehringer-Ingelheim-Tochter Celamerck rund ein Viertel des Pestizid-Weltmarktes[6].

Die Folgen müssen Bauern und Konsumenten auf der ganzen Welt tragen:

- Experten schätzen, daß Jahr für Jahr 750000 Menschen bei der Herstellung oder Anwendung von Schädlingsbekämpfungsmitteln Vergiftungen erleiden, mindestens 14000 davon sind tödlich. Rund die Hälfte der Vergiftungsopfer und zwei Drittel der Todesfälle sind in der Dritten Welt zu beklagen[7].

- Die massive Unterstützung des Anbaus von Früchten und Futtermitteln, die für die Märkte der Industriestaaten bestimmt sind, entzieht der Bevölkerung in den Ländern der Dritten Welt die eigene Nahrungsbasis.

- Die Konsumenten in Europa und den USA werden durch den Import von Nahrungsmitteln, die mit gefährlichen Giften behandelt wurden, ebenfalls bedroht. Eine Untersuchung in den USA hat ergeben, daß in 10 Prozent der importierten Früchte Rückstände von Pestiziden vorhanden waren, die in den USA wegen ihrer Gesundheitsrisiken verboten sind[8]. Die Behörden in der Bundesrepublik und in Österreich haben es geflissentlich unterlassen, ähnliche Untersuchungen vorzunehmen.

- Die Gefahren in Europa bleiben jedoch keineswegs auf Rückstände in importierten Waren beschränkt. Der Giftregen, der auf die immer intensiver bewirtschafteten europäischen Ackerböden niedergeht, ist nicht nur ein entscheidender Beitrag zur dramatischen Überproduktion in der Landwirtschaft. Auch in der Bundesrepublik und in Österreich gehören Vergiftungen längst zum Alltag der Bauern. Bodenleben und Artenvielfalt in der Pflanzen- und Tierwelt sind durch die Chemie bereits zum Teil vernichtet. Und die Gesundheitsgefahren durch Giftrückstände wurden bisher von den Behörden sträflich mißachtet. Das massive Ansteigen der Allergien ist nur ein Indiz dafür.

Die Zulassung von »Pflanzenschutz«mitteln erfolgt in der BRD und in Österreich weitgehend auf der Basis von Untersuchungsergebnissen, die von den Herstellerfirmen selbst erstellt wurden. Der Skandal um die Wirkstoffe Captan, Captafol und Folpet, deren Krebsrisiko ein Jahrzehnt lang vertuscht wurde, hat die Ohnmacht der Behörden erst vor wenigen Monaten deutlich demonstriert. Die uns zugespielten und in diesem Buch veröffentlichten firmeninternen Dokumente zeigen auf, wie die Chemiefirmen damit beschäftigt sind, bereits bekannte Gefahren zu vertuschen und wie sehr die Verquickung von Industrie und Behördenvertretern die Aufklärung erschwert.

Die Verheimlichung von bereits bekannten Gefahren für die Umwelt und menschliche Gesundheit sind nur ein Teil des Problems. Die Langzeitwirkungen eines Großteils der Pestizide sind bis jetzt unerforscht. Der »Großversuch«, an dem Konsumenten, Bauern und natürlich die Umwelt gezwungenermaßen teilnehmen, ist noch lange nicht abgeschlossen.

Dabei müßten die bereits bekannten Gefahren ausreichen, um eine Umorientierung in der Agrarpolitik herbeizuführen.

Schon der sogenannte »integrierte Pflanzenschutz« könnte deutliche Fortschritte bringen. Nach diesem Konzept sollte die Schädlingsbekämpfung hauptsächlich auf dem Einsatz natürlicher Gegner der ungewünschten Pflanzen und Tiere beruhen. Erst wenn mit diesen biologischen Methoden kein Erfolg mehr erzielt werden kann, sollten Agrargifte eingesetzt werden. In Großversuchen hat diese Methode nicht nur eine Senkung des Chemieeinsatzes um 40 Prozent, sondern langfristig sogar eine Ertragssteigerung um ein Zehntel erbracht[9]. Im landwirtschaftlichen Alltag ist der »integrierte Pflanzenschutz« jedoch ein Schlagwort geblieben, mit dem sich Behörden- und Firmenvertreter ihrer Kritiker erwehren. Die planvolle Nutzung von biologischen Möglichkeiten der Reduzierung von Schädlingen ist nur durch gut ausgebildete Fachleute möglich. Die Bauern werden jedoch fast ausschließlich von Firmenvertretern und Verkaufsberatern, die selbst auf Firmeninformationen angewiesen sind, über Art und Umfang des Einsatzes von Chemikalien informiert. Diese sind so giftig, daß sie bei Einsatz in anderen Bereichen – etwa der Medizin – der Kontrolle von Ärzten und Apothekern unterworfen würden.
Dabei geht die Politik der Multis längst in eine andere Richtung. Sie wollen die Pflanzen in ihr chemisch-industrielles Konzept »integrieren«. Die größten Hersteller von Pestiziden arbeiten bereits mit den Methoden der Gen-Technologie an der Züchtung von Nutzpflanzen, die alle Anforderungen ihrer Labors erfüllen. Sie sollen schneller wachsen, eine optimale maschinelle Verarbeitung ermöglichen und gegen Schädlinge unempfindlich sein; auch Unkrautvernichtungsmittel, auf deren Ein- und Absatz die Firmen nicht verzichten wollen, sollen den »neuen« Pflanzen nichts anhaben können. Solche La-

borschöpfungen können sich selbst aber nicht mehr fortpflanzen. Die Hybridsorten machen die Bauern dann auch noch vom Saatgut der Konzerne abhängig.

Die Methoden des biologischen Landbaus werden dagegen – trotz »Grün«-Welle – immer noch zurückgedrängt. Die Grundprinzipien dieser auf die Erhaltung und Pflege des natürlichen Systems ausgerichteten Schulen sind im wesentlichen[10]:

- Die ganzheitliche Betrachtung aller mit der landwirtschaftlichen Produktion verbundenen Vorgänge. Dazu gehört die Verringerung des Fremdstoffeinsatzes (Dünge-, Futter-, Schädlingsbekämpfungsmittel, Energie) und die Vermeidung aller Arten von Umweltbelastung.
- Im Zentrum der Betrachtung steht der Boden. Die Bodenlebewesen werden durch schonende Bodenbearbeitung und organische Düngung gepflegt und ernährt. Maschinen werden nur insoweit eingesetzt, als sie die Bodenstruktur und den Humusgehalt nicht negativ beeinflussen.
- Durch Vielfalt von Anpflanzungen (ausgewogene Fruchtfolge, gemischte Anpflanzungen verschiedener Früchte auf einem Feld) wird die Widerstandsfähigkeit der Pflanzen erhöht. Pflanzenarten werden vorher auf ihre Eignung für den jeweiligen Standort überprüft.
- Neben diesen vorbeugenden Maßnahmen werden »Nützlinge« besonders gefördert. Physikalische und biotechnische Maßnahmen (Insektenfallen) sowie pflanzliche und mineralische Spezialmittel (z. B. Brennesseljauche) werden an Stelle der synthetisch hergestellten Gifte eingesetzt.
- Die Landwirtschaft soll vielfältig untergliedert sein. Das ist wichtig für die Erhaltung der Artenwelt und auch für den Erholungswert der Landschaft.
- Durch biologischen Landbau fallen für die Landwirte und die Konsumenten die Gesundheitsrisiken weg: Wer keine Gifte verwendet, kann auch nicht vergiftet werden.

Alle diese Ansätze haben aber entscheidende Nachteile: Da sie arbeitsintensiv sind, widersprechen sie dem Prinzip von Intensivierung und Industrialisierung der Nahrungsmittelproduktion. Und sie verringern die Absatzmöglichkeiten der Chemie-Industrie.
Kaum verwunderlich, daß Behörden und Industrie biologische Anbaumethoden bekämpfen. An Stelle der mit Fremdstoffen belasteten Nahrungsmittel aus konventionellem Anbau werden von den Lebensmittelkontrollämtern vor allem biologisch hergestellte Produkte untersucht. Dies geschieht meist auf eine Art und Weise, die den Verdacht nehelegt, es ginge um eine Kampagne gegen den biologischen Landbau. Den Geschäftemachern, die es auch auf diesem Gebiet gibt, haben die Kontrollen jedenfalls nicht geschadet.
Bauern, die dem chemischen Wahnsinn in der Landwirtschaft den Rücken kehren, werden wirtschaftlich bedrängt und sozial isoliert, obwohl mit biologischen Anbaumethoden durchaus respektable Erträge erzielt werden können.

Mit dem Buch »Gift-Grün« erheben wir nicht den Anspruch, den Einsatz von Chemikalien in der Landwirtschaft umfassend zu beschreiben. Wir haben uns bewußt auf die Verwendung sogenannter Pflanzenschutzmittel beschränkt und den Einsatz von Düngemitteln oder Arzneimitteln für Tiere außer acht gelassen. Wir hoffen, durch dieses Buch einen Anstoß zur Eindämmung der Gefährdung der menschlichen Gesundheit und der Umwelt durch Schädlingsbekämpfungsmittel zu geben.

Wien, im Januar 1986

Andrea Ernst
Kurt Langbein
Hans Weiss

2. Im Hopfen tickt die Bombe

Dicke Luft bei den Bierbauern

Bier hat in Bayern Tradition und Gegenwart. Die Bürger des Freistaates konsumieren jährlich pro Kopf rund 250 Liter ihres Lieblingsgetränkes – ein absoluter Weltrekord. Der Durchschnittsbayer trinkt im Jahr hundert Liter mehr von dem aus Hopfen, Malz und Hefe gebrauten Saft als der Durchschnitts-Deutsche[1].

Die Landwirtschaft im Freistaat hat sich schon seit mehr als einem Jahrtausend auf die Vorlieben ihrer Landsleute eingestellt. Gerste und Hopfen bedecken große Anbauflächen. Hopfen wird bereits im Jahr 736 urkundlich erwähnt. Schon im Mittelalter gab es Anlässe genug, sich vor Pantschern und Verfälschern des Gerstensaftes zu schützen. 1516 wurde das »Reinheitsgebot« ausgegeben, das besagt: Bier darf ausschließlich aus Hopfen, Malz, Hefe und Wasser hergestellt werden[2]. Dieses Gebot gilt auch heute noch bei der Biererzeugung.

Bei der Herstellung des Hopfens freilich gelten andere Maßstäbe. Weder Hopfen noch Bauern werden durch ein Reinheitsgebot geschützt.

Der 15. August 1982 verspricht ein heißer Tag zu werden. Im Fränkischen Jura, dem traditionellen Hopfenanbaugebiet zwischen Ingolstadt und Regensburg beginnen die Landwirte am frühen Morgen mit dem chemischen Krieg gegen die Blattläuse. Diese kleinen Sauger sind seit Jahrzehnten ungeliebte

Gäste auf den Hopfenkulturen. Ende Mai, Anfang Juni beginnen sie ihren Überflug auf den Sommerwirt Hopfen und damit ihr Vernichtungswerk. Ab diesem Zeitpunkt wird der Kampf von den Bauern erbittert und bis zu Ende geführt.
In der Nähe von Vohburg an der Donau, im Dorf Dünzing, fährt Karl Stoiber[2a] um 7 Uhr morgens mit seinem Traktor in den Hopfengarten. Ein großes Stück Arbeit wartet auf ihn. 40000 Liter Spritzflüssigkeit müssen auf rund 10 Hektar ausgebracht werden. Es ist eine Präzisionsarbeit. Rund ein Liter Flüssigkeit ist für je einen Stock vorgesehen. Jedes Blatt am sieben Meter hohen Gerüst soll erreicht, jede Dolde benetzt werden. Trotzdem landet in der Regel nur ein Drittel der Giftbrühe auf der Hopfenpflanze, die restlichen zwei Drittel belasten Boden und Luft[3]. Karl Stoiber verwendet ein im Hopfenbau häufig eingesetztes Insektenvernichtungsmittel der Firma Du Pont: *Lannate* mit dem Wirkstoff Methomyl – ein Carbamat – wird im Pflanzenschutzmittelverzeichnis mit dem Totenkopf[4] gekennzeichnet. »Giftig« heißt es dazu im Behördenregister; »hervorragend hopfenverträglich«[5] in der Zeitschriftenwerbung des Herstellers. Der Werbetext verweist mit keinem Wort auf mögliche Gesundheitsschädigungen für den Anwender.
Karl Stoiber hat einen 16stündigen Arbeitstag vor sich. Der Traktor zieht den Sprühanhänger mit einem Tempo von nur 1,2 bis 1,8 km/h durch die Hopfenkultur. Der feine Sprühnebel muß sich auf einer Höhe von sieben Metern gleichmäßig verteilen; die Luft ist bald erfüllt von feinen Schwaden des Giftes. Die Temperatur steigt langsam auf 25 Grad. Es weht kaum ein Lüftchen – in der Kultur mit den langen, hohen Stangenreihen wird es brütend heiß. Der Traktor hat eine Kabine, doch diese schließt nur nach drei Seiten ab. Nach hinten bleibt sie offen. Das Spritzmittel setzt sich überall fest, der Geruch liegt in der Nase. »Es war auch windstill, aber trotzdem schlägt es einem die Mittel in die Kabine. Außerdem, in der Großraumkultur können die Mittel ja nicht raus. Die Luft

steht drinnen ganz dick, wenn der Hopfen Stangenhöhe hat«, erinnert sich Stoiber.
Der damals 22jährige Sohn des Hofbesitzers arbeitet bis tief in die Nacht hinein. »Natürlich hab ich Hunger gehabt«, meint Stoiber zur Frage nach der beim Pestizid-Einsatz in allen offiziellen Empfehlungen untersagten Nahrungsaufnahme. »Essen Sie einmal 16 Stunden nichts, wenn Sie arbeiten«. Er habe eine Brotzeit gegessen und zwei halbe Bier getrunken, ohne sich, wie es vorgeschrieben wäre, zu waschen und umzuziehen. Wie denn auch, auf dem Traktor, auf dem Feld?

Der nächste Tag, der 16. August 1982, beginnt ganz normal. Karl Stoiber arbeitet in der Werkstatt. Gegen elf Uhr vormittags allerdings überfällt ihn eine unbekannte Mattigkeit. »Ich bin so schwach geworden auf meinen Füßen. Ich konnte gar nicht mehr stehen. Auf den Boden habe ich mich gesetzt, so kraftlos bin ich geworden.«
Der Hausarzt wird gerufen. Er überweist ihn sofort mit Verdacht auf eine Vergiftung ins Klinikum Ingolstadt. »Ich war so matt und ohne Elan. Es war ein Zustand, den ich noch nie vorher kennengelernt habe.« Im Krankenhaus wird Karl Stoiber untersucht.
Von der Landwirtschaftlichen Berufsgenossenschaft Oberbayern, die die Krankenkassendiagnosen routinemäßig zugesendet bekommt, wird Karl Stoiber als Vergiftungsopfer registriert. Die Beschwerden klingen nach einigen Tagen wieder ab.
Hat Karl Stoiber Glück gehabt? Ein kleiner Unfall ohne bleibende Folgen? Über die Langzeitfolgen solcher Vergiftungen ist noch kaum etwas bekannt. Hinweise auf bleibende Schädigung sind aber in der Literatur bereits nachzulesen[6].

Beschwerden wie die von Karl Stoiber gehören zum Alltag in der Intensiv-Landwirtschaft. Im routinemäßigen Umgang mit teilweise hochgiftigen Substanzen können Schutzvorschriften kaum eingehalten werden. Sie sind realitätsfremd. So enthalten die Vorsichtsmaßregeln Tips wie: Das Einatmen von Staub- und Spritznebeln soll vermieden werden. Bei Hopfenarbeiten ist das unmöglich. Die Dichte der Kultur und Art der Arbeit ermöglicht kein Entkommen aus dem Pestizidedunst. Gesichtsmasken, Schutzkleidung und Handschuhe werden von der Berufsgenossenschaft empfohlen, aber »machen Sie diese Arbeit einmal 12 Stunden lang, ohne essen und trinken und bei 25 Grad Hitze. Wer kann da noch Masken tragen?« meint Karl Stoiber.

Er hat seit einem Jahr den Hof des Vaters übernommen. »Wir kämpfen im Hopfenbau gegen zwei Feinde. Gegen die Läuse und den Pilz, die Peronospora. Die setzt sich als Geflecht an die Unterseite des Blattes und der Ertrag ist weg.«

Die Pilzkrankheit Peronospora ist in Deutschland erstmals 1924 aufgetreten[7]. Bis zu diesem Zeitpunkt war sie als Hopfenschädling unbekannt. Die Krankheit hinterläßt verkrüppelte Triebe und Färbungen an den Dolden.

Vorbeugende Spritzungen gegen den Pilz gehören bis heute zur Routine im Hopfenanbau. Von Mai bis Mitte August werden wöchentlich oder im 10 bis 14-Tage-Rhythmus Pilzmittel, sogenannte Fungizide, verspritzt. Das sind im Jahr alleine bis zu 16 Spritzungen mit Kontaktmitteln gegen die Peronospora. Hauptsächlich werden dabei drei Wirkstoffgruppen eingesetzt, die auf der Pflanzenoberfläche haften bleiben und dadurch den Pilzbefall verhindern: Dithiocarbamate, Phthalsäurederivate und Kupferpräparate.

So bewirbt die Wacker-Chemie in Inseraten ihr Produkt[8]: »Hopfenpflanzer bevorzugen für die Sicherung ihrer Erträge das bewährte Mildkupferpräparat *Wacker 83 v* gegen Peronospora, (...).« Die Folgen werden im Werbetext nicht erwähnt. Wöchentliche Kupfergaben, jahrzehntelang ausgebracht, verwandeln die Bodenkrume in eine Schwermetalldeponie. Schon heute können im Boden aufgelassener Hopfengärten bis zu 500 ppm Kupfer nachgewiesen werden[9]. Da wächst kaum noch et-

was. Hackfrüchte etwa vertragen zur störungsfreien Pflanzenernährung nur 6 bis 10 ppm Kupfer. Die im Hopfengarten gemessenen Werte sind auch für andere Kulturpflanzen teilweise hochgiftig: Mais, Kartoffeln oder Raps können in einer vormaligen Hopfenanlage erst nach etwa einem Jahrzehnt wieder angebaut werden. Zucker- und Futterrüben müssen überhaupt langfristig vom Anbau ausgeschlossen werden[10]. Klee kann zwar als Futterpflanze dem Hopfen nachgebaut werden, ob das Grünzeug allerdings den Rindermägen behagt, ist zweifelhaft. Denn die bereits festgestellten 200 ppm Kupfergehalt im sogenannten Schwedenklee lassen Vergiftungen bei Milchkühen, Jungrindern und Bullen erwarten[11].
Dem Konsumenten begegnen die Folgen des Spritzmitteleinsatzes im Hopfengarten eventuell noch in Form von Getreidekörnern, die mit Kupfer angereichert sind. Ein Schwermetall mehr für unsere Leber.

Karl Stoiber ist nachdenklich geworden. Er versucht wie manche andere Bauern, zumindest von der wöchentlichen Spritzfolge wegzukommen. Dazu setzt er neuere, sogenannte systemische Mittel ein. Solche Präparate haften nicht nur an der Oberfläche. Sie werden von der Pflanze über die Wurzel aufgenommen und im Inneren überallhin verteilt. Stoiber: »Mittel wie *Aliette* oder *Ridomil plus* wirken 10 bis 14 Tage lang.« Allerdings sind systemische Mittel oft auch für den Menschen gefährlich. Und da sie sich in der gesamten Pflanze befinden, können auch noch später Rückstände davon vorhanden sein.

Behörden und Bauern bemühen sich seit kurzem, die allwöchentlichen Sprühnebel etwas zu lichten. Dennoch wird immer noch routinemäßig und vorbeugend die Giftbrühe aufgebracht – unabhängig davon, ob der Schädlingsbefall stark ist oder nicht.
Seit 1982 informiert jedoch der »Peronospora-Warndienst« der einzelnen Ämter für Landwirtschaft die Bauern über Telefon

von der Anzahl der »gefangenen Zoosporangien«[12] – und gibt damit Hinweise über die tatsächlichen Gefahren. Erst beim Überschreiten einer bestimmten Schadensschwelle wird der Aufruf zum Einsatz der Schädlingsbekämpfungsmittel ausgegeben. »Mit den gezielten Spritzungen haben wir uns im letzten Jahr einiges erspart«, meint Karl Stoiber rückblickend. Für den Warndienst sprechen nach Ansicht der Bayerischen Landesanstalt für Bodenkultur und Pflanzenbau nicht nur ökonomische Gründe, »sondern vor allem auch ökologische, weil hierdurch die toxikologische Gesamtbelastung der Hopfengärten stark verringert wird.«[13]

Bis dorthin ist allerdings noch ein weiter Weg. Viele Landwirte vertrauen diesen neuen ungewohnten Telefondiensten nicht. »Sicherheitsspritzungen« sind weiterhin an der Tagesordnung.

Vier Regionen bestimmen das bayrische Hopfenanbaugebiet. Hersbruck, Spalt und Jura gehören zu den kleineren Gebieten. Hallertau ist mit 4032 Höfen und 16 868 Hektar Anbaufläche das größte Anbaugebiet[14]. Es zählt sogar weltweit zu den größten Hopfenanbauflächen.
Ringsum dominieren die charakteristischen Gerüstanlagen das Bild der Landschaft. Alles wird vom Hopfen beherrscht. Die hier praktizierenden Ärzte kennen die Gesundheitsprobleme der Bevölkerung. »Hier tickt eine Bombe. Die wird in 15 Jahren hochgehen. Hier kann man kaum mehr atmen. Wenn man zwischen April und Juli den Spritzmittelgehalt in der Luft messen würde, dann würde man draufkommen, daß man die Bevölkerung eigentlich evakuieren müßte. Nicht zufällig steigt die Zahl der Magen-, Darm- und Lungentumore an.« Für diese Aussage will der befragte Arzt ungenannt bleiben, ebenso wie für die persönliche Schilderung: »Wenn ich im Sommer während der Spritzzeit über die Landstraße fahre, schließe ich die Fenster und die Lüftungsklappe. Sonst ist alles von Pestiziden erfüllt.«

Die Beobachtungen des Hallertauer Arztes werden auch von Fakten gestützt. Der Krebsatlas der Bundesrepublik Deutschland verzeichnet für einige Kreise Oberbayerns eine überdurchschnittliche Sterberate für Lungenkrebs. Das ist eine Krebsart, die sonst nur in von Industrieabgasen verpesteten städtischen Ballungsgebieten überdurchschnittlich häufig auftritt. Der Kreis Pfaffenhofen gehört zu den Regionen mit auffallend hoher Lungenkrebssterblichkeit in der Bundesrepublik. Auch beim Dickdarmkrebs weist der bayrische Kreis hohe Todesraten auf[15].

Während der täglichen Arbeit mit Spritzmitteln sind die Bauern an Übelkeit und Kopfschmerzen gewöhnt. Dr. Hugo Lechleuthner, Arzt für Allgemeinmedizin im Städtchen Wolnzach im Zentrum von Hallertau, hat während der Spritzzeiten immer wieder Vergiftungsfälle zu behandeln. Die Vergiftungserscheinungen, die von den nicht-systemischen Schädlingsbekämpfungsmitteln ausgelöst werden, sind allerdings von weit verbreiteten Beschwerden schwer zu unterscheiden und ähneln oft Symptomen von Grippe oder verdorbenen Magen. »Sie bestehen in einer Magen-, Darm-, Schleimhautentzündung mit Übelkeit, Brechreiz, Durchfall, Hitzegefühl und Hautrötung. Ferner in Appetitlosigkeit, Gewichtsabnahme und Erbrechen[16]«, berichtet Dr. Lechleuthner.

Die Gifte werden immer stärker und die Bauern nehmen es hin, daß ihnen schlecht wird. »Zur Vorbeugung haben sie eh Kohletabletten in der Hausapotheke. Die Medizinalkohle kann dann das im Magen-Darm-Kanal noch nicht aufgenommene Gift binden«, erzählt Dr. Lechleuthner aus der Praxis[17].

Besonders drastische Vergiftungsfälle werden durch die Praxis des »Anstreichens« bekannt[18]. Das wissen auch die Herstellerfirmen. Derartige Methoden werden in Gebrauchsanweisungen nicht empfohlen. Trotzdem greifen die Landwirte in der Blattlausbekämpfung zum »Pinsel«, um die Wirkung der Phosphorverbindungen zu erhöhen. Denn die Blattläuse werden gegen die Gifte zunehmend unempfindlich, in der Fachsprache heißt das resistent. Darauf reagieren die Bauern mit noch mehr Gift, meist auch noch in höheren Konzentrationen. Sie bedrohen damit aber eher ihre eigene Gesundheit als die der Läuse.

So ist beispielsweise *Tamaron,* mit dem Wirkstoff Methamidophos der Firma Bayer bereits extra mit dem Hinweis gekennzeichnet: »Es können sich örtlich resistente Blattlausstämme gebildet haben, die zu einer Beeinträchtigung der Wirksamkeit führen können[19].« Dem Anwender wird geraten, in Hopfengärten Atemschutzgeräte zu tragen und sich nach Anwendung des Wirkstoffs nicht mehr in den geschlossenen Beständen aufzuhalten[20].

Die Bäuerin Maria Langecker aus Wolnzach konnte dieser Hinweis nicht schützen. Am 12. Juli 1981[21] beginnt sie am frühen Morgen im Hopfengarten mit der Mischung von *Tamaron* und Wasser. Die 59jährige ist seit vielen Jahren mit der Arbeit vertraut. Seit ihrem 15. Lebensjahr arbeitet sie auf dem Hof. Neben Getreide bilden die rund 8000 Stück Hopfenpflanzen auf rund zwei Hektar eine wichtige Einnahmequelle. Der Ehemann war sein Leben lang als Arbeiter beschäftigt, die Landwirtschaft betreut sie ganz alleine.
Der 12. Juli ist ein schwüler, heißer Tag. Die Luft erfüllt von der Feuchtigkeit der vergangenen Regentage. Bei der Mischarbeit trägt Frau Langecker eine Gesichtsmaske und Gummihandschuhe. Ein kleiner, »Hopfenbulldogg« genannter Traktor zieht den Anhänger mit dem verdünnten *Tamaron* langsam durch die Anlage: »Beim Hopfenbulldogg gibt es ja gar keine Kabine. Ich hab noch eine Gummijacke mit Kapuze angehabt und auch die Maske. Eine halbe Stunde hab ich ge-

arbeitet und 500 Liter ausgebracht«, erinnert sich Maria Langecker heute. »Der Hopfen ist schon sehr hoch gestanden.«
Nach Hause zurückgekehrt, bereitet Frau Langecker gemeinsam mit ihrer Schwiegertochter das Mittagessen. Sie trinkt ein Glas Wasser und muß sich plötzlich übergeben: »Es war eine extreme Übelkeit, eine totale Erschöpfung und Mattheit.« Der Hausarzt überweist sie mit Verdacht auf eine Vergiftung ins Krankenhaus nach Pfaffenhofen. »Die Ärzte dort haben mich gleich behalten und gefragt, warum ich die Mittel spritze. Das sei gefährlich. Sie haben dauernd mein Blut kontrolliert.«
Mehrere Tage verbringt Frau Langecker im Spital. Mit Argusaugen beobachten die Ärzte die Blutbefunde. Mit dem Hinweis auf dringende Schonung wird die Bäuerin schließlich entlassen. Das Gefühl der Schwäche bleibt ihr erhalten. Bis heute ist die Vergiftung »körperlich« in Erinnerung geblieben: »Das *Tamaron* hat einen ganz intensiven Geruch. Seit damals kann ich das nicht mehr riechen. Mir wird schlecht davon. Wenn ich an einer so besprühten Kultur vorbeigehe, dann hebt es mir den Magen aus. Der Gestank geht mir durch den ganzen Körper.«

Vergiftungsalltag in der Landwirtschaft[40]

Die Informationszentrale gegen Vergiftungen an der Universitäts-Klinik in Bonn verzeichnete allein im Jahr 1984 5377 Anfragen wegen Vergiftungen durch Pflanzenschutzmittel. Und auch die landwirtschaftlichen Berufsgenossenschaften verzeichnen dutzende Vergiftungsfälle bei den Bauern. Einige Beispiele:[41]

- Franz Reiter spritzte sein Zuckerrübenfeld mit *Metasystox* gegen Blattläuse. »Ich saß den ganzen Tag auf dem Schlepper«, erinnert er sich, »es war sehr warm und fast windstill.« Nach dem Abendessen fühlte er sich »ganz schlapp« und ging schon um acht ins Bett. Einschlafen konnte er allerdings nicht – »mir wurde so schlecht, daß meine Frau den Arzt rief.« Der schickte Herrn Reiter sofort ins Krankenhaus. Ein Blutaustausch rettete seine Gesundheit.

- Walter Parth rückte dem Unkraut in seinem Weinberg mit *Reglone,* einem Herbizid von ICI, zu Leibe. Er trug vorschriftsmäßig einen Gummischutzanzug, Gummihandschuhe und einen Mund- und Nasenschutz, als er mit dem Rückensprühgerät langsam über den tiefen Boden stapfte. Es war windig. Nach gut zwei Stunden beendete er die Arbeit. Am nächsten Tag war ihm übel, er mußte erbrechen und wurde ins Krankenhaus geschickt. Diagnose: Vergiftung durch *Reglone.*
  Kommentar der landwirtschaftlichen Berufsgenossenschaft: »Ob die Vergiftung durch Einatmen des Mittels oder durch Verspritzen auf die Haut zwischen Handschuh und Schutzanzug aufgetreten ist, ist nicht zu ermitteln. Offensichtlich reicht eine leichte Gesichtsabdeckung nicht aus.«
- *Reglone,* ein »sehr giftiges« Unkrautvernichtungsmittel, spielt auch im Fall von Walter Wertkamps die Hauptrolle. Er hatte nur kurze Hosen an, als er das Gift im Weingarten mit der Rückenspritze versprühte. Dabei zog er sich schwere Verätzungen an den Unterschenkeln zu.
- Maria Lambsdorff arbeitete im Kartoffelacker. Von Agrargiften habe sie nichts zu befürchten, meinte sie. Sie rührte die Spritzpumpe nie an. Der Acker war jedoch zehn Tage zuvor von ihrem Mann mit dem Pilzmittel *Brestan* behandelt worden. Frau Lambsdorff benützte die Gummihandschuhe ihres Mannes.
  Schon bald wurde ihr übel. Der Arzt wies sie sofort ins Krankenhaus ein. Dort wurde eine Pestizid-Vergiftung festgestellt. Woher das Gift kam, konnte bald festgestellt werden: In der Universitätsklinik Düsseldorf wurden an den Handschuhen Reste von Insektiziden und Pilzmitteln nachgewiesen, die für den menschlichen Körper giftig sind.

Auch systemische Insektizide wie *Tamaron* haben ihre Wirkung gegen Läuse teilweise verloren. Gegen Menschen bleiben sie hochwirksam. So warnt Bayer selbst in der Produktinformation: »Das Produkt reizt die Augen (...) Kontakte des Produkts und der Spritzbrühe mit der Haut unbedingt vermeiden (...) unmittelbar nach der Anwendung nicht in ... geschlossenen Beständen ... aufhalten (...) an windstillen Tagen etwa 24 Stunden mit der Durchführung anderer Pflegemaßnahmen ... warten (...) bienengefährlich (...) giftig für Fischnährtiere.«[22]

Die Läuse brauchen solche Gefährlichkeit nicht mehr fürchten: »Die reagieren auf kaum ein Insektizid mehr. Obwohl beispielsweise Pyrethroide erst seit einigen Jahren im Handel sind, wirken sie in manchen Fällen nicht mehr«, erklärt Frau Dr. Kremheller vom Hopfenforschungsinstitut in Hüll[23]. Die Biologin ist dort seit Jahren für die Pflanzenschutzforschung zuständig.« Die widerstandsfähigen Läuse überleben und vermehren sich. Für diese Stämme braucht man dann schon 12mal höhere Dosen zur Abtötung, als bei Läusen, die mit dem Insektizid noch nicht in Berührung gekommen sind.«

Diese bedrohliche Entwicklung war am deutlichsten zwischen 1981 und 1984 bei der Anwendung der organischen Phosphorverbindungen Heptenophos und Omethoat[24].

Das Forschungsteam in Hüll stellte fest, daß zur Abtötung der heutigen Hopfenblattläuse die für die Praxis zugelassenen Höchstkonzentrationen nicht mehr ausreichen[25]. Daß Bauern zu höheren Konzentrationen greifen und Gebrauchsanweisungen nicht mehr einhalten, wird damit zum offenen Geheimnis.

Selbst die Pestizid-Wissenschaftler geben der Chemie heute nur noch wenig Chancen. Nachdem gegen die lausigen Tiere nahezu alle zugelassenen Mittel nicht mehr ausreichend wirken, »ergibt sich zwingend als Konsequenz (...), sich mit alternativen Bekämpfungsmethoden (zu) befassen«, resümiert das Forscherteam[26].

Vielleicht kommt auf diesem Weg wieder der Marienkäfer zu Ehren. Er ist jener bekannte Nützling, der pro Tag 20 Blattläuse verspeist. Der Marienkäferbestand fiel während der letzten Jahre allerdings ebenfalls dem chemischen Krieg zum Opfer.

»Überhaupt haben wir früher diese Probleme nicht gekannt«, erinnert sich Frau Langecker an ihre Jugend als Hopfenbäuerin. »Es gab viel weniger Blattläuse bzw. gar keine. Als ich 15/16 Jahre alt war, da haben wir im Sommer nur zwei oder dreimal gespritzt. Jetzt fahre ich jede Woche hinaus.«
In den letzten zwanzig Jahren hat sich in der Gegend manches verändert. Früher gab es noch Vieh in Wolnzach. Aber die Spezialisierung in der Landwirtschaft machte Rinder unrentabel. Sogar ein Pferd hatten die Langeckers noch vor 10 Jahren. Und bis vor fünf Jahren war ihr Hopfengarten auch noch stolze zwei Hektar groß. Im Konkurrenzkampf konnten die Nebenerwerbsbauern jedoch nicht mehr mithalten. Die heute 64jährige Bäuerin ist jetzt abgearbeitet und erschöpft. Der Hopfengarten ist auf einen Hektar geschrumpft. Seit drei Jahren hat die Familie keinen Abnahmevertrag mehr. Langfristige Abnahmeverträge sind jedoch die einzige Basis für einen erträglichen Preis. Hopfen, der ohne solche Verträge verkauft wird, sogenannter »Freihopfen«, wird in der Regel zu Spottpreisen gehandelt. Die Tränen steigen der Frau in die Augen: »Jetzt ist es November und wir haben den heurigen Hopfen noch immer lagern. Die Firmen haben uns 100 Mark geboten für den Zentner. Für das Geld, hat mein Mann gesagt, gebe ich ihn nicht her.«
Nur ein Viertel des bei Vertragshopfen üblichen Preises wird den Langeckers angeboten. Frau Langecker: »Ich hab immer alles alleine gemacht, die ganze Landwirtschaft. Versichert hab ich mich nicht. Das machen die Frauen hier nicht.« Heute lebt das alte Paar von 1000 DM Rente, die dem Mann zugesprochen wurden. Eine eigene Rente hat Frau Langecker nicht.

»Die kleinen Bauern im Nebenerwerb können nicht überleben. Der Hopfenbau ist enorm arbeits- und kapitalintensiv«, beschreibt der Hopfenberater Dipl.-Ing. Roßbauer aus Wolnzach die Entwicklung. »Die Zahl der Betriebe nimmt ab, aber die Anbaufläche kaum.«
1983 gab es im Hallertau noch 4032 Hopfenbetriebe, 1985 sind es nur noch 3780. 252 Bauern mußten aufgeben.[27] Ähnliches ist in allen bayerischen Anbaugebieten festzustellen. Der Geldeinsatz ist im Hopfenbau zu hoch. Nicht zuletzt wegen der Spritzmittel. Allein für einen Hektar der Spitzensorte *Brewers Gold* muß ein Landwirt rund 900 DM für Düngemittel und 1800 DM für Pestizide ausgeben.[28] Maschinen oder Arbeitskosten sind hier nicht mitkalkuliert.

Der Bierkonsum bleibt den Bayern aber bis auf weiteres gesichert – es werden sogar große Hopfenmengen, z. B. in die USA und nach Österreich exportiert. Denn die Erntemenge einer Hopfenpflanze reicht für 375 Liter Bier. Von einem Hektar wird die Hopfenmenge für 15000 Hektoliter Bier produziert.[29] Wenn sich allerdings die chemische Spirale der Schädlingsbekämpfung weiterdreht, könnte nicht nur den Bayern bald die Lust auf ihr Lieblingsgetränk vergehen.

Die verlorene Reinheit des Biers

Das »Reinheitsgebot« des bayerischen Herzogs Wilhelm IV. von 1516 ist längst nicht viel mehr als ein Stück Geschichte. Es ist nicht lange her, da fanden Kontrolleure die giftige Monobromessigsäure im Gerstensaft. Sie war als Konservierungsmittel verwendet worden. Solche illegalen Manipulationen lassen sich durch konsequente Überprüfungen noch ausschalten. Schwieriger wird das bei den Resten der Pflanzenbehandlungsmittel im Hopfen. Längst ist bekannt, daß jeder, der »eine Halbe« leert, auch Kupfer mitkonsumiert. Untersuchungen haben ergeben, daß Bier 0,2 bis 0,3 Milligramm Kupfer pro Liter enthält[30].

Auch die Dithiocarbamat-Pilzmittel hinterlassen kräftige Spuren. Diese Gift-Rückstände wurden von der Brauerei-Wirtschaft lange Zeit als »unbedenklich« eingestuft[31].

Wenn Dithiocarbamate wie etwa *Colosan, Pomuran, Dithane-Ultra, Trizimam D, Polyram Combi* und *Phytox Super* in den letzten Wochen vor der Ernte im Hopfen versprüht werden, bleiben beträchtliche Rückstände in den Dolden. Beim Würzekochen – einer wichtigen Phase im Brauprozeß, werden 50 bis 60 Prozent der Gift-Rückstände dann in andere Chemikalien umgewandelt: In Äthylenthioharnstoff (ETU) und Propylenthioharnstoff (PTU). Diese beiden Substanzen gehen voll ins Bier über – »da hilft auch eine Stabilisierung des Bieres mit den üblichen Mitteln nichts«, muß selbst das Branchen-Blatt »Brauwelt« zugeben[32].

ETU steht im dringenden Verdacht, Krebs zu erzeugen, das Erbgut zu verändern und Mißbildungen zu verursachen. Obendrein kann dieses Gift zu Schilddrüsenvergrößerungen führen[33].

Erkenntnisse, die für Aufregung sorgten – allerdings in den USA, deren Brauereien mit jährlich rund 100000 Zentnern ein Siebentel der bayerischen Hopfenproduktion importieren. In der Bundesrepublik und in Österreich, dessen Biere ebenfalls zu einem guten Teil mit Hopfen aus dem deutschen Freistaat gewürzt werden, hielt man sich eher an die »bewährte« Devise: Es wird schon nix passieren ...

Der Verband deutscher Hopfenpflanzer gab 1984 eine »Empfehlung« heraus, in der die Bauern aufgefordert werden, in den 55 Tagen vor der Ernte keine Dithiocarbamate mehr einzusetzen. Bei wöchentlichen, höchstens 14tägigen Spritzungen kein realistisches Verlangen. Damit sei es möglich, die Rückstände bis auf 25 Miligramm pro Kilo zu senken[34].

Und wenn – was zu erwarten ist – sich die Bauern an diese Empfehlung nicht halten, nicht halten können? »Wir kontrollieren das genau«, beeilt sich Peter Schmidt von der Nürnberger Großhandelsfirma »Lupofresh«, dem zweitgrößten Hopfenhändler der Bundesrepublik, festzustellen. Und »heute werden die Spritzmittel nicht mehr verwendet«[35].

Ein Vertreter der Bayerischen Landesanstalt für Bodenkultur erklärte in der Aufregung gar, daß »alle Dithiocarbamate im Hopfen verboten sind und nicht angewendet werden dürfen«[36] – eine Unwahrheit, die die Behörden wenig später als »Versehen« bezeichneten[37].

Tatsächlich gibt es bis heute keinerlei Anwendungsbeschränkung der gefährlichen Gifte. Die Beamten verzichten lediglich ab 1986 darauf, Dithiocarbamate wie bisher ausdrücklich zu empfehlen. Was wohl auch nicht nötig ist. Das besorgen die Pflanzenschutzberater von Hoechst, Celamerk und BASF, die ihre Produkte auch weiterhin für den Hopfen anpreisen.

All das hindert die Brauerei-Industrie nicht, Slogans wie: »Die Reinheit des Bieres ist über Dithiocarbamate nicht gefährdet« zu verbreiten. Die »Grenzwerte« für ETU-Rückstände würden nie überschritten[38].

Indes – gesetzlich festgesetzte Grenzwerte für die Rückstände von Carbamaten und deren Abbauprodukten im Bier gibt es überhaupt keine – es darf also soviel Giftrückstand enthalten sein, wie es die Brauereien für richtig halten. Das weiß auch der Leiter der Abteilung Pflanzenschutz im Berliner Bundesgesundheitsamt, Prof. Wolfgang Lingh. »Wir haben keinen klaren Überblick über die Rückstände«, gibt er zu und zweifelt auch an der Zuverlässigkeit der »Selbstkontrolle« durch die Brauereien: »Ich glaube fest, daß in den Brauereien die Hopfenchargen nicht einzeln auf Rückstände untersucht werden.«[39]

Man vertraut offenbar darauf, daß sich die Konsumenten an

ETU im Bier gewöhnt haben. So wie sie sich daran gewöhnt haben, daß längst ein statistischer Zusammenhang zwischen hohem Bierkonsum und der Häufigkeit von Mastdarmkrebs festgestellt wurde.

3. Gefährliche Ernte

Giftrückstände in Nahrungsmitteln

Obst macht krank – Allergien durch Pestizide

Ellen Sanders[1], eine fünfundvierzigjährige Hausfrau aus dem US-Bundesstaat Arizona, hatte schon als Kind oft an Kopf- und Nackenschmerzen, verstopfter Nase und Nervosität gelitten. Beim Autofahren wurde ihr meist schlecht, bei der täglichen Hausarbeit passierten ihr oft Mißgeschicke: Sie ließ plötzlich ohne ersichtlichen Grund Geschirr fallen, war gereizt und nervös, wenn sie sich länger in der Küche aufgehalten hatte.

Die Ärzte schrieben ihre langwierigen Erkältungen, die stets verstopfte Nase und die gelegentlich auftretenden Asthmaanfälle einem unbekannten Virus zu. Jedesmal, wenn sie Kirschen oder andere Obstsorten aß, wurde sie krank – zu den schon gewohnten Beschwerden kamen auch noch Übelkeit und Erbrechen. Sie wußte, daß sie sich besser fühlte, wenn sie überhaupt nichts aß und sich oft im Freien aufhielt. Die Ärzte verordneten ihr ein Medikament nach dem anderen – bald sah ihre Kommode aus wie der Ladentisch eines Apothekers. Doch die Beschwerden wurden immer schlimmer. Frau Sanders wurde von Depressionen gequält, manchmal bekam sie plötzlich feuerrote Wangen, taumelte durch das Zimmer und krachte gegen einen Schrank. Der Genuß eines halben Pfirsichs genügte, um sie »betrunken« und anschließend manchmal sogar bewußlos zu machen. Ihr Mann und auch der behandelnde Arzt hielten Frau Sanders bald für drogensüchtig. Der Ehemann wurde sogar handgreiflich. Er versuchte, aus der verängstigten Frau das

»Geheimversteck« von Heroin oder anderen vermuteten Drogen herauszuprügeln. Sein Verdacht wurde immer wieder dadurch bestärkt, daß es ihr besser ging, sobald sie im Krankenhaus war, und daß sich ihr Zustand unmittelbar nach ihrer Heimkehr wieder verschlechterte. Schließlich wollten der Mann und der Arzt sie in eine psychiatrische Anstalt einweisen lassen.

Einzig der Umstand, daß der Bruder von Ellen Sanders – ebenfalls ein Arzt – den Diagnosen seiner Kollegen nicht traute, rettete die Frau vor der weiteren »Karriere« als psychisch Kranke. Er brachte sie zu Dr. Theron Randolph, dem Leiter einer bekannten Allergieklinik in Chicago und Begründer der Medizin-Fachrichtung »Klinische Ökologie«. Nach ausführlichen Erhebungen der Leidensgeschichte und Untersuchungen stand die Diagnose fest: Ellen Sanders litt an einer Allergie gegen Schädlingsbekämpfungsmittel, deren Rückstände im Obst und Gemüse mitgegessen werden, und gegen Haushaltsgas[2]. Dr. Randolph, der in den letzten 30 Jahren mehr als zehntausend Fälle von Allergien gegen Umweltchemikalien dokumentiert hat: »Es laufen viele Ellen Sanders herum oder schleppen sich von einer Arztpraxis zur nächsten. Wie dies auch bei Nahrungsmitteln der Fall ist, wird eine konstruktive Kritik an der chemischen Industrie manchmal als Bedrohung des Profits angesehen«. Vorgegangen wird nicht gegen die Krankheitsursachen, sondern gegen die Kritiker. Randolph: »Gegenwärtig geben die Chemieunternehmen viele Millionen Dollar aus, um die Öffentlichkeit davon zu überzeugen, daß ihre Produkte ungefährlich und unentbehrlich sind. Dieses Geld sollte man besser für die Erforschung der Schäden verwenden, die durch unkontrollierte Chemikalien-Kontamination entstehen« [3].

In Österreich und der Bundesrepublik sind medizinische Ansätze wie die der »klinischen Ökologie« verpönt. Lediglich einige Heilpraktiker und Ärzte haben begonnen, sich mit den

Zusammenhängen von Chemie-Rückständen und den verschiedensten Krankheitsbildern zu beschäftigen.

Bei den dominierenden Strömungen der bundesdeutschen und österreichischen Schulmedizin dürften derartige Ansätze nicht gerade auf große Resonanz stoßen. Die Auseinandersetzung mit Krankheitsursachen – und da besonders mit Chemikalien als Ursache vieler Erkrankungen – zählt zu den Stiefkindern der auf hochtechnisierte Diagnostik und chemische »Reparatur« spezialisierten Medizin-Schulen. Und auch die Gesundheitsbehörden beider Länder lassen allzu oft in trauter Einstimmigkeit mit den Industrieverbänden verlauten, man habe alles geprüft, es sei alles unter Kontrolle. Die Pflanzen»schutz«mittel seien strengen Registrierungen unterworfen, es gäbe so gut wie keine Rückstände in Lebensmitteln, daher könnte auch niemand durch Pestizide krank werden. Gewagte Beschwichtigungsformeln, wenn man berücksichtigt, daß

- Obst, Gemüse und Getreideprodukte in Österreich wie in der Bundesrepublik von den Lebensmitteluntersuchungsanstalten nur in Ausnahmefällen auf Rückstände von Phosphorsäurestern und Carbamaten untersucht werden, weil man davon ausgeht, daß es ohnehin keine Rückstände dieser Gifte gibt;
- nach einer Untersuchung einer so angesehenen Behörde wie dem Nationalen Forschungsrat der USA von 3350 Pestiziden und Bestandteilen von Pestizid-Mischungen eine umfassende Abschätzung der Gesundheitsrisiken nur bei einem von zehn Wirkstoffen möglich war. Bei den 90 restlichen Prozent wurden die vorliegenden Daten über die Giftigkeit als »mangelhaft« bezeichnet[4];
- mittlerweile auch in Tierexperimenten nachgewiesen wurde, daß Pestizide auch schon in winzigen Mengen das Immunsystem beeinflussen. Eine Arbeitsgruppe des Institutes für Hygiene der Ruhr-Universität in Bochum hat erstmalig 1985 Befunde veröffentlicht, nach denen winzige Spuren von

DDT, Dieldrin, Heptachlor und Heptachlorepoxid bestimmte weiße Blutkörperchen des Menschen dazu anregen, Histamine und andere Stoffe auszuscheiden. Solche Stoffe können zu allergischen oder entzündlichen Erscheinungen im Gewebe führen[5].

Allergien sind mittlerweile auch in Mitteleuropa zu einem der größten Gesundheitsprobleme geworden. Eine Untersuchung der Weltgesundheitsorganisation (WHO) hat ergeben, daß 14 Prozent aller österreichischen Kinder an Allergien leiden. Hautallergien haben in der Schweiz seit 1959 um das Vierfache zugenommen. Laut einer Untersuchung des Tübinger Wickert-Institutes im Jahre 1983 gibt es in der Bundesrepublik 17,7 Millionen Allergiekranke, nach einer 1984 durchgeführten Infas-Studie sind es sogar 25 Millionen Bundesbürger. Angeblich betrug der Allergie-Anteil der Bevölkerung noch bis Ende der 70er Jahre gleichbleibend fünf Prozent, habe sich mittlerweile jedoch auf 15 bis 20 Prozent erhöht[6].

Laut dem Arzt Theron Randolph gehören Pestizid-Rückstände in Lebensmitteln zu den wichtigsten Allergie-Verursachern[7]. Und gerade diese Erkrankungsursachen werden kaum erkannt. Randolph: »Es muß betont werden, daß hochempfindliche Personen, die sich von Normalkost ernähren, kaum daran denken, daß die kleine Menge Obst, die sie täglich essen, ihnen irgendwelche Schwierigkeiten machen könnte. Der Grund hierfür liegt darin, daß eine geringe tägliche Dosis eines Pestizids ihre Krankheitssymptome lediglich verstärken«[8]. Der Patient weiß nur, daß er gestern in schlechter Verfassung war und sich heute auch miserabel fühlt. Sein Verdacht wird kaum auf das vermeintlich gesunde Obst und Gemüse fallen.

Im Unterschied zu allgemeinen Nahrungsmittelallergien, die ebenfalls vorkommen, können Allergien durch Pestizide auch nicht mit den herkömmlichen Methoden der Desensibilisierung behandelt werden. Bei der »Desensibilisierung« wird der Patient durch kontrollierten Kontakt mit dem Stoff, gegen den er empfindlich ist, für einige Zeit gegen den Schadstoff unempfindlich gemacht. Bei Pestizid-Allergien nützt das nichts – sie können nur durch eine ausgeklügelte Suchdiät und das völlige Vermeiden von Lebensmitteln, die Pestizid-Rückstände enthalten, behandelt werden[9].

Kein leichtes Unterfangen. Nach einer Untersuchung des texanischen Allergie-Spezialisten William Rea mit hochsensiblen Analyse-Methoden enthalten 94 Prozent der handelsüblichen Lebensmittel – meist winzige – Pestizid-Rückstände[10]. »Zulässige Höchstmengen« schützen den Allergie-Kranken nicht. Einmal empfindlich geworden, reagiert er auch auf die kleinsten Mengen. Dr. Rea konnte nachweisen, daß Patienten schon beim Kontakt mit weniger als einem Millionstel Gramm mit Beschwerden reagieren[11]. Das erklärt auch, warum in den Allergiekliniken der USA schon nach dem Einatmen von Küchendämpfen Krankheitserscheinungen beobachtet wurden.

Für schöne Früchte muß man leiden – wenn Normen Qualität genannt werden

Wer annimmt, Pestizid-Rückstände in Obst und Gemüse seien vor allem das Ergebnis unwissender oder gewissenloser Gärtner und Bauern, irrt. Die Schaffung von »Gütenormen« durch Behörden und Großabnehmer zwingt die Landwirte zum Gifteinsatz. Die »Qualitätsklassen«, nach denen Produkte bezahlt werden, richten sich nicht danach, wie gut etwas schmeckt oder wie bekömmlich es ist.

Bezahlt wird absolute Makellosigkeit, Eignung zur mechanischen Ernte, zur Konservierung, zum Transport – und Stoßfestigkeit, Lagerfähigkeit, Farbe und Größe[12]. Produkte, die in den Supermärkten in Reih und Glied unter der Bezeichnung »Obst« und »Gemüse« verkauft werden, verdienen dann oft den Namen kaum mehr.

»Größte Erzeugnisse mit höchsten Preisen (haben) meist geringste Wertstoffgehalte«, ermittelte Professor Werner Schuphan. Er zeigt am Beispiel von Äpfeln auf, daß sogar die Farbe – hier wohl treffender die Färbung – durch Pestizide gesteuert wird: »Bei Anwendung bestimmter Pestizide, z. B. von *Captan* und *Pomarsol forte* erhalten sie eine lebhafte, vom Verbraucher geschätzte Ausfärbung.« Damit würden die Verbraucher getäuscht, weil leuchtende Farben Sonnenlichteinwirkung und damit einen höheren Vitamin-C-Gehalt vortäuschen[13].

Die Konsumenten bezahlten die Rechnung dafür mehrfach: Sie erhalten oft weniger nährstoffreiche, schlechter schmekkende sogenannte »Qualitätsware«. Und sie müssen dafür auch noch mehr Geld ausgeben. Sie riskieren damit Allergien – und manchmal sogar noch Schlimmeres. Der Verkauf von *Captan* etwa wurde im Februar 1986 in der Bundesrepublik wegen der krebserzeugenden Wirkung des Mittels verboten[14].

Und auch der »Wachstumsregulator« Daminozid, der in der Bundesrepublik wie in Österreich unter dem Handelsnamen *Alar 85* verkauft wird, wird aufgrund von Tierversuchen in den USA verdächtigt, krebserregend zu sein.[15] Mit Daminozid alias *Alar* werden in den USA auch die Export-Äpfel »Red-« und »Golden Delicious« gespritzt, ebenso die Sorten »Stayman« und »Macintosh«, und zwar dreimal im Jahr. Daminozid ist in der Apfel-Industrie ungemein populär, weil es alle Früchte in Einheitsgröße wachsen läßt und die Reifung verzögert, so daß alle Früchte gleichzeitig geerntet werden können. Es intensiviert auch die rote Farbe und verlängert die Genießbarkeit im Regal um zwei bis drei Monate. Daminozid durchdringt die Äpfel bis ins Gehäuse. Abreiben oder Waschen nützt also nichts. Rudolf Kolbinger von der Chemie-Firma BASF, die *Alar* in der Bundesrepublik verkauft, meint zum Krebsverdacht lapidar: »Das ist uns bekannt, aber wir können dazu nichts sagen, weil wir über die Toxizität des Mittels nichts genaues wissen. Fragen Sie den Hersteller Uniroyal in England.«

Auch die bundesdeutschen Behörden scheinen nichts genaues zu wissen. Die »Höchstmengenverordnung« gestattet ausgerechnet in Äpfeln und Birnen bis zu fünf Milligramm Giftrückstände je Kilogramm. In allen anderen pflanzlichen Lebensmitteln halten die Behörden je Kilo nur 0,1 Milligramm für gesundheitlich unbedenklich[16].

Ach wie gut, daß niemand weiß – die Ohnmacht der Behörden

Der Verkauf von Pflanzenschutzmitteln ist in der Bundesrepublik wie in Österreich gesetzlich genau geregelt. Bevor ein Mittel den Bauern angeboten werden darf, wird es einem Registrierungsverfahren unterzogen. In beiden Ländern werden die Unterlagen über die Giftigkeit der Wirkstoffe zunächst von Abteilungen des Gesundheitsministeriums überprüft. Die Belege für die Wirksamkeit des Mittels gegen den jeweiligen Schädling und die endgültige Zulassung sind hingegen Sache der Landwirtschaftsministerien.

Diese Verfahrensschritte werden in der BRD von der Biologischen Bundesanstalt in Braunschweig und in Österreich von der Wiener Bundesanstalt für Pflanzenschutz durchgeführt. Bei öffentlicher Kritik an Pflanzenschutzmitteln erklären die verantwortlichen Politiker stets in trauter Eintracht mit der Chemie-Industrie, daß die gesetzlichen Kontrollen ohnehin weltweit zu den strengsten zählen und Gefahren für die Menschen ausschließen.

Die Realität schaut anders aus. Das Zulassungsverfahren erfordert zwar erhebliche Mühe von den Bürokraten der zuständigen Behörden. Aber die eigentliche Prüfung findet woanders statt. Sie erfolgt meist in den Labors der chemischen Industrie, weil die technisch und personell besser ausgestattet sind. Die Beamten brauchen dann nur noch die vorgelegten Prüfungsergebnisse durchzusehen. Wie praktisch[17].

Das Frankfurter »Öko-Test-Magazin« hat aufgezeigt, wie schwer es die Behörden haben. Das Unkrautvernichtungsmittel Paraquat etwa wurde in der Bundesrepublik erstmals 1959 eingesetzt. Es galt laut Information des Herstellers – des britischen Chemie-Konzerns ICI – als leicht abbaubar. Im Boden jedenfalls war Paraquat nicht mehr aufzufinden. Niemand wußte, wo das Gift geblieben war.
Erst 20 Jahre später merkten die Behörden, daß Paraquat fast gar nicht abgebaut wird, sondern sich mit Bestandteilen des Bodens verbindet. Nach einer dreißigjährigen Anwendung »kann der Boden überlaufen«, erklärte der Pressesprecher der Braunschweiger Biologischen Bundesanstalt, Dr. Peter Wohlers, dem Öko-Test-Magazin, »es kann sein, daß für die Kulturpflanzen dann erstmal 2000 Jahre Schluß ist«[18]. Jetzt mußten die Behörden wohl handeln. Drei ICI-Präparate mit dem Wirkstoff Paraquat wurden aus dem Verkehr gezogen. Weitere Mittel (*Gramoxone MB, Terraklene B,*) konnten selbst jetzt noch nicht verboten werden. Ihre Zulassung – die jeweils für zehn Jahre befristet ist – läuft erst im Jahr 1990 aus. Und gegen den Widerruf der Zulassung hat ICI Widerspruch eingelegt. Dr. Wohlers: »Pervers ist das schon, aber wir haben nun einmal eine demokratische Grundordnung«[19].

Ein anderes Beispiel: Die Pilzmittel Captan, Captafol und Folpet sind in der Bundesrepublik und in Österreich schon seit mehr als einem Jahrzehnt in Verwendung. Bayer bot Captan unter dem Namen *Orthocid 83* für den Obst-, Gemüse- und Weinbau an. Captafol sollte, *Ortho Difolotan SK* getauft, Weizen und Pfirsiche vor Pilzbefall schützen. Folpet wurde vom Leverkusener Konzern als *Ortho-Phaltan* im Wein- und Hopfenbau angepriesen[20].« Jeder Weinbauer, der sich für *Ortho-Phaltan* entscheidet, hat mit Recht das Gefühl der Sicherheit«, lauteten die Sprüche der Werbetexter von Bayer[21].
Auch die Ruhrstickstoff AG, die Firma Agrotec und die Wakker-Chemie durften am großen Kuchen mitnaschen und die

Wirkstoffe in zahlreichen Kombinationsmitteln anbieten. In Österreich werden diese Pilzvernichter von der staatlichen Chemie Linz und von Kwizda unter Obstbauern und Weinbauern gebracht.
Captan, Captafol und Folpet galten lange Zeit als relativ unschädlich und wurden etwa im Weinbau bis zu achtmal im Jahr versprüht. »Die Zulassung ist aufgrund der toxikologischen Unterlagen erfolgt, die uns damals vorgelegt wurden«, begründet der Leiter der Abteilung Pflanzenschutz im Berliner Bundesgesundheitsamt, Prof. Wolfgang Lingk, die Behördenschritte. Und in diesen Unterlagen stand, daß die Präparate in bezug auf krebserregende Wirkungen unbedenklich seien – für derartige Gifte schon eine Art Adelstitel.
Die Untersuchungen waren im Auftrag des Inhabers der Lizenzen, dem US-Konzern Chevron, von einem privaten Labor in den USA, den »International Biological and Toxicological Laboratories«, durchgeführt worden. Wolfgang Lingk: »Mittlerweile hat sich herausgestellt, daß viele der von diesem Institut durchgeführten Untersuchungen einer erneuten Überprüfung nicht standhalten konnten«[22].

Die Zulassung der Mittel lief Ende Februar 1986 aus. Also mußten neue Registrierungsunterlagen eingereicht werden. Chevron verzichtete diesmal auf die Hilfe des berüchtigten Instituts. Ergebnis: »Folpet, Captafol und Captan sind im Tierversuch krebserzeugend«, faßt Lingk die wundersame Wandlung der Laborbefunde zusammen. Nun setzte sich auch der Behördenapparat in der BRD in Bewegung. Der Verkauf aller Pilzmittel, die diese Substanzen enthalten – insgesamt sind es rund 60 – wurde mit 1. März 1986 verboten. Lediglich zum Abdecken von Baumwunden dürfen die gefährlichen Stoffe noch verwendet werden [23].

Solche bitteren Erkenntnisse scheinen vor Österreichs Grenzen Halt zu machen. In der Alpenrepublik gilt bis heute ein veraltetes Pflanzenschutzgesetz aus dem Jahr 1948. Hier sind keine befristeten Zulassungen vorgesehen. Nach dem Prinzip – einmal gut, immer gut – bleibt ein einmal registriertes Gift fast unbegrenzt erlaubt. Ein neuer Gesetzesentwurf, der ebenfalls befristete Zulassungen vorsieht, wird schon seit Jahren zwischen Gesundheitsministerium, Landwirtschaftsministerium und den diversen Interessenvertretungen der Agrar- und Chemielobby hin- und hergeschoben.

Die Staatsfirma Chemie Linz darf daher bis heute[24] ihre krebserregenden Pilzmittel *Captan Linz* und *Folpan 50* ebenso ungestraft verkaufen wie Kwizda ihr *Captan* und *Folpetan flüssig.* Und auch die Boehringer-Ingelheim-Tochter Epro wird wohl weiter ihr Pilzmittel *Mikal* damit bewerben dürfen, daß es »einen Anteil des weltweit bewährten Kontaktfungizides Folpet« enthält und »voll verträglich« ist. Werbeslogan der Firma: »Totaler Schutz von innen und außen«[25]. Von den dutzenden anderen Kombinationsmitteln, die ebenfalls vertrieben werden, ganz zu schweigen.

Und im österreichischen Ost und Gemüse dürfen weiter enorm hohe Rückstände der Gifte – bei Captan und Folpet sogar bis zu 15 Milligramm je Kilo – enthalten sein. Die »Höchstwerteverordnung« macht das möglich[25a]

Hoch, höher, Höchstmengen

Noch problematischer werden die Paragraphenwerke im Bereich des Konsumentenschutzes. In Österreich und der Bundesrepublik wird durch sogenannte »Pflanzenschutzmittel-Höchstmengenverordnungen« festgelegt, wieviel von welchem Agrargift in welchem Lebensmittel für Konsumenten noch nicht ungesund ist. Angeblich sollen diese Gesetze den Verbraucher vor vergifteter Nahrung schützen. Die Chemie-Industrie jedenfalls ist mit diesen Regelungen zufrieden. Sie spricht von einer »vorbildlichen Gesetzgebung«[26] und meint gar, daß

ein Giftrückstand in einem Lebensmittel »selbst bei einer Überschreitung der Höchstmengen um das Hundertfache noch immer keine Wirkung hätte«[27].
Konsumentenschützer sehen das anders. »Die Verordnung hat nicht nur gähnende Lücken, ihr Wert wird auch durch Schlupflöcher und Ausnahmeregelungen vermindert«, meint etwa Gerd Schuster in der Zeitschrift »Natur«[28]. Und weiter: »Wenig Vertrauen erzeugt weiterhin die Tatsache, daß die Höchstmengen häufig mit beträchtlicher Willkür und um satte Margen hinauf- und herabgesetzt werden«. Die Höchstmengen dienten oft sogar dazu, die Steigerung der Schadstoffbelastung der Konsumenten gesetzlich zu erlauben.
1974 etwa wies jeder dritte Importsalat in der Bundesrepublik Deutschland Überschreitungen der zugelassenen Höchstmenge durch das Pilzmittel *Quintozen* auf – war also gesundheitsschädlich. Ein Jahr später gingen die gesetzlich erlaubten Überschreitungen drastisch zurück, da waren es nur noch 0,7 Prozent – 99,3 Prozent waren also »unbedenklich«. Des Rätsels Lösung: Die Höchstmenge für Quintozen wurde am 1. Oktober 1974 von einem auf drei Milligramm pro Kilo angehoben[29].
Manche anderen Giftstoffe scheinen gar jahrelang überhaupt nicht in der Höchstmengenverordnung auf, obwohl sie längst als Pflanzenschutzmittel eingesetzt werden. Ein Umstand, den clevere Bauern zu schätzen wissen. So stieß das Untersuchungsamt Saarbrücken bei Stichproben zwischen 1978 und 1982 häufig auf die Pilzvernichtungsmittel *Iprodion* und *Vinclozolin*. Beide waren nicht in der Höchstmengenverordnung enthalten[30].
Die Behörden mußten tatenlos zusehen.

Doch auch dort, wo das Sicherheitsnetz keine Lücken hat und die Behörden nicht allzuviel »Realpolitik« betreiben, bleiben Zweifel. Die Höchstmengen werden mit Hilfe mehrstufiger Rechenverfahren fabriziert, deren Ausgangszahlen in Tierversuchen ermittelt werden. Zunächst wird in Fütterungsversu-

chen festgestellt, bei welcher Dosis die Labortiere gerade noch keine Gesundheitsschäden zeigen. Ergebnis dieser Versuche, die fast ausschließlich von den Herstellerfirmen selbst durchgeführt werden, ist die höchste unwirksame Dosis, in der Fachsprache »No effect level« (NEL).
Aus dem NEL wird nun die höchste duldbare Tagesdosis pro Kilo Körpergewicht für die Versuchstiere berechnet. Weil das Ziel der Tests der meist viel empfindlichere Mensch ist, wird diese Zahl dann durch einen Sicherheitsfaktor, meist 100, geteilt, und fertig ist die höchste duldbare Tagesdosis (Acceptable Daily Intake, ADI) für den Menschen[31].
Doch die Zahlenakrobatik geht noch weiter. Die nächsten Größen, die über den Daumen gepeilt werden, sind das durchschnittliche Körpergewicht (meist 60 Kilo) und die Menge eines Nahrungsmittels, die ein Standardmensch jeweils pro Tag zu sich nimmt. Meist werden für den letzteren Wert 400 Gramm angenommen. Das Ergebnis dieser arithmetischen Verrenkungen ist dann die »Höchstmenge«, ausgedrückt in Milligramm Chemiesubstanz pro Kilogramm Nahrungsmittel[32].
Diese Zahlenspiele wurden von einem Forscherteam der Universität Bremen unter der Leitung des Biologie-Professors Horst Grimme auf die wirkliche Aussagekraft für die Gefährdung der menschlichen Gesundheit überprüft. Vernichtendes Ergebnis:

– Jeder Fremdstoff führt auch in geringster Menge zu einer Veränderung im Organismus. Eine Schwelle (der »NEL-Wert«), ab dem erst eine Wirkung einsetzt, existiert in Wirklichkeit gar nicht. Nach den Angaben des Lebensmittelchemikers und Sachbuchautors Udo Pollmer werden in den NEL-Tierversuchen zum Beispiel Gifteinwirkungen auf das körpereigene Abwehrsystem der Labortiere routinemäßig übersehen. Verhaltensstörungen und Nervenstörungen fallen nur auf, wenn sie äußerst drastisch sind. Pollmer:

»Erst wenn der Hamster im Handstand durchs Labor rennt, wird man aufmerksam«[33].

- Der unter Laborbedingungen gemessene »No-Effect-Level« berücksichtigt weder Faktoren wie Alter, Gesundheitszustand, Jahreszeit (alles Faktoren, die die Gifteinwirkung beeinflussen können), noch die Vielzahl anderer chemischer Belastungen, denen Menschen in Industriestaaten ausgesetzt sind. »Diese Mäuse rauchen nicht, sie atmen keine Schadstoffe ein, sie nehmen keine Medizin, sie trinken keinen Alkohol und essen keinen Speck«. Schlußfolgerung des Bremer Forscherteams: Die so ermittelten Schwellwerte sind nur unter Laborbedingungen gültig und haben keine Aussagekraft für die echte Gesundheitsgefährdung des Menschen[34]. Sie sparen allerdings den Behörden Forschungsgelder, denn über die tatsächlichen Wechselwirkungen der verschiedenen Schadstoffe gibt es fast keine wissenschaftlich gesicherten Erkenntnisse.

- Sinngemäß das gleiche gilt für die Einwirkungen verschiedener Giftrückstände in ein und demselben Lebensmittel. Die Höchstmengenverordnung regelt, d. h., erlaubt hier manchmal Dutzende Pestizide. Eine kleine Auswahl dessen, was in einem Kilogramm Tomaten erlaubt ist, zeigt die Unzulänglichkeit dieser Bestimmungen (siehe Seite 48).

Die folgende Aufzählung ist unvollständig. Es dürfen mehrere Dutzend weitere Gifte in unterschiedlichen Mengen enthalten sein. Auffallend ist auch,wie unterschiedlich bei manchen Stoffen die Widerstandsfähigkeit der Bevölkerung gegenüber Pestizid-Rückständen eingeschätzt wird. So halten deutsche Behörden gerade 0,1 Milligramm von *Dinocap* für vertretbar. Im österreichischen Gesundheitsministerium traut man den Bürgern da schon mehr zu. Hier darf ein Milligramm – also das zehnfache – geschluckt werden.

Erlaubte Pestizidrückstände auf 1 kg Tomaten (in Milligramm)

	BRD	Österreich
Brom	30,0	30,0
Captan	15,0	15,0
Carbaryl	1,2	1,2
Chlorodimeform	–	2,0
Dinobuton	1,0	1,0
Dinocap	0,1	1,0
Dithiocarbamat	1,0	2,0
Folpet	5,0	15,0
Formetanate	4,0	4,0
Lindan	1,0	1,5
Kupferverbindungen	20,0	15,0
Malathion	3,0	3,0
Methoxychlor	–	10,0
Omethoate	0,2	0,4
Parathion	0,5	0,5
Perthane	10,0	10,0
Propoxur	3,0	3,0

– Die »Sicherheitsfaktoren«, durch die die Ergebnisse aus Tierversuchen für den Menschen Gültigkeit erlangen sollen, sind eher Lotteriezahlen. Viele Gifte – wie etwa Strychnin, Atropin und Morphium – wirken auf den Menschen ganz anders als auf Tiere. Das Forscher-Team der Universität Bremen fahndete nach Begründungen, warum meist die Zahl 100 als »Sicherheitsfaktor« herangezogen wird und stieß bei ihren Wissenschaftler-Kollegen auf »haarsträubende Argumente« wie die folgenden: »weil 100 häufig gebraucht wird« oder »weil jegliche Evidenz für das Gegenteil fehle«. Fazit: »Die willkürliche Festlegung von Sicherheitsfaktoren ist reine Spekulation«. Sie halte das Risiko für die Verbraucher nur in sehr dehnbaren Grenzen, ermögliche der Industrie jedoch sehr weitgehend den Absatz ihrer Produkte[36].

Die Höchstmengen gehen nicht nur vom gesunden Einheitsmenschen mit Einheitsalter und Einheitsgewicht aus, sie nehmen auch an, daß sich jeder Bürger mit seinen Eßgewohnheiten an die Statistik hält. Und daß er gefälligst nur die Art von Lebensmittel pro Tag verzehren soll, die einen bestimmten Schadstoff enthält. Bei dieser Konstruktion ist nur eines sicher: Sie trifft niemals zu.

Trotz all dieser Bedenken gegen die gesetzliche Festlegung von Höchstmengen in Lebensmitteln, wie sie derzeit praktiziert werden, sind gesetzliche Regelungen unerläßlich. Es ist jedoch an der Zeit, daß auch auf diesem Gebiet die Kenntnisse über die Folgen von Agrargiften für die menschliche Gesundheit und die Umwelt bei den Schritten der Behörden stärker berücksichtigt werden:

- Die Festlegung von Höchstwerten müßte nach dem Grundsatz der weitestmöglichen Verhinderung einer Belastung für die Verbraucher erfolgen;
- Die Untersuchungen auf »Schwellenwerte« müßten unter Berücksichtigung der bisher unbeachteten Reaktionen etwa auf das Immunsystem durch firmenunabhängige Untersuchungsanstalten erfolgen;
- Wenn Schädigungen durch Giftrückstände nicht ausgeschlossen werden können, darf nicht länger das Prinzip »im Zweifel für die Chemieproduzenten« gelten;
- Die Höchstmengen dürfen nicht länger nur für Einzelsubstanzen gelten. Da in der Regel mehrere Schadstoffe in ein und demselben Lebensmittel enthalten sind, müssen Grenzwerte für Substanzgruppen – etwa für alle chlorierten Kohlenwasserstoffe, alle Carbamate oder alle Phosphorsäureester gemeinsam festgelegt werden (Summen-Höchstmengen).

Hexachlorcyclohexan à la carte

Die in Mitteleuropa konsumierten Nahrungsmittel werden keineswegs »nur« mit den Pflanzen-Giften verseucht, die unsere Bauern auf den Feldern versprühen. Vieles von dem, was europäische Chemie-Multis in die Dritte Welt exportieren, kommt durch Futter- und Nahrungsmittelimporte aus Afrika und Lateinamerika wieder auf unsere Teller. Lindan beispielsweise zählt auch in Europa trotz bekannter Gefährlichkeiten immer noch zu den meistverwendeten Insektenvernichtungsmitteln. Allein in Österreich wurden 1984 38700 Kilo dieser Substanz auf den Feldern versprüht[37].

Lindan wird durch die Produktion von Hexachlorcyclohexan (HCH) hergestellt. Aus 100 kg HCH erhält man:

15 kg Lindan (in der Fachsprache Gamma-HCH genannt)
70 kg Alpha-HCH
10 kg Beta-HCH

Der Rest sind Nebenprodukte[38].

Alpha- und Beta-HCH sind als Insektenvernichtungsmittel unwirksam und dürfen daher in Europa nicht mehr in Präparten enthalten sein. Es ist jedoch aufwendig und sehr teuer, aus HCH das reine Gamma-HCH (Lindan) zu gewinnen. Daher beglückten die Chemie-Multis die Dritte-Welt-Länder unter dem Titel (und selbstverständlich mit den Mitteln) der Entwicklungshilfe nicht nur mit reinem Lindan[39]. Nach Schätzungen von Fachleuten werden heute immer noch jährlich rund 200000 Kilo HCH samt allen Verunreinigungen in unterentwickelten Ländern zum Pflanzen- und Vorratsschutz sowie zur Ungezieferbekämpfung bei Tieren eingesetzt. Und das, obwohl Tierversuche gezeigt haben, daß die unwirksamen Bestandteile Beta-HCH rund 10mal und Alpha-HCH rund dreimal so giftig sind wie das reine Lindan[40].

Den Preis für diese Art von »Sonderangeboten« zahlt die Bevölkerung der armen Länder, aber auch die europäischen Konsumenten. Denn unser Schweinebraten stammt längst von Tieren, die mit Soja- und Erdnußschrot oder Ölkuchen aus Afrika und Südamerika gefüttert wurden. Und auch die Milchkühe in den bundesdeutschen und österreichischen Großstallungen weiden längst nicht mehr auf den satten Weiden der Alpen, sondern am La Plata in Argentinien.

Allein im Jahr 1982/83 hat die Bundesrepublik für diese Zwecke 16 Millionen Tonnen an Futtermittel bzw. Rohstoffen zur Futtermittelherstellung importiert[41]. In diesen Futtermitteln finden sich beträchtliche Rückstände von Alpha- und Beta-HCH, die nur sehr langsam abgebaut werden. Die Nutztiere fressen sie. Die Giftstoffe werden dann im Fettgewebe von Hühnern, Schweinen und Kühen angereichert und finden sich auch und vor allem in der Milch, weil HCH fettlöslich ist[42].
Da bei Beta-HCH auch der Verdacht auf krebserzeugende Wirkung besteht und eine sichere Beurteilung der Gesundheitsgefahren durch diese Substanzen nicht möglich ist[43], wurden die »zulässigen Höchstwerte« für Alpha- und Beta-HCH sicherheitshalber relativ niedrig angesetzt. Sie betragen – je nach Lebensmittel – 0,03 (Gemüse, Butter, Fleisch) bzw. 0,01 (Milch) Milligramm pro Kilogramm[44].
Die meisten Analysen in den letzten Jahren haben ergeben, daß die Rückstände in einzelnen Lebensmitteln die Höchstwerte nur selten überschritten haben. Nach den üblichen Berechnungsmethoden[45] würde die duldbare tägliche Aufnahme von Alpha- und Beta-HCH ebenfalls 0,03 Milligramm für einen Durchschnittsmenschen betragen. Theoretisch kann dieser Wert wohl nie erreicht werden, weil ja die Höchstwerte kaum jemals überschritten wurden. Die Realität schaut anders aus. In der folgenden Tabelle wurden Nahrungsmittel zusammengefaßt, die in den letzten Jahren auf HCH-Rückstände untersucht

Nahrungsmittel	**Tägl. Aufnahme von Alpha und/oder Beta-HCH (in mg)**		**Angenommene Menge von Nahrungsmitteln pro Tag**
	Höchster Wert in der Untersuchung	Durchschnittswert	
Rindfleisch (Fett)[46]	0,18	0,002	100g
Geflügel[47]	0,1	0,04	200g
Wurst[48]	0,12	0,03	100g
Eier[49]	0,0013	0,000042	20g
Fertigsuppen[50]	0,01	0,002	20g
Mohn[51]	0,01	0,001	50g
Butter[52]	0,0037	0,0026	50g
Trinkmilch[53]	0,1	0,005	1000g
Kaffee[55]	0,001	0,0001	50g
Tee[56]	0,001	0,00025	5g
Genußmittel			
Zigaretten (Lord extra)[57]	0,01	0,0004	entspricht 20 Zigaretten
	0,537mg	0,083mg	

wurden und die durchaus an einem Tag von einer Person gegessen werden könnten. Zur übersichtlichen Darstellung wurden die gefundenen Werte nicht in Miligramm pro Kilo ausgedrückt, sondern in der Größenordnung, die man in einem normalen Tagesablauf zu sich nehmen kann.

Mit der beschriebenen Tagesdiät ist es also möglich, im Extremfall das 18-fache des duldbaren Rückstandswertes zu konsumieren. Und selbst bei Giftgehalten in durchschnittlicher Höhe wird der Konsument immer noch mit mehr als dem dop-

pelten der »duldbaren« Tagesdosis von 0,03 Milligramm bedacht. Und zwar allein durch Nahrungs- und Genußmittel. Die HCH-Rückstände im Wasser, im Boden, in der Luft, in Kosmetika und Belastungen am Arbeitsplatz, etwa in der chemischen Industrie, kommen hinzu.
Alle anderen Rückstände von Pestiziden aus chlorierten Kohlenwasserstoffen, die ebenfalls oft festgestellt werden, sind dabei genauso unberücksichtigt geblieben, wie die Reste von Phophorsäureestern und Carbamaten. Die letzteren werden von den Lebensmitteluntersuchungsanstalten extrem selten überprüft, weil davon ausgegangen wird, daß sie ohnehin nicht vorhanden seien. Doch schon die wenigen von unabhängigen Konsumentenorganisationen in Auftrag gegebenen Untersuchungen der letzten Jahre geben ein erschreckendes Bild dessen, was außer Alpha- und Beta-HCH von uns mit der Nahrung noch mitgegessen werden muß. Die Zusammenstellung einiger Untersuchungsergebnisse ergibt eine interessante Speisekarte (siehe folgende Seite).

Speisen- und Getränkekarte

	Gefundene Rückstände in Milligram je Kilogramm
Kleine Vorspeisen	
Fertigsuppen (Import)[58]	DDT (0,23)
Rührei (Eierspeise)[59]	Heptachlor (0,01)
Gebäck[61]	Hexachlorbenzol (0,01)
Wildpastete[62]	Quecksilber (0,4)
Hauptspeisen	
Schweinebraten[63]	Quecksilber (0,1), Brom (1,8), DDT
Geschnetzeltes Kalbfleisch[64]	Brom (2,6), DDT
Hühnerschnitzel[65]	Dieldrin (0,2), DDT (1,0), Hexachlorbenzol (0,5)
Gebratene Ente[66]	Hexachlorbenzol (0,3), DDT (0,7)
Beilagen	
Vollkorn-Reis[67]	Malathion (1,0), Lindan (0,1)
Kochsalat / Wirsingkohl[68]	2,4,5-T (0,25)
Grüner Salat[69]	Brom (3,0), Dithiocarbamate (2,0)
Karottensalat[70]	2,4,5-T (0,8)

Nachspeisen

Milchshake[60]	Lindan (0,03), Dieldrin (0,01)
Milchpudding[60a]	DDT (0,05)

Weine[71]

Belvedere 1981 Vino Colli del Trasimeno	Heptachlor (0,007), Dimethoat (0,003)
Rheinischer Landwein Müller Thurgau (Weingut Simon)	Parathion (0,003)
Chianti classico 1982 (Bucalossi)	Heptachlor (0,003)
Pfälzer Landwein 1984 Graf Bernadotte	Parathion (0,002), Dimethoat (0,0005)
Obervolkacher Landsknecht 1982 (Winzergenossenschaft Sommerach)	Parathion (0,001)
Kremser Heuriger Grüner Veltliner 1983 (Hauerinnung Krems und Stein)	DDT (0,001)
Orvieto classico 1983 I. R. E. U.	Heptachlor (0,003)
Meddersheimer Paradiesgarten 1981 (Winzergenossenschaft Rheingrafenberg)	Heptachlor (0,006), DDT (0,005)
Steinberger 1982 (Staatsweingüter Eltville)	Dimethoat (0,002), DDT (0,002)
Oppenheimer Krötenbrunnen 1983 (Graf Bernadotte)	Parathion-Methyl (0,003)

Phosphorsäureester – harmlose Nervengifte?

Als Esther Vigder[72] 43 wurde, beschloß sie, ihrem Übergewicht den Kampf anzusagen. Die Laborassistentin aus dem 20000-Seelen-Städtchen Afula im israelischen Süd-Galiläa stellte ihre Eßgewohnheiten radikal um. Sie aß nur noch Obst und Gemüse. Um sich frische und gesunde Ware zu besorgen, vereinbarte sie mit einem Bauern am Stadtrand, daß sie alles, was sie für ihr neues Vegetarier-Dasein benötigte, direkt bei ihm einkaufen konnte.

Zunächst fühlte sich Frau Vigder blendend. Doch das angenehme Gefühl, mit den eigenen Schwächen fertig zu werden, währte nicht lange. Esther Vigder nahm zwar ständig ab, litt jedoch immer öfter an Völlegefühl und mußte sich bisweilen auch übergeben. Dazu kam auch noch der Durchfall. Sie fühlte sich übernervös, ihre Bewegungen wurden immer zittriger und fahriger, und sie wälzte sich auch nachts immer öfter schlaflos im Bett.

Frau Vigder ging zu ihrem Hausarzt. Der nahm ihre Zustände ernst, veranlaßte Bluttests und ließ auch die Leberfunktion überprüfen. Alle Werte waren normal. Auch die Röntgenbilder von Magen und Darm zeigten nichts Auffälliges. Da griff der Arzt zum Rezeptblock und verordnete ein Beruhigungsmittel und dazu noch ein Schlafmittel[73]. Esther Vigder schluckte brav die Pillen und hielt sich weiter konsequent an ihre Diät. Ihr Zustand verschlimmerte sich. Sie fühlte sich meist bedrückt und niedergeschlagen. Manchmal wurde sie von Weinkrämpfen geschüttelt, ohne daß sie sagen konnte, warum.
Als sie wieder zum Arzt ging, wiederholte der alle Labortests. Wieder nichts Auffälliges. Der Mediziner überwies sie an eine psychiatrische Klinik. Nach ihrer Entlassung wieder Schlafmittel und Tranquilizer, dazu noch Psychotherapie. Doch sie war

kaum noch fähig, zu arbeiten – Übelkeit, Erbrechen, Schlaflosigkeit und Depressionen quälten sie.

Als Esther Vigder ins Central Emek Hospital in Afula eingeliefert wurde, hatte sie ihre Diät bereits ein Jahr lang durchgehalten und acht Kilo abgenommen. Sie war nur noch ein Häufchen Elend. Auch in diesem Krankenhaus ergaben alle Routineuntersuchungen nichts Bemerkenswertes [74]. Doch die Ärzte resignierten nicht. Sie befragten die Patientin ausführlich nach ihren Lebensgewohnheiten. Als Frau Vigder von ihren Eßgewohnheiten erzählte, entschlossen sich die Mediziner zu einem ungewöhnlichen Versuch. Sie stellten ihr eine Diät ohne Obst und Gemüse zusammen. Eine Woche später litt sie nicht mehr an Durchfall und Erbrechen. Nach drei Wochen brauchte sie kein Schlafmittel mehr. Frau Vigder wurde entlassen und beendete nach einem Monat auch die Psychotherapie. Nach zwei Monaten fühlte sie sich wieder völlig gesund – und nahm wieder zu [75].

Für die Ärzte des Emek-Hospitals war diese wundersame Heilung ein weiteres Indiz für ihren Verdacht: Sie hatten schon seit längerem beobachtet, daß Vegetarier oder Menschen, die mit Früchte- und Gemüsediäten Abmagerungskuren gemacht hatten, unter ähnlichen Symptomen litten. Und daß die Krankheitszeichen verschwanden, wenn die Ernährung umgestellt wurde [76].
Das Gemüse war immer frisch und unverdorben. Das 1925 von amerikanischen Zionisten gegründete Afula ist der Hauptumschlagplatz für landwirtschaftliche Produkte des fruchtbaren Jezreel-Tales an der Grenze zur Westbank, einem der größten Obst- und Gemüseanbaugebiete Israels. Die prächtig gefüllten Marktstände luden viele ein, sich hauptsächlich von pflanzlichen Produkten zu ernähren. Der Verdacht der Krankenhausärzte lautete folgerichtig: Es müssen Giftrückstände im Gemüse vorhanden sein, die derartige Erscheinungen auslösen können. Auf den Gemüsefeldern werden jedoch kaum noch

Schädlingsbekämpfungsmittel aus der Gruppe der chlorierten Kohlenwasserstoffe eingesetzt, da man von ihnen weiß, daß sie lange in der Pflanze bleiben. Die Gemüsebauern im Jezreel-Tal verwenden zur Vernichtung von Schädlingen aller Art hauptsächlich Phosphorsäureester und Carbamate – Stoffe, die zwar für die Landarbeiter, die sie versprühen, hochgefährlich sind, von denen aber bisher angenommen wurde, daß sie sich in den Pflanzen rasch abbauen und daher den Konsumenten kaum gefährden können[77].
Die meisten Phosphorsäureester und Carbamate hemmen die Aktivität der Cholinesterase, einem für den Stoffwechsel der Nervenzellen wichtigen Enzym. Schwere Schädigungen des Nervensystems sind die Folge. Wenn also der Verdacht der israelischen Ärzte zuträfe, müßte diese Hemmung der Cholinesterase auch bei den Patienten mit den rätselhaften Erkrankungen festzustellen sein.

Der Leiter der Notfallambulanz in Afula, Dr. David Ratner, bekam rasch Gelegenheit, seine Vermutungen zu überprüfen. Als der 52-jährige Wirtschaftsprüfer Gabriel Herzmann[78] in die Klinik kam, litt er schon monatelang an Bauchkrämpfen, dünnflüssigem Durchfall, Muskelschwäche, Nervosität und Schlaflosigkeit. Auch er aß besonders viel Obst und Gemüse – hauptsächlich Kohl und Fruchtsalate mit Äpfeln und Zitronensaft. Auch bei ihm fanden sich keinerlei Anzeichen für die Ursachen dieser Beschwerden. Als Dr. Ratner allerdings die Aktivität der Cholinesterase im Blut von Gabriel Herzmann untersuchte, wurde er fündig. Die Analyse ergab einen Wert von 1,5 Kilounits pro Liter; Werte zwischen 2 und 4 gelten als normal[79]. Nach einer Umstellung der Diät ging es Herrn Herzmann bald besser. Und parallel dazu stiegen die Colinesterase-Werte in seinem Blut – zunächst auf 1,9, dann auf 2,8 und nach sechs Monaten auf 3,4[70]. Gabirel Herzmann war wieder gesund und er vertrug auch wieder sein geliebtes Obst – allerdings war es diesmal aus biologischem Anbau[81].

»Es läßt sich erklären, warum diese chronischen Vergiftungen durch die Ernährung bisher nicht beobachtet wurden«, meint Dr. Ratner in seinem Forschungsbericht [82]:

- In den letzten Jahren wurde die Schädlingsbekämpfung zunehmend auf Gifte umgestellt, die systemisch wirken. Sie werden durch die Wurzel in die Pflanzen aufgenommen. Wird mehrmals gespritzt, so können sich die Mittel in den Früchten anreichern. Das gilt laut Dr. Ratner auch für Phosphorsäureester und Carbamate, die in dieser Beziehung in Israel wie in Europa als harmlos gelten. Abwaschen nützt bei Pflanzen, die so behandelt wurden, nichts.
- Im Obst- und Gemüsebau werden immer giftigere Mittel eingesetzt. Neben den Phosphorsäureestern Malathion und Parathion zählen im Jezreel-Tal die hochgiftigen Carbamate *Lannate* (DuPont, USA) und *Temik* (Union Carbide, USA) zu den meistverwendeten Mitteln. Obendrein werden oft zu viel und zu große Mengen dieser Mittel versprüht.
- Die meisten Phosphorsäureester sind fettlöslich und lagern sich auch im Fettgewebe des Menschen ein. Bei einer starken Gewichtsreduktion ist es möglich, daß die Gifte durch den Fettabbau wieder im Körper frei werden. Für diese Vermutung der Ärzte spricht auch, daß alle Patienten in Afula vegetarische Diäten, fast immer zur Gewichtsverminderung, begonnen hatten.

In einzelnen Fällen gelang es Dr. Ratner, auf den direkten Verursacher der Vergiftungen zu schließen. Die 32-jährige Elizabeth Weiss [83], die mit schweren Krämpfen und Durchfall ins Krankenhaus kam, hatte eine Woche lang täglich acht Dattelpflaumen gegessen. Ihre Blut-Cholinesterase-Aktivität war mit 1,1 Kilounits pro Liter extrem niedrig. Nachforschungen haben laut Dr. Ratner ergeben, daß die Dattelpflaumen mit dem Phosphorsäureester *Rogor* behandelt wurden [84].
Nachdem Elizabeth Weiss mehrere Tage keine Dattelpflaumen mehr gegessen hatte, verschwanden bei ihr auch die Krank-

heitsanzeichen und die Cholinesterase-Werte normalisierten sich.

Rogor ist der Handelsname für Dimethoat, wird vom Chemie-Konzern Montedison hergestellt und in Österreich von der Firma Kwizda, in der Bundesrepublik von Montedison selbst vertrieben.

Die deutschen Behörden halten das Mittel für so harmlos, daß sie zum Teil äußerst kurze Wartezeiten vorschreiben, die zwischen der Aufbringung des Giftes und der Ernte vergehen müssen. Bei Fruchtgemüse etwa müssen die Bauern nur drei Tage zuwarten, bei Hülsenfrüchten, Wurzelgemüse und Beerenobst sind es auch nur 14 Tage. Und für Erdbeeren ist überhaupt keine bestimmte Wartefrist vorgesehen[85]. Die österreichischen Behörden sind da vorsichtiger. Sie schreiben generell 35 Tage Wartefrist vor.[86]

Dr. Ratner, der mittlerweile 25 Opfer von chronischen Pflanzenschutzmittel-Vergiftungen erkannt, behandelt und geheilt hat[87], appelliert auch an die europäischen Mediziner: »Wir fordern alle Kollegen auf, die Möglichkeit von Vergiftungen durch pflanzliche Nahrung zu erwägen, wenn Patienten an chronischen Magen-Darm-Beschwerden und Schlafstörungen leiden und keine anderen Ursachen zu finden sind – vor allem dann, wenn die Patienten vegetarische Diäten einhalten«.[78] Ein Erkennen der Vergiftungsursache sei mit dem Test der Cholinesterase-Aktivität jederzeit leicht möglich.

Neue Gefahren

Für Ratners Mediziner-Kollegen in Europa gelten jedoch nach wie vor Vergiftungen durch Rückstände von Phosphorsäureestern in Obst und Gemüse als extrem unwahrscheinlich. Kaum

verwunderlich, daß auch die Industrie an der These festhält, diese Stoffe seien für die Konsumenten ungefährlich. »Im Lauf von sechs Jahren wurde kein einziger Rückstand an organischen Phosphorsäureestern entdeckt«, berichtet stolz der »Industrieverband für Pflanzenschutz- und Schädlingsbekämpfungsmittel e. V.« in seinen bunten Werbebroschüren[89] über die Erfolge dieser Produkte im Getreideanbau.
Was kaum verwunderlich ist, wenn keiner danach sucht. Das Hauptaugenmerk der Lebensmittel-Untersuchungsanstalten liegt nach wie vor bei den chlorierten Kohlenwasserstoffen. Erst 1985 wurden beamtete Untersucher und Firmenvertreter unsanft aus ihrer Ruhe aufgeschreckt. Die Ursache: *Actellic,* ein Phosphorsäureester, der von ICI gegen »beißende und saugende Insekten« auf heimischen Salaten, Tomaten, Gurken und Paprika verkauft wurde, wurde Mitte 1985 für all diese Anwendungsgebiete verboten.

»Dieser Schritt ist völlig unbegreiflich« – der Leiter der Pflanzenschutzabteilung des englischen Chemie-Multis ICI, Jochen Berker[90], war erschüttert über die Entscheidung der Braunschweiger Biologischen Bundesanstalt, die dieses Mittel nur noch als Vorratsschutzmittel in lagerndem Getreide, für vertretbar hält.
Ausgelöst wurde die Verkaufsbeschränkung durch einen Routinevorgang. Ein Jahrzehnt lang war das Mittel unbehelligt verkauft worden. Das »Standardprodukt gegen die weiße Fliege im Gemüsebau«, wie ICI-Manager Wilhelm von Zitzewitz das Mittel noch Ende April 1985[91] lobte, mußte sich nach Ablauf der im Pflanzenschutzgesetz vorgesehenen Frist einer erneuten Überprüfung stellen. Und fiel prompt durch.
Der Wirkstoff in *Actellic* – ein Phosphorsäureester mit dem Namen Pirimiphosmethyl – erwies sich in den erneut durchgeführten Tierversuchen als problematisch. *Actellic* macht auch vor Nervenbahnen und Gehirnen nicht halt. Typische Krankheitsbilder bei akuten Vergiftungen sind Übelkeit, Kopfschmerzen,

Sehstörungen und Krämpfe. Bei schweren Vergiftungen werden Gesichts- und Nackenmuskeln, aber auch die Gliedmaßen von Krämpfen geschüttelt. Die Betroffenen leiden an Erregungszuständen und sterben schließlich an Atemlähmung.

Laut dem Berliner Bundesgesundheitsamt können Rückstände dieses Giftes im Gemüse nicht ausgeschlossen werden. »Es gibt«, äußert sich der Toxikologe Professor Wolfgang Lingk vom Bundesgesundheitsamt diplomatisch, »durchaus ein Rückstandsproblem bei diesem Stoff.«[92]

Jochen Berker von ICI weist diese Erkenntnisse von sich: »Wir wissen, daß es keine gesundheitlichen Probleme mit *Actellic* gibt.« Durch die neuen Erkenntnisse des Bundesgesundheitsamtes, auf dessen Empfehlung die Verkaufsbeschränkung erfolgte, wurde die Gruppe der Phosphorsäureester erstmals auch in der Bundesrepublik in ein schiefes Licht gerückt. Viele Substanzen aus dieser Stoffgruppe sind fettlöslich. »Wenn sie im Öl oder Fett einer Pflanze gespeichert werden«, erklärt der Wiener Pflanzenphysiologe Professor Harald Bolhar-Nordenkampf die mögliche Folge dieser Eigenschaft, »dann sind sie dem Stoffwechsel entzogen und bleiben in der Pflanze«.[93]

Besonders anfällig für solche Gift-Rückstände sind laut Bolhar-Nordenkampf ölhaltige Pflanzen wie Oliven, Raps, Sonnenblumen, aber auch Karotten.

Bei einer in den letzten Monaten begonnenen Durchforstung der Registrierungs-Unterlagen für Pflanzenschutzmittel machten die Berliner Beamten eine alarmierende Entdeckung:

Bei einigen Phosphorsäureestern fanden sie zusätzlich zu den klassischen Anzeichen der Hemmung lebenswichtiger Enzyme (Cholinesterasehemmung) auch eine Häufung von Vergiftungsanzeichen, die als »unspezifische Symptome« in fast allen Dosierungen beschrieben wurden. »Die Untersuchungen berichten in den Tierversuchen immer wieder von Symptomen wie Lungenentzündungen und lymphozytären Einlagerungen im Nervengewebe, die bestimmten Virus-Erkrankungen ähnlich sind«, erklärt Professor Lingk.[94] Diese Erkrankungen

seien bisher jedoch nicht mit dem Wirkstoff in Zusammenhang gebracht worden, weil sie nicht dem üblichen »Vergiftungsbild« entsprechen und sich auch nicht durch einen Test der Cholinesterase-Hemmung nachweisen lassen.
Das soll sich jetzt ändern. »Obwohl wir keine akute Gefährdung annehmen, fühlen wir uns verpflichtet, dieser Häufung von Erscheinungen auf den Grund zu gehen«, meint Lingk. Im Bundesgesundheitsamt vermutet man, daß nach einer genauen Überprüfung möglicherweise auch die zulässigen Höchstmengen der Giftstoffe in Obst und Gemüse neu überdacht werden müssen.
Derzeit sind die Gesundheitsbehörden dabei, in detaillierten Untersuchungsreihen die rätselhaften Befunde aufzuklären. ICI hat gegen die Verbots-Entscheidung Widerspruch eingelegt. Doch der Leiter der Abteilung Pflanzenschutz im BGA bleibt entschlossen: »Wir haben keinen Anlaß, unsere Haltung zu ändern«[95].
Mit gutem Grund. Bis jetzt hat das Bundesgesundheitsamt in den Tierversuchen schon bei vier Phosphorsäureestern als mögliche Nebenwirkungen Lungenschäden und lymphozytäre Erkrankungen entdeckt[96]:
- bei Pirimiphos-methyl, das nach dem Verbot in der Bundesrepublik kaum mehr Probleme machen dürfte, jedoch in Importgemüse enthalten sein kann;
- bei Heptenophos, das unter dem Namen *Hostaquick* von Hoechst gegen Blattläuse an Gemüse und Obst angeboten wird;
- bei Fonophos, das als *Dyfonate* von Celamerck, von Stauffer und der Wacker-Chemie für den Maisbau verkauft wurde;
- und schließlich bei Fenamiphos, das von Bayer unter dem Namen *Nemacur* in vielen tropischen Ländern, aber auch in Spanien als Mittel gegen Würmer verkauft wird.

Massenvergiftungen in Spanien durch Phosphorsäureester?

Fenamiphos alias *Nemacur* ist Anfang 1985 schon in anderem Zusammenhang als möglicherweise gefährlich bezeichnet worden: Die Grünen im Europa-Parlament haben nach einer WDR-Sendung die Forderung erhoben, das Bayer-Pestizid daraufhin zu untersuchen, ob es als Auslöser der als »Speiseölskandal« bekannt gewordenen Massenvergiftungen in Spanien in Betracht kommt[97].
1981 waren vor allem in den Regionen um Madrid 20000 Menschen an einer rätselhaften Epidemie erkrankt. Am 1. Mai 1981 starb das erste Opfer – der achtjährige Carlos Vaquero – an akuter Atemnot. 351 weitere Todesopfer sollten folgen.
Die Krankheitserscheinungen waren in ihrer Kombination – ebenso wie die unspezifischen Befunde bei Phosphorsäureestern – ungewöhnlich und bislang unbekannt: Hautausschlag, Muskel- und Gelenkschmerzen, »atypische« Lungenentzündung; später auch Nervenschäden und Muskelschwund[98].
Viele der Erkrankten werden lebenslang behindert bleiben. Ihre Nerven- und Muskelschäden sind nicht mehr heilbar. Rosa Girona[99] klagt über ihren jetzigen Zustand: »Ich kann nicht richtig gehen. Viele Schmerzen. Wie kann ich es Ihnen nur beschreiben. Viele Krämpfe, die Übelkeit. Ich kann meine Hausarbeit nicht mehr machen, ich bin nichts mehr wert«.[100]
Die Madrider Behörden vermuteten zunächst eine Virus-Infektion. Dann wurde entdeckt, daß skrupellose Geschäftsleute industriell verwendetes Öl künstlich wieder genießbar gemacht, mit billigem Rapsöl und Chlorophyll versetzt und als Speiseöl verkauft hatten. Die Krankheit erhielt von Fachleuten einen eigenen Namen: TOS – Toxisches Ölsyndrom.
Das Öl wurde beschlagnahmt, die Vergiftungsfälle wurden seltener[101].
Die unter der Leitung der Weltgesundheitsorganisation (WHO) gebildete Untersuchungskommission zur Klärung der Ursachen der Massenvergiftungen benötigte fast zwei Jahre,

um zu Ergebnissen zu kommen. Im offiziellen WHO-Bericht wurden die Untersuchungen der spanischen Behörden gerügt. Dr. G. K. Koch vom Unilever Research Laboratorium in Holland, der Analysen des Öls durchführte, kam zu dem Schluß, daß »bis heute keine bekannte Chemikalie mit der Erkrankung in Zusammenhang gebracht werden kann«. Auch nicht gepanschtes Öl[102]. Im Februar 1986 behauptete Bayer jedoch, daß holländische Forscher nachgewiesen hätten, gepanschtes Öl habe die Massenvergiftungen verursacht.

Koch kritisiert im WHO-Bericht sträfliche Unterlassungen bei den Untersuchungen. Nach dem Auftauchen der Speiseöl-Version »liefen alle analytischen und bio-medizinischen Anstrengungen nur in diese Richtung«. Inzwischen ist so viel Zeit vergangen, daß manche Spuren verwischt sind, nicht aber die Gefahren beseitigt.

So blieb bis heute ungeklärt, warum in einem Vorort von Madrid sechs Familien erkrankt waren, obwohl sie keinen Kontakt mit dem gepanschten Öl hatten. Das gleiche gilt für die Mitglieder von vier Familien in Calmenar Viejo. Auch sie erkrankten ohne Kontakt mit dem Öl an TOS[103].

Auch eine Reihe anderer Verdachtsmomente ließen die Behörden einfach unter den Tisch fallen. Schon 1981 äußerte der inzwischen verstorbene Madrider Krankenhausdirektor Antonio Muro den Verdacht, Pestizid-Rückstände in Tomaten und Paprika könnten die Vergiftungen verursacht haben.

Muros Untersuchungen hatten ergeben, daß die Erkrankten das Gemüse – meist als Salat – einige Tage vor dem Ausbruch der ersten Symptome verspeist hatten. Der inzwischen verstorbene Muro, dessen These von spanischen Gerichtsmedizinern weiter überprüft wurde, glaubte auch, die Bauern entdeckt zu haben, die das Pestizid gegen Würmer in ihren Glashaus-Monokulturen eingesetzt und das Gemüse – insgesamt 80000 Kilo – dann zu früh geerntet und auf den Markt gebracht haben. Und er nannte den Namen des Pestizids: *Nemacur* von Bayer[104].

Die Leverkusener Konzernzentrale von Bayer, die damals wie heute den Verdacht kategorisch zurückweist (»Angriffe gegen *Nemacur* sind haltlos«), hat auf einer anderen Ebene rasch reagiert:
Die Fachjournalisten Imre Kerner, Dagny Radek und Thomas Weidenbach hatten recherchiert, daß 1982 für *Nemacur* Anwendungsempfehlungen bei Tomaten und Paprika neu gedruckt wurden: Zwischen dem Versprühen des Gifts und der Ernte muß eine Wartefrist von mindestens drei Monaten eingehalten werden. 1981 gab es allerdings in Spanien auf den *Nemacur*-Etiketten noch überhaupt keine Hinweise für die Verwendung bei Tomaten und Paprika. Wie lange damals die Bauern mit ihrer Ernte warteten, ist heute nicht mehr kontrollierbar[105].
Die WHO hatte in ihrem Untersuchungsbericht über die spanischen Vergiftungen Phosphorsäureester – und damit *Nemacur* – als Ursache schon sehr rasch ausgeschlossen. Begründung: Bei den Erkrankten sei keine Cholinesterase-Hemmung nachweisbar[106]. – Ein stichhaltiger Grund?
Die Cholinesterase-Hemmung gilt bei Fachleuten als sicheres Indiz für die Wirkung von Phosphorsäureestern. Bayer selbst schreibt jedoch in den Registrierungs-Unterlagen von *Nemacur,* daß im Tierversuch bereits ein bis drei Tage nach Verabreichung keinerlei Anzeichen einer Cholinesterase-Hemmung nachweisbar waren[107].
Bei den in Spanien Erkrankten wurden die Labortests auf Cholinesterase jedoch – wenn überhaupt – mit großer Wahrscheinlichkeit zu einem späteren Zeitpunkt vorgenommen. Kein Wunder, daß kein Zusammenhang mit einer Pestizidvergiftung hergestellt wurde.
Bayer sieht das anders. Die Firma stellt schlicht fest, daß in Spanien »niemals eine Cholinesterase-Hemmung aufgetreten« ist[108].

Der Verdacht gegen die Phosphorsäureester erhärtete sich auch durch andere Fakten. Eine Forschergruppe an der Universität von Kalifornien/USA hatte in Tierversuchen Krankheitssymptome erzeugt, die dem TOS sehr ähnlich waren: Gewichtsverlust und Lungenschäden mit tödlichem Ausgang ohne durch Cholinesterase-Hemmung hervorgerufene Vergiftungszeichen[109].

Das Forschungsinteresse der kalifornischen Wissenschaftler richtete sich vor allem auf Verunreinigungen, die produktionsbedingt in den Phosphorsäureestern enthalten sind.

Zwei dieser Verunreinigungen mit der chemischen Kurzbezeichnung OOS und OSS wurden als besonders gefährlich identifiziert.

Wie beim Dioxin genügen winzige Spuren dieser Substanzen, um die Giftigkeit der Phosphorsäureester um ein Vielfaches zu erhöhen.

Amerikanische Wissenschaftler wie etwa Robert F. Toia von der Universität Kalifornien und John R. Grunwell von der Miami-Universität in Ohio machen diese Verunreinigungen für eine Reihe von ursprünglich nicht erklärbaren Vergiftungsfällen in der 3. Welt verantwortlich[110].

Drei Eigenschaften sind bei diesen unerwünschten Nebenprodukten besonders heimtückisch:

- sie wirken verzögert, so daß erst nach Tagen oder mehreren Wochen Vergiftungssymptome auftreten;
- durch die Lagerung von Phosphorsäureestern bei 40 Grad Wärme – eine in südlichen Ländern nicht unübliche Temperatur – kann in manchen Fällen der Anteil der Verunreinigungen durch chemische Reaktionen auf das Doppelte ansteigen;
- durch Einwirkung von ultravioletten Strahlen im Sonnenlicht – die Fachleute nennen das Photolyse – können Pflanzenschutzmittel in hohem Ausmaß zu hochgiftigen Verunreinigungen umgewandelt werden[111].

Die Firma Bayer dementierte, daß in *Nemacur* hochgiftige Verunreinigungen enthalten sein können. »Solche Verunreinigun-

gen sind in Nematiziden (Wurmmittel, d. A.) nicht oder in toxikologisch nicht relevanten Mengen vorhanden«, erklärten die Pressesprecher aus Leverkusen[112] und verwiesen in einer Aussendung vom Februar 1986 darauf, daß die spanische Zeitschrift Cambio alle Vorwürfe gegen Bayer zurückgezogen hat. Laut internationalen Studien können in *Nemacur* jedoch bis zu 13 Prozent verschiedenster Verunreinigungen enthalten sein[113]. Welche chemischen Verbindungen das bei *Nemacur* sind und wie giftig diese sind, wollte Bayer jedoch nicht angeben. Das sei Produktionsgeheimnis. Das Bundesgesundheitsamt tappte hier im Dunkeln. Dort ist man der Ansicht, daß derzeit in den gängigen Präparaten kaum gefährliche Verunreinigungen enthalten sind. Professor Lingk: »Wir haben das überprüft und konnten die gefährliche Verunreinigung OOS nicht nachweisen«[111].
Eine Forschergruppe des landwirtschaftlichen Forschungsinstituts in Ottawa (Kanada) äußerte im »Journal of Agricultural Food Chemistry« allerdings Zweifel an der Genauigkeit herkömmlicher Untersuchungsmethoden. Einige Verunreinigungen seien damit überhaupt nicht erfaßbar oder werden in ihrer Zusammensetzung durch die verwendeten Analysemethoden verändert[115].
Viele offene Fragen für eine ganze Gruppe von Pflanzenschutzmitteln, von der immer behauptet wird, sie sei für Konsumenten unschädlich. Eigentlich zu viele.

4. Freie Bauern gibt es nicht

Nahrungsmittelkonzerne – die neuen Gutsherren

Satt und grün liegt östlich von Wien das Marchfeld. Bis 1905 gehörte dieses Land der Donau. Ihre zahlreichen Nebenarme und Überschwemmungen bedrohten bis ins 20. Jahrhundert hinein die Felder und Dörfer, die damals hauptsächlich von adeligen Großgrundbesitzern kontrolliert wurden. Vor rund 80 Jahren hat der Hochwasserschutzdamm nun dieser Gefahr ein Ende gesetzt.
Heute verbinden sich mit dem Gebiet Begriffe wie Kornkammer Österreichs oder Gemüsegarten Wiens. Doch das Wasserproblem ist noch nicht gelöst, es hat sich verlagert. Das Marchfeld überlebt heute nur mit künstlicher Beregnung.

Bei der Fahrt über das sanft gewellte Flachland dominieren die sich stetig drehenden Bewässerungsanlagen den Blick. Die Äcker sind Kilometer für Kilometer mit Rohren durchsetzt. Die Felder sind groß und geradlinig angeordnet. Keine Baumgruppen, keine Hecken oder kleinen Wasserläufe sind mehr zu sehen. Die landwirtschaftliche Produktion gehorcht hier dem Gesetz der Geometrie. Das wird durch die doppelreihig angeordneten Pappeln und Birken, die als Windschutzgürtel dienen, noch betont.

Traditionell sind die Straßendörfer geblieben. Das Zentrum der Ortschaften bildet noch immer die Kirche mit Gasthäusern und kleinen Geschäften. Doch die einschneidenden Veränderungen in diesem bäuerlichen Gebiet werden spürbar. Die Machtverhältnisse haben sich in den letzten Jahrzehnten verschoben. Der dominierende Kirchturm mit seiner Zwiebelhaube hat eine mächtige Konkurrenz bekommen. Am Rand der Ortschaften erhebt sich ein zweiter Turm, der Silo der Raiffeisen-Zentralen. Einem Wahrzeichen gleich bestimmen die Symbole des Konzerns den Charakter der Dörfer. Die Werbungen für die Lager- und Warenhäuser der Raiffeisen-Genossenschaften säumen die Einfahrt in die Dörfer. Die Raiffeisen-Bank gehört zu den modernsten und wichtigsten Gebäuden im Dorf.

Das war nicht immer so. Die landwirtschaftlichen Genossenschaften und Vorschußkassen entstanden in der zweiten Hälfte des 19. Jahrhunderts. Zu einer Zeit, als die Bauern erstmals heftig mit den neuen Realitäten des Kapitalismus konfrontiert wurden. Damals waren viele kleine Landwirte Wucherern und Kapitalgesellschaften ausgeliefert. Gewinnorientierte Handelsgesellschaften drückten die Preise ihrer Produkte.

Die neuen Selbsthilfeorganisationen sollten den Absatz der Produkte auf genossenschaftlicher Basis ermöglichen. Die Vorschußkassen sollten den Bedarf an Kapital für die Betriebsinvestitionen zu einigermaßen erträglichen Bedingungen decken.

Die von Wilhelm Raiffeisen in Deutschland gegründete Genossenschaftsbewegung fand rasch Anhänger. Das Organisationsprinzip basierte auf Selbstverwaltung und Selbstverantwortung. Die Genossenschaften waren kleinere, überschaubare Einheiten, in denen die Bauern die Entwicklung mitbestimmen konnten.[1]

Die ersten Raiffeisen-Genossenschaften brachten nicht nur den Bauern Vorteile. Sie garantierten damit die kontinuierliche Belieferung des Handels und der Städte mit landwirtschaftlichen Produkten.[2]

Bis nach dem Ersten Weltkrieg, als etliche feudale Überreste beseitigt waren, blieb die Schutzfunktion der Bauern-Genossenschaften weitgehend erhalten. Schon Mitte der 20er Jahre sollte sich jedoch einiges ändern. Die Genossenschaften verloren durch die Einbindung in ein System von staatlichen Fonds und Landwirtschaftskammern an Selbständigkeit. Dafür mußten vor allem die Kleinbauern bezahlen. Von der Zentralisierung und staatlichen Marktregelung profitierten nur einige wenige. Während der Weltwirtschaftskrise kam es zu einer massiven Verschuldung der überwiegenden Mehrheit der Genossenschaftsmitglieder[3].

Nach Faschismus und Zweitem Weltkrieg setzte sich diese Entwicklung fort. Die ursprünglich zur Sicherung der Lebensmittelversorgung eingeführten staatlichen Subventionen hatten ein Hauptziel: Die Steigerung der Produktion. Prämiert wurde fast ausschließlich die Menge der erzeugten Nahrungsmittel.
Die Folgen waren drastisch: Genau die Betriebe, die durch Klima und Boden begünstigt waren und deren Größe den Einsatz von Maschinen erleichterte, konnten mehr ernten und verkaufen. Nicht genug dieses Vorteils – sie bekamen dafür auch noch den Löwenanteil der staatlichen Förderungen.
Der österreichische Sozialwissenschaftler Josef Krammer hat berechnet, daß allein 1973 beim Brotgetreide die größeren Bauern des Marchfelds und die Landwirte des nordöstlichen Flach- und Hügellandes pro Hektar durchschnittlich 841 Schillinge (DM 120) staatliche Stützung erhielten.
Im angrenzenden, klimatisch benachteiligten Waldviertel waren die Hektarerträge von Weizen und Roggen wesentlich geringer. Dort konnten die Bauern überhaupt nur rund die Hälfte ihrer Ernte auf den Markt bringen. Den Rest benötigten sie zur Eigenversorgung. Da nur die verkaufte Menge gestützt wurde, erhielten sie lediglich eine Subvention von 432 Schillingen (DM 62) pro Hektar. Die Kleinbauern in Südösterreich kamen gar nur auf eine Stützung von 160 Schillingen (DM 23)[4].

Der Staat regierte hier nach dem Prinzip: Wer hat, dem wird gegeben. Es wurde rationalisiert und produziert auf Teufelkomm-raus. In nur 35 Jahren sank der Anteil der in der Land- und Forstwirtschaft Tätigen von 33 auf acht Prozent[5]. Der Subventionskuchen wurde auf immer weniger Bauern aufgeteilt und die Genossenschaften konnten ordentlich mitnaschen. Sie kontrollierten längst 70 Prozent der Getreidevermarktung und 90 Prozent Milchvermarktung[6]. Kaum verwunderlich, daß sich die Politik der Lagerhäuser und Raiffeisenkassen einseitig an der Ertragssteigerung und Intensivierung der Landwirtschaft orientierten.

Die Genossenschafts-Zentralen profitieren heute von der Mengensteigerung in mehrfacher Weise. Einerseits treten sie bei der Verwertung der entstehenden riesigen Agrarüberschüsse als Subventionsempfänger auf. Andererseits kontrollieren sie einen Großteil des Handels mit Kunstdünger, landwirtschaftlichen Maschinen und Pestiziden[7] – und damit auch die Bauern. Als Raiffeisen-Banken sind sie auch die größten Kreditgeber im Agrarbereich. Jede neue Maschine liefert den Bauern stärker an die Genossenschaft aus.

»Der erste Traktor ist 1954 gekommen«, erinnert sich Stefan Steiner[8], Bauer in Raasdorf im Marchfeld. »Die großen Betriebe haben angefangen, immer mehr Maschinen zu kaufen. Und die kleinen tun halt mit. Du mußt mit, ob du willst oder nicht.«
Ob sie wollten oder nicht – auch an den Genossenschaften führte kein Weg vorbei. Um im Dorf sozial und wirtschaftlich bestehen zu können, mußte man Mitglied sein.

Die Umsätze der Raiffeisen-Lagerhäuser explodierten in den letzten drei Jahrzehnten. Allein von 1950 bis 1975 stiegen sie um 2340 Prozent[9]. Aus den selbstverwalteten Genossenschaften ist längst ein Großkonzern geworden, der mit 90 Milliarden

Schillingen (DM 13 Mrd.) Umsatz im Warengeschäft und bei der Verwertung von Agrarprodukten sowie mit einer Bilanzsumme von über 500 Milliarden Schillingen (DM 71 Mrd.) im Bankgeschäft in Österreich alle Industriekonzerne in den Schatten stellt[10].
Auch von der einstigen Basisdemokratie ist wenig geblieben. Die Mitglieder müssen zwar Anteile einzahlen, bekommen dafür aber weder verbilligte Preise noch sind sie am Gewinn beteiligt. In manchen Genossenschaften gilt sogar eine Art Zensuswahlrecht – jede Stimme ist nur so viel wert, wie der Genossenschaftsanteil groß ist.
Das bekamen die Bauern von Frauenkirchen im Burgenland zu spüren. Als die Lagerhausgenossenschaft 1979 in finanziellen Schwierigkeiten war, beantragte der Vertreter des zentralen Raiffeisen-Verbandes, daß jedes Mitglied seine Einlage verdoppeln sollte. Die 390 Bauern waren dagegen. Ihre Anteile entsprachen 6000 Stimmen. Ein einziger Bauer – er war Direktor des Raiffeisenverbandes – entschied die Abstimmung. Er verfügte allein über die Anteile, die der Zentralverband nach und nach aus den Gewinnen des Lagerhauses erworben hatte. Das entsprach 22000 Stimmen. Mit dieser satten Mehrheit konnte er sich durchsetzen. Die Aufstockung der Genossenschaftsanteile war damit beschlossen[11].

Wer mehr Grund auf besserem Boden besaß, konnte eher rationalisieren und sich spezialisieren. Stefan Steiner über die Entwicklung im Marchfeld: »Nach dem Krieg haben wir mit Kartoffeln und Zwiebeln begonnen. Getreide hat es schon immer gegeben. So ab 1957 sind wir immer mehr in den Feldgemüsebau eingestiegen. In den 60er Jahren ist auch der erste Mähdrescher gekommen. Für das Vieh haben wir immer weniger Zeit gehabt. Die Rinder haben wir zuerst verkauft, dann auch noch die Schweine. Dann haben wir natürlich von der Stallmistdüngung auf Handelsdünger umgestellt.«
Heute gibt es überhaupt kein Vieh mehr in Raasdorf. 1984 ver-

ließ die letzte Kuh das Dorf. Von den rund 400 Einwohnern, die bestrebt sind, das Ortsbild einer niederösterreichischen Bauerngemeinde zu erhalten, sind nur mehr 17 Landwirte. 1979 waren es noch 25 Betriebe[12].

Auf der rund 1000 Quadratkilometer großen Ebene des Marchfeldes konnten nur die Betriebe mithalten, die groß genug waren. Die kleineren Bauern haben ihren Grund verkauft oder verpachtet. Sie pendeln als Arbeiter nach Wien oder sind überhaupt abgewandert. Steiner: »Es hat sich halt immer mehr gesteigert. Mit den Landmaschinen und den anderen Hilfsmitteln. Du hast dir halt einmal eine Maschine gekauft. Und dann die nächste dazu. Und dann hast du die ganze Anlage stehen gehabt. Früher hast du die Zwiebel händisch geschnitten am Acker, und dann den Acker ausgerodet auf Reihen. Das macht heute alles die Maschine. Früher bist du gestanden und hast der Reihe nach jedes Bündel einzeln in die Hand genommen. Da haben 10 bis 12 Leute auf einem Feld gearbeitet.«
Die angewachsenen Maschinenparks machen die ungeheure Kapitalintensität in bäuerlichen Betrieben deutlich. Sie ist mit jenen auf Industriearbeitsplätzen vergleichbar. »Ein Traktor mit 300 PS kostet schon 600000 Schillinge (DM 86000), »erzählt der Raasdorfer Bauer, der auf seinen 45 Hektar mit einer Zugmaschine gar nicht auskommt, »und für eine Rübenmaschine braucht man auch 350000 Schillinge (DM 50000). Dazu kommt der Kunstdünger, die Pflanzenschutzmittel und die Beregnungsanlagen.«

Die Genossenschaften haben nicht verhindert, daß bei den Landmaschinen-Herstellern praktisch jede Konkurrenz ausgeschaltet wurde. Schon 1976 beherrschten drei Firmen 72 Prozent des österreichischen Traktoren-Marktes. Den Mähdrescher-Verkauf teilten sich Epple-Buxbaum, Claas und Massey Ferguson mit einem gemeinsamen Marktanteil von

90 Prozent[14]. Die Landwirte müssen das bezahlen, was verlangt wird.

Im Marchfeld haben sich die Großbauern auf Gemüse oder Getreide spezialisiert und gehören heute zu dem Fünftel der österreichischen Landwirte, die gemeinsam 16mal soviel wie das untere Fünftel der kleinen Bergbauern verdient[15].

Neue Herren

In Raasdorf hat die Spezialisierung auf Gemüseanbau tiefe Spuren hinterlassen. Zwei der 17 Bauern besitzen oder bebauen die Hälfte der Gemüseanbaufläche. Die vier größten Landwirte verfügen über 70 Prozent der ertragreichen Gründe. Die übrigen 13 Familien, die noch ausschließlich von der Landwirtschaft leben, müssen sich mit weniger als einem Drittel der Gemüseproduktion begnügen[16].
Doch auch die neuen »Großgrundbesitzer« sind nicht wirklich die Herren über ihre Ackerböden. Seit 1965 herrscht hier die Industrie. Damals eröffnete der englisch/holländische Unilever-Konzern eine riesige Gemüse-Verarbeitungsanlage im benachbarten Groß-Enzernsdorf.
Die Tiefkühlkost des Unternehmens ist seither kaum mehr aus den österreichischen Haushalten wegzudenken. Die Vertriebsgesellschaft Eskimo-Iglo (BRD: Langnese), die von Unilever gemeinsam mit dem Schweizer Konzern Nestlé betrieben wird, sorgt dafür, daß nicht nur Erbsen und Karotten, sondern auch fertige Menüs ihre Abnehmer finden.
85 Prozent des österreichischen Tiefkühlgemüses kommen mittlerweile aus dem Marchfeld. Dafür stellen rund 300 Landwirte insgesamt 2000 Hektar ihrer Böden zur Verfügung. Sie bauen Erbsen, Karotten, Kohlrabi, Bohnen und Spinat für den Konzern an.[17]
Die Firma versucht, die Landwirtschaft auf industrielle Pro-

duktion zuzuschneiden und die Wechselfälle der Natur auszuschalten. »Der Erzeuger ist verpflichtet, das Saatgut für die Vertragsfläche ausschließlich bei der Verarbeiterin zu beziehen«, heißt es im Vertrag, der die Bauern an die Firma bindet.

Das Interesse an einer maschinengerechten Erbse mit genormter Schale, Größe und Stärke siegt über die Interessen der Landwirte. Dennoch tragen sie das Risiko. Unifrost (Eskimo-Iglo) zwang zwar die Bauern, das firmeneigene Saatgut zu verwenden, übernahm aber keinerlei Verantwortung für die Beschaffenheit der Saaten und »keinerlei Haftung für Schäden, die bei Mensch und Tier durch Saatgutbeize entsteht«[18].

Heimarbeitern gleich bewirtschaften die Bauern ihre eigenen Felder für das Unternehmen. Im Punkt 3 des Vertrages wird der Firma das Recht eingeräumt, den Zeitpunkt der Aussaat zu bestimmen und Weisungen über die künstliche Beregnung zu erteilen. Die Industriekontrolle ist allgegenwärtig: Auch die Auswahl der Pflanzenschutz- und Unkrautvernichtungsmittel »bedarf stets der Genehmigung der Verarbeiterin«[19].

So folgt auch die Ernte den Vorgaben des Ablaufs der industriellen Produktion und nicht denen der Natur. Der Konzern schickt zum geeigneten Zeitpunkt seine eigenen Maschinen auf die Felder.

»Man kann schon sagen, daß der Bauer hier Erfüllungsgehilfe der Industrie wird«, kommentiert Günter Kohl[20], Leiter einer landwirtschaftlichen Versuchsstation im Marchfeld, die Entwicklung und verweist auch auf die Folgen: »Besonders deutlich wird das bei der Erbsenernte. Heuer sind die mit den Erntemaschinen einfach in die nasse Erde gefahren, weil sie die Erbsen gebraucht haben. Die Felder haben ausgeschaut wie nach einem Bundesheermanöver. Die haben dann noch zwei Traktoren vor die riesige Maschine gespannt und haben metertief aus der Erde die Schollen hochgeholt. Ein Schlachtfeld. Aber was bleibt denen übrig. Bei Unilever sind die Verarbei-

tungs-Maschinen angefahren, da warten die Menschen, der Kühlraum ist in Betrieb.«
Sollten die riesigen Erntemaschinen von Unifrost (Eskimo-Iglo) jedoch einmal nicht zurande kommen, muß der Bauer »auf Verlangen der Verarbeiterin« die Erbsen selbst ausreifen lassen, dreschen, reinigen, und als Trockenerbsen zum Werk liefern (Punkt 10 des Vertrages)[21]. Woher er dafür Arbeitskräfte und Maschinen bekommt, ist nicht mehr Sache der Firma.

Wenn der Bauer den Vertrag unterzeichnet, garantiert ihm das Unternehmen für das jeweils nächste Jahr eine festgelegte Abgabemenge zu einem fixen Preis. Steigt dann der Preis auf dem freien Markt, hat der Bauer eben Pech gehabt.
Die Konzernherren können ruhig kalkulieren. Dennoch bleibt den Gemüsebauern keine Wahl. Ohne Verträge können sie nicht einmal sicher sein, ihre Produkte überhaupt zu verkaufen.
»Die Kriterien werden immer höher geschraubt«, erzählt Hans Mazzucato, der als Schwiegersohn im Großbetrieb von Karl Theuringer Mitherrscher über 270 Hektar in Raasdorf ist, »da ist man nur konkurrenzfähig, wenn man immer bessere Maschinen und immer gleichmäßigere Beregnungsanlagen einsetzt.«[22]
Maschinen sind teuer, beim Menschen kann gespart werden, selbst wenn es sich um ausländische Arbeitskräfte – meist aus Jugoslawien – handelt, deren Löhne ohnehin gering sind. Mazzucato: »Früher, vor sechs Jahren haben wir noch 30 Leute beschäftigt, heute sind es nur noch 17.«

Anbau- und Erntezeiten werden in den Computerzentralen der Konzerne festgelegt. Da kann man auf natürliche Bedingungen wie Boden und Wetter kaum mehr Rücksicht nehmen.
Stefan Steiner, der in Raasdorf schon zu den Kleineren zählt: »Das Unkraut wächst wie wild. Die Spritzmittel sind aber wit-

terungsabhängig. Wenn das Wetter nicht mitspielt und der Boden zu trocken ist, dann verbrennt man sich mit einem solchen Herbizid die ganze Ernte.«
Aber damit nicht genug. Steiner weiter: »Es gibt immer neue Schädlinge. Durch den intensiven Gemüsebau bei uns in Raasdorf ist das Ungeziefer schon so stark, daß man es gar nicht mehr richtig wegbringt. Bei einem jungfräulichen Boden, auf dem zum Beispiel noch nie Gemüse war, gibt es keine Probleme. Aber der intensive Anbau macht alles anfälliger. Obendrein«, so Steiner weiter, »nimmt die Botrytis, das ist der Grauschimmel, auf den Zwiebeln dauernd zu. Wenn man die hat, dann ist die Haltbarkeit dahin. Also muß man vorbeugend spritzen.«

Charakteristisch für die moderne Landwirtschaft ist auch die eingeschränkte Fruchtfolge. »Eigentlich sollte man dieselbe Frucht auf demselben Acker nur einmal innerhalb von vier Jahren anbauen«, erklärt Steiner, »die Karotte zum Beispiel zehrt den Boden sehr aus. Der müßte sich erholen. Aber das ist fast nicht mehr einzuhalten. Und so kommt man halt manchmal schon früher hin, dann geht das ein paar Jahre gut, aber dann ist es komplett aus.«
»Komplett aus« bedeutet, daß Humus verloren geht, daß der Boden ermüdet, daß das Unkraut sich ausbreitet, daß Insekten und Pilzkrankheiten den Landstrich befallen.[23]
»Fruchtfolgeschaden« ist das Schlagwort, dem die Bauern dann wieder mit mehr Chemie beizukommen versuchen. »Man muß dauernd dahinter sein mit dem Spritzen, sonst ist die Ernte weg, oder die Ware bleibt ganz klein« (Steiner).

Chemische Kartoffelernte

Die Nahrungsmittelindustrie verlangt nach »fehlerfreier« Natur. Auch im Kartoffelanbau gelten harte Normen. Stefan Steiner hat seit mehreren Jahren einen Anbauvertrag mit der »Erdäpfelverwertung Hollabrunn«. Dort werden Kelly's Kartoffel-Chips hergestellt.
Wenn der Drahtwurm kleine Löcher in die Frucht bohrt, dann muß der Bauer dafür zahlen, denn: »Chips mit Löchern, das wollen die nicht«. Zwangsläufig kommt es zum Chemieeinsatz. »Im Vertrag gibt es auch eine Spritzverpflichtung. Man muß alle sieben bis zehn Tage spritzen«, erzählt Steiner.
Wie bei allen Verträgen sind die Lieferzeiten und Erntemengen fixe Punkte im Übereinkommen. »Wenn man zehn Prozent mehr oder weniger liefert, muß man ein Pönale bezahlen.« Laut Steiner wird den Bauern in diesem Fall ein Schilling (15 Pfennige) pro Kilo abgezogen, damit sie die Kartoffeln überhaupt los werden. Bei einem Kilopreis von rund zwei Schillingen keine Kleinigkeit.
Preisdruck und Absatzschwierigkeiten zwingen die Bauern zum Wohlverhalten gegenüber den Abnehmerfirmen. Die Werbetexte der chemischen Industrie versprechen dafür Arbeitserleichterungen: »Wer ungern hackt, kennt *Gramoxone*« – die verstaatlichte Chemie Linz hat es verstanden, die Not der Bauern zu nutzen.[24] Sie bietet damit einen der gefährlichsten Unkrautvernichter, nämlich Paraquat, für den Kartoffelanbau an (siehe auch Seite 297).
Ein naher Verwandter dieser Substanz – Disquat – wird als *Reglone* von Ciba Geigy angepriesen. Der Schweizer Konzern lädt die Bauern zur chemischen Ernte ein: »In wenigen Tagen sind sowohl Kartoffelkraut als auch ev. vorhandene Unkräuter total vernichtet« (Prospekt-Text)[25].
Wenn das Kartoffelkraut nicht mehr steht, braucht man nur noch mit der Erntemaschine über das Feld zu fahren. Im Fachjargon wird das »Totspritzen« oder »Chemische Sense« ge-

nannt. Neben dieser »wesentlichen Ernteerleichterung« verspricht die Firma durch den Einsatz dieses Totalherbizids auch eine »gleichmäßige Reife der Kartoffel«[26].
Paraquat und Diquat sind ausgeprägte Zellgifte. Da sie gut wasserlöslich sind, können laut einschlägiger Fachliteratur Rückstände dieser Mittel in Lebensmitteln nicht ausgeschlossen werden.[27]
Diese Gefahren halten die Chemie Linz nicht davon ab, *Reglone* ebenfalls zur Verhinderung von »Übergrößen« und Erleichterung der Ernte von Speisekartoffeln zu bewerben.[28]

Kranker Boden

»Chemische Sensen« wüten nicht nur gegen Unkräuter und Kulturpflanzen. Beim Einsatz von Pestiziden wird ein Großteil des Lebens auf und im Boden »totgespritzt«.
Die Untersuchung eines Bohnenfeldes nach dem Einsatz des Insektenvernichtungsmittels *Thiodan 35 flüssig* der Firma Hoechst brachte eine erschreckende Bilanz. Der Giftkrieg galt eigentlich den Blattläusen. Als man jedoch die toten Tiere auf dem acht Hektar großen Grund zählte, waren außer den Blattläusen
121 000 Laufkäfer,
51 000 Marienkäfer,
mehrere tausend Bienen und
mehrere tausend Florfliegen
vernichtet worden. Damit war auch ein Großteil der Nützlinge dem Chemieeinsatz zum Opfer gefallen: Auf dem Speiseplan der Marienkäfer stehen nämlich täglich ein paar Dutzend Blattläuse; die Bienen sind für die Vermehrung der Pflanzen lebenswichtig.

Trotz der Vernichtungsbilanz in diesem Versuch war *Thiodan 35* als »nicht bienengefährlich« eingestuft. Der Hersteller behauptete sogar, das Mittel schone Nutzinsekten.[29]

Zerstört wurden bei diesem Einsatz eines einzigen Pestizids auch viele Larven, die totes pflanzliches Material im Boden aufarbeiten.[30]

Der Boden beginnt zu kränkeln. Im Marchfeld wurden der Landgewinn und die Ertragssteigerungen mit schweren ökologischen Eingriffen erkauft. Durch Flußregulierungen sank der Grundwasserspiegel. Das beeinträchtigte das Pflanzenwachstum, künstliche Beregnung mit großen Pumpanlagen wurde notwendig.
Durch Grundstückszusammenlegungen und Umwandlung großer Weideflächen in Ackerland wurde die Landschaft einschneidend verändert. Alles ist ausgeräumt und begradigt. Raine, kleine Teiche, Baumgruppen und Hecken mußten weichen, weil sie Hindernisse für die schweren Maschinen waren.
Dip. Ing. Peter Schawerda, technischer Leiter der niederösterreichischen Agrarbezirksbehörde, kämpft seit Jahren gegen die Folgen dieser Entwicklung. Die Bodenerosion ist sein Hauptgegner: »Das Marchfeld ist eines der ersten Gebiete in Österreich, in dem sich die Probleme der Landwirtschaft am deutlichsten zeigen. Laufend geht hier Grünland verloren, wir haben keine Viehwirtschaft mehr. Ohne Vieh wird viel weniger organische Substanz, nämlich Mist, zugeführt. Der Boden verdichtet sich auch durch die Maschinen. Diese Faktoren wirken zusammen und beschleunigen die Bodenerosion. Dazu kommt noch, daß die Bodenerosion auch durch den Verlust an Lebewesen im Acker beschleunigt wird.«[31]

Der Ackerboden ist ein vielfältiges ökologisches System, an dem eine große Zahl von Klein- und Kleinstlebewesen beteiligt sind. In der nur zirka 15 Zentimeter starken, obersten Humusschicht leben je Gramm Erde rund 100 000 Pilze, 400 000 Algen und 600 Millionen Bakterien. Im Zusammenwirken mit den Tonmineralien und toter organischer Substanz entsteht durch

diese sogenannte »Biomasse« genannten Lebewesen ein lockerer, aktiver Boden.[32]
Schädlingsbekämpfungsmittel greifen in dieses Bodenleben ein und können einen Teil der Biomasse schwer schädigen – sie wirken wochen-, monate-, manchmal sogar jahrelang im Boden weiter.[33]
»Die Bauern sagen auf unsere Warnungen immer, daß sie davon nichts merken«, berichtet Ingenieur Schawerda, »weil ja immer mehr wächst.«[34]

Wie lange kann die Landwirtschaft noch von einem »Kapital« leben, das sie immer mehr auszehrt? Schon heute werden 70 Prozent der österreichischen Ackerböden als »geschädigt« eingestuft.[35] Ist einmal die Humusmasse zerstört oder durch Wind und Wasser abgetragen, dann ist nichts mehr zu machen. Verlorenes Erdreich ist nicht zurückzugewinnen, denn durch die natürliche Bodenbildung wird bestenfalls ein Zentimeter Humus in hundert Jahren produziert.[36]

Bereits seit 20 Jahren sind die Probleme bekannt; das Agrarwirtschaftliche Institut des Bundesministeriums für Land- und Forstwirtschaft meinte dazu bereits 1966: »Als schwere Gefährdung der Bodenfruchtbarkeit stellen die Winderosion, die Störung des Bodenwasserhaushalts und der Humusschwund ernste Probleme für die Landeskultur Niederösterreichs dar.«[37]

20 Jahre später haben die Bauern kaum etwas dazugelernt. Konnten nichts dazulernen. Schawerda: »Es gibt zwar Gebrauchsanweisungen für die Pestizide, aber der Bauer, der einen Lagerhausverkäufer fragt – na, wieviel nehm' ich denn? – der bekommt vielleicht zur Antwort: Nehmen sie das höchste, das ist am sichersten.«[38]

Todesursache: Metasystox[39]

Der Landwirt Franz Eichler aus dem Marchfeld war von seinem Nachbarn Peter Gabler[40] gebeten worden, sein Zuckerrübenfeld zu spritzen.
Franz Eichler: »Der Gabler ist auf dem Feldweg am Ende des Ackers gestanden. Ich hab' dort umgedreht. Vielleicht hat er etwas eingeatmet.« Bei der letzten Reihe fuhr Gabler auf dem Traktor mit.
Ein Leitungsmast war im Weg. Gabler stieg ab, hob den Spritzbalken hoch und stieg dann wieder auf den Traktor auf.
Nach Beendigung der Arbeit ging Gabler nach Hause. Am nächsten Tag war er an Armen und Beinen völlig gelähmt und wurde sofort ins Krankenhaus eingeliefert.
Die Ärzte waren ratlos.
Als Eichler auf Besuch ins Krankenhaus kam, erklärte ihm der Oberarzt: »Wir haben kein Gift feststellen können.«
Vier Tage später war Peter Gabler tot.
Bei der Obduktion wurden Spuren des Giftes gefunden. Im Befund des gerichtsmedizinischen Instituts heißt es: »Nach den Umständen des Falles muß Herr Gabler das Gift eingeatmet bzw. durch verschmutzte Hände mit der Nahrung aufgenommen haben. Gabler ist infolge einer Vergiftung mit *Metasystox* an Herz- und Atemlähmung eines gewaltsamen Todes gestorben.«

5. Irrsinn mit Methode

Giftexport nach Kenya

Kinder ohne Finger – hochwirksames Quecksilber

Theresa Keranya[1] ist ein gesundes Mädchen. Die Vierjährige lebt mit ihren fünf Geschwistern und den Eltern im Kikuyu-Distrikt, etwa 50 Kilometer nordöstlich der Hauptstadt des ostafrikanischen Staates Kenya, Nairobi. Vater und Mutter betreiben wie fast alle in der Gegend eine kleine Landwirtschaft – fast zu klein, um zu überleben.
Es ist eng geworden im Kikuyu-Land, seit die Engländer große Landstriche für ihre Tee- und Kaffeeplantagen geraubt und nach den Mau-Mau-Aufständen in den 50er Jahren fast alle Angehörigen des Kikuyu-Stammes »umgesiedelt« haben. Theresas Eltern können zufrieden sein, daß ihre Kinder satt werden und nicht wie viele andere an Bronchitis, Lungenentzündung oder Malaria leiden.

Theresa und ihr jüngerer Bruder spielten viel im Freien rund um die Hütten und in den Gärten des Bauernhofes. Ende Juni 1979, als die Regenzeit schon ihrem Ende zuging, klagte sie plötzlich über Bauchschmerzen. Wenig später schwollen Hände und Füße an und begannen gräßlich zu jucken. Theresa wurde apathisch, floh meist vor dem Licht und verkroch sich im hintersten Winkel der Hütte. Ihre Mutter brachte sie zur Krankenstation im benachbarten Ort und bekam dort für ihre Tochter schmerzstillende Mittel und eine Hautsalbe.
Die Mutter salbte die geschwollenen und vom Kratzen und Reiben entzündeten Hände und Füße des Mädchens. Doch die

Beschwerden wurden nicht besser. Theresa schwitzte jetzt auch stark und sprach nur noch undeutlich und schleppend. Sie aß fast nichts mehr – nagte, biß und knabberte ständig an ihren Fingern. Der Schmerz des Zubeißens schien ihr weniger Pein zu verursachen als das Jucken, das von innen kam. Die Eltern waren entsetzt und verzweifelt – das Kind fügte sich mit den eigenen Zähnen tiefe Wunden zu, die Fingerstümpfe eiterten. Die Bauchschmerzen hatten sich zu Krämpfen entwickelt, ein Stück des Darmes hing aus dem After.
Theresas Eltern hatten noch eine Hoffnung. In der Hauptstadt gibt es ein modernes Krankenhaus, in dem Kinder gratis behandelt werden. Sie fuhren mit ihrer Tochter nach Nairobi.
»Das Mädchen war in einem verheerenden Zustand«, berichtet der Leiter der Kinderabteilung des Kenyatta-Hospitals in Nairobi, Dr. Julius Meme[2], »sie konnte nicht mehr gehen. Der Speichel tropfte von den Mundwinkeln, und sie knabberte dauernd an den Fingern der linken Hand.« Die Muskeln waren schlaff, die Verletzungen an den Händen erheblich. Dr. Meme: »Die Knochen ragten aus den Fingerstümpfen heraus, alles war entzündet und infiziert.«[3]

Theresa war nicht das einzige Kind, das zu dieser Zeit mit derartig gräßlichen und rätselhaften Krankheitssymptomen ins Kenyatta-Hospital aufgenommen wurde.
»Es kamen damals Dutzende«, erinnert sich Dr. Meme, »und aus den anderen Krankenhäusern hörten wir ähnliches.«

Die Ärzte standen vor einem Rätsel. Theresa hatte zusätzlich erhöhten Blutdruck und das EEG zeigte Veränderungen der Funktion der linken Hirnhälfte. Bei den Kindern, die vor ihr mit ähnlichen Symptomen ins Krankenhaus kamen, waren keine abweichenden Laborwerte gefunden worden. Für genaue Analysen auf Giftrückstände fehlten damals freilich die technischen Einrichtungen.
»Wir haben von Anfang an vermutet, es könnte sich um eine

Schwermetallvergiftung handeln«, erinnert sich Dr. Meme, »aber es gab keinen Hinweis, der diese These erhärtet hätte.«
Als Theresa ins Krankenhaus kam, waren bereits neue Laboreinrichtungen vorhanden. Ihr Urin und Blut wurde daher auf Rückstände der Schwermetalle Arsen, Thallium, Kupfer, Kobalt, Blei, Zinn und Quecksilber untersucht. Ergebnis: Im Urin fand sich Quecksilber – in enormen Mengen von 180 Milligramm pro Liter. Als gesundheitlich unbedenklich werden nur Werte bis zu 20 Milligramm pro Liter angesehen.[4] Selbst im Blut war der Quecksilberanteil fünfmal höher als der höchstzulässige Wert.

Das Schwermetall Quecksilber wirkt als Zellgift und kann schon in Mengen von 0,02 Gramm erwachsene Menschen töten.[5] Es wird kaum abgebaut und reichert sich im Körper an. Besonders gefährlich sind die von Menschen erzeugten organischen Quecksilberverbindungen, die als Saatgutbeizmittel, Holzkonservierungsmittel und in Desinfektionsmitteln verwendet werden.

Die Kinderärzte in Nairobi begannen nach möglichen Ursachen der Quecksilbervergiftung zu suchen und stießen in der medizinischen Fachliteratur auf eine ganze Reihe ähnlich dramatischer Krankheitserscheinungen bei Kindern. Schon in den dreißiger Jahren wurde von Selbstverstümmelungen bei Kindern in den USA und in Großbritannien berichtet. Mediziner konnten damals Pulver und Lotionen gegen Zahnungsbeschwerden als Ursache ausfindig machen. Sie enthielten Quecksilber. Als daraufhin alle quecksilberhaltigen Zahnungsmittel verboten wurden, verschwanden die als »Akrodynie« bezeichneten Erkrankungen fast völlig.[6]
Europäische Mediziner wurden auf die rätselhaften Erkrankungen aufmerksam, als sie feststellten, das das Medikament *Kalomel*, das winzige, eigentlich harmlose Mengen Quecksil-

ber enthielt, bei einer bestimmten Anzahl von Kleinkindern zu Akrodynie führte.
1963 wurde Akrodynie auch als Folge des Einatmens quecksilberhaltiger Dämpfe von Anstrichen in Häusern beobachtet.[7]
In Pakistan kam es 1961 und im Irak 1971 zu massenhaften Quecksilbervergiftungen. Die Betroffenen hatten Brot aus Weizen gegessen, der eigentlich als Saatgut bestimmt und mit quecksilberhaltigen Pilzmitteln (Fungiziden) behandelt worden war.[8] Allein im Irak kamen 6530 Menschen mit schweren Vergiftungen in Krankenhäuser. 459 davon starben.[9]
Einige der Vergifteten in Pakistan und im Irak, die relativ geringe Mengen des Mehls gegessen hatten, wiesen laut Dr. Meme ähnliche Symptome auf wie die Kinder in Kenya.
»Für uns war schon durch diese Parallelen klar: Es mußte eine Schwermetallvergiftung vorliegen, höchstwahrscheinlich durch Quecksilber«, erzählt Julius Meme.

Aber woher kam das Quecksilber?

Den Kindern wurden keine Zahnungsmittel gegeben. In den Gegenden, aus denen die Kinder kamen, werden kaum Holzbehandlungsmittel verwendet. Weizen ist fast unbekannt. Und wäre etwa mit speziellen Pestiziden behandeltes Maissaatgut irrtümlich gegessen worden, hätten die Vergiftungen nicht in fast allen Agrargebieten gleichzeitig auftreten können, da nicht anzunehmen ist, daß alle gleichzeitig denselben fatalen Irrtum begehen.
Auch Industrieanlagen, aus denen in der japanischen Minamata-Bucht große Quecksilbermengen ins Meer und damit in die Fische gelangt waren, gibt es in Kenya kaum – schon gar nicht in den landwirtschaftlichen Regionen. Fast alle Kinder kamen aber aus reinen Ackerbau-Gebieten.

Daß die vergifteten Kinder vor allem in den Regenzeiten von April bis Juli und von Oktober bis Dezember ins Krankenhaus

gebracht wurden, und daß alle zwischen zwei und sieben Jahre alt waren – ein Alter, in dem sie noch nicht zur Schule gehen und sich den ganzen Tag über im Freien aufhalten, brachte die Kinderärzte auf eine Spur. Sie entschlossen sich, eine systematische Erhebung der Lebensumstände der Kinder durchzuführen, um die Ursache der Vergiftungen zu finden. Bei neu eingelieferten Kindern begannen sie nun auch, die Wohnumgebung der Kinder mit zu untersuchen.
Dr. Meme und seine Kollegen hatten viel zu tun. »Es gab die ersten toten Kinder«, berichtet er, »und auch ein spürbares Ansteigen von Mißbildungen bei Neugeborenen.« Und die Krankheitserscheinungen wurden immer dramatischer.

Die fünfjährige Margaret Kerangeri Macharia[10] aus dem Machakos-Distrikt, eine Autostunde im Südosten von Nairobi, hatte sich schon über zwei Monate hinweg den ganzen Körper zerkratzt, als sie ins Krankenhaus kam. Sie litt unter dem starken Jucken und hatte ebenfalls Bauchkrämpfe und Durchfall. Margaret wog nur noch 10 Kilo und ihr rechter Arm war nur noch ein Stumpf – »sie hatte sich im rasenden Schmerz fast die ganze Hand abgebissen« (Meme)[11]. In ihrem Blut fanden die Ärzte 21,3 Mikrogramm Quecksilber pro Deziliter.
Die Blutuntersuchungen von Margarets Eltern ergaben ebenfalls einen überhöhten Quecksilbergehalt.
Margaret wurde mit Dimercaprol behandelt – einem Mittel, das die Briten im Zweiten Weltkrieg gegen die Schwermetallvergiftungen ihrer Soldaten entwickelt hatten – und überlebte.

Noch immer war der Ursprung des Quecksilbers unbekannt. Margaret kommt aus einer Kleinbauern-Familie. Die Eltern bauen Mais und Kartoffeln an. Das Wasser wird aus einem Brunnen geholt. Alles ist wie überall. Einzige Auffälligkeit: Um ein wenig Geld zu verdienen, werden zwei Morgen des Akkerbodens mit Kaffee bebaut. Dort werden die einzigen Chemikalien verwendet, die das Ärzteteam im Elternhaus der Margaret Kerangeri fand: Pflanzenschutzmittel.

Quecksilber ist ein hochwirksames Pilzmittel (Fungizid) und wird in Europa als Beizmittel für Saatgut eingesetzt, weil es billig ist und gegen fast alle Pilze wirkt. Wegen ihrer enormen Gefährlichkeit wurden quecksilberhaltige Beizmittel in der Bundesrepublik 1982 verboten – als Spritzmittel auf den Feldern waren sie nie erlaubt. In Österreich dürfen sie allerdings nach wie vor als Beizmittel verwendet werden.

In Kenya spielen Saatgutbeizmittel kaum eine Rolle. »Es gibt hier kein einziges Pflanzenschutzmittel, das Quecksilber enthält«, versicherte uns sehr bestimmt ein hochrangiger Beamter des Landwirtschaftsministeriums in Nairobi. Die Bestimmtheit seiner Aussage mag verwundern: In Kenya wurde erst 1982 ein Gesetz zur Kontrolle des Pestizid-Einsatzes beschlossen.
Nach kanadischem Vorbild werden im »Pest Control Products Act« Import, Produktion, Vertrieb, Einsatzgebiete und Information genauen Regelungen unterworfen. Auf dem Papier.
»Wir versuchen in der Praxis ein gutes Gesprächsklima mit den Firmen zu wahren und sie zu überzeugen«, beschreibt eben jener Ministerialbeamte die Realität. Ein Mitglied im Kontrollausschuß, der die Anwendung des Gesetzes überwachen soll, sei Vertreter des britischen Chemie-Riesen ICI, der weltweit an fünfter Stelle der Pestizidproduzenten steht. Eine erfolgreiche Liaison.

Mit der Registrierung der hunderte im Land eingesetzten Pestizide wurde erst Mitte 1985 begonnen – bis heute weiß niemand in Kenyas Behördenapparat, was in den Mitteln wirklich enthalten ist. »Wir versuchen derzeit, einen Überblick darüber zu bekommen, welche Pestizide wo und in welchem Ausmaß verwendet werden«, meinte der Beamte.
Das wird noch einige Zeit dauern. Zumal die besten Beamten

regelmäßig von den großen Konzernen abgeworben werden, die Tochterfirmen in Kenya unterhalten. Die zahlen viel bessere Gehälter als der Staat.

Von Quecksilber wollten die Vertriebsfirmen in Nairobi noch nie gehört haben.
Die Ärzte im Kenyatta-Hospital mißtrauten den Beteuerungen der Konzerne und begannen mit genauen chemischen Analysen des Wassers und der Milch, die in jenen Familien verwendet wurden, in denen Kinder erkrankt waren. Es wurden auch bei den Angehörigen Blutproben entnommen – das Team wurde fündig.
Das Blut des Vaters und des Bruders des siebenjährigen Kikuyu-Mädchens Adela Waitete [13], das sich ebenfalls selbst verstümmelt hatte, enthielt erhöhte Mengen von Quecksilber [14].

Die Eltern sind ebenfalls Kleinbauern und pflanzen Mais, Kartoffeln, Tomaten, Cabbage (Kohl) und ein wenig Tee. In der Kuhmilch fanden sich keine Schwermetalle. Auch das Trink- und Kochwasser enthielt kein Quecksilber. Der einige hundert Meter entfernte Bach ebenfalls nicht.
Zuletzt testete Dr. Meme auch das einzige Pflanzenschutzmittel, das er im Wohnraum der aus zwei Zimmern bestehenden Hütte fand. Es enthielt 28,4 Mikrogramm Quecksilber pro Deziliter [15].

Ein häßlicher Verdacht drängte sich auf: Man kann herkömmliche Pestizide »strecken« und den dabei auftretenden Wirkungsverlust mit Quecksilber wieder wettmachen, das gegen Pilze schon in winzigen Mengen wirkt. Eine Praxis, deren vielfältige Spielarten in Kenya Tradition haben.
Ende der 70er Jahre breitete sich trotz massiven Pestizid-Einsatzes die Kaffeebeerenkrankheit lawinenartig aus – die Produktion des wichtigen Devisenbringers sank um ein Drittel. Viele Bauern standen vor dem Ruin.

Erst 1980 wurde die Ursache der Katastrophe entdeckt: Das von der niederländischen Firma »Kollum Chemie« angekaufte Pilzmittel *Captafol* – ein Lizenzprodukt des US-Konzerns Chevron, das unter den Verdacht der Krebserzeugung geraten ist und deshalb in der Bundesrepublik verboten wurde[16] – enthielt laut Analysen der Behörden nicht wie üblich zu 80 Prozent den Wirkstoff Ortho-Difolatan, sondern nur zu 46 Prozent. Der Rest war Kalk. In einigen Proben wurde auch noch das Insektizid Carbaryl gefunden, das offenbar beigemengt worden war.[17] Bis dahin waren rund 100 Tonnen des gefälschten Mittels importiert worden.

Grund genug für das Mediziner-Team, die gängigen Pflanzenschutzmittel zu untersuchen. Dr. Meme besuchte die staatlichen Kaffee-Genossenschaften, die auch für die Verteilung der im Kaffeeanbau verwendeten Pestizide zuständig sind. »Wir waren schockiert, wie wenig die Berater über die Giftigkeit der Produkte wußten, die sie an die Bauern verteilten«, erinnert er sich. Er entnahm Proben der 16 von den Genossenschaften verteilten Mittel. Neun von ihnen enthielten nicht nur den eigentlichen Wirkstoff, sondern auch Quecksilber – in Konzentrationen von 3,5 bis 73,5 Mikrogramm pro Deziliter[18]. »Damit war für uns der Zusammenhang klar«, erklärt Meme, »Kinder sind besonders empfindlich, und es waren auch nur Kinder in Altersgruppen betroffen, die viel im Freien, also auf den besprühten Feldern, spielen.« Eine These, für die viel spricht:

- Es gibt keine andere Erklärung für die Herkunft des Ultragiftes in den landwirtschaftlichen Gebieten, aus denen die Kinder kamen.

- Etwa zur gleichen Zeit wurden Kaffeebohnen aus Kenya an der US-Grenze zurückgewiesen, weil sie laut der Zeitschrift »Entwicklungspolitische Korrespondenz« Quecksilber enthielten, die die höchstzulässigen Werte um ein Vielfaches überschritten.[19]

- Auch der Umstand, daß sogar in ein und derselben Familie meist nur ein Kind, niemals jedoch Erwachsene betroffen waren, entkräftet den Verdacht nicht. Von Akrodynie waren auch in den anderen wissenschaftlich untersuchten Fällen immer nur einige Kinder betroffen, die auf winzige Mengen von Quecksilber besonders empfindlich reagierten. Und es ist sehr wahrscheinlich, daß Kleinkinder beim Spielen Kaffeebohnen oder Maiskörner in den Mund nehmen, die vorher mit den quecksilberhaltigen Pestiziden behandelt wurden.

- Nach der Veröffentlichung der Ergebnisse der Analysen 1982 verringerte sich die Anzahl der Erkrankungen rasch.

»Jetzt treten kaum mehr solche Selbstverstümmelungen auf«, sagt Dr. Meme. Und er ist sicher, daß die betreffenden Firmen, obwohl sie den Verdacht immer heftig dementiert haben, eben stillschweigend ihre Mittel nicht länger mit Quecksilber verfälschen oder verunreinigen.
Was bleibt, sind Dutzende tote Kinder, Tausende mit Armstümpfen, verkrüppelten Fingern und Zehen. Allein im Kenyatta-Hospital wurden 400 vergiftete Kinder registriert.

Und die Ungewißheit, wann und wo sich ähnliches wiederholt.

»Ihr kriegt das Gift wieder zurück«
Pestizid-Alltag im Kikuyu-Distrikt

»In den letzten zwei Monaten haben wir zwei meiner Nachbarn begraben müssen, die haben als Taglöhner auf Kaffeeplantagen gearbeitet.« Cheche Mindo, Lehrer und Bauer im kleinen Dorf Ruku, 25 Kilometer westlich von Nairobi, kennt die Gefahren der Agrargifte. »Und noch einer hat nach einem Familienstreit Malathion geschluckt und sich so umgebracht.«

Alltag im Kikuyu-Land. Das fruchtbare Land mit seinen dunkelroten Böden, den hohen Bäumen und den unglaublich vielen Menschen versorgt die Hauptstadt mit Bohnen, Kraut, Kartoffeln. Zweimal im Jahr wird auf den winzigen Feldern geerntet – »eigentlich reicht das oft nicht einmal für die Bauern, aber sie brauchen auch Geld, also verkaufen sie ihre Früchte« (Mindo). Den Bauern, ihren Frauen und den durchschnittlich sechs bis acht Kindern bleibt nur der Mais. Mangelernährung ist die Hauptursache für die weite Verbreitung von Lungenentzündungen, der Todesursache Nummer eins in dieser Region.

An den Markttagen und in den Bars wird viel über Ertragssteigerung geredet. »Die einzigen, die erklären, wie man mehr ernten kann, sind Firmenvertreter«, beschreibt Mindo den Informationsnotstand, »und die sagen nur, daß man möglichst viel spritzen soll.«

Shell, Ciba-Geigy, ICI, Union Carbide, Hoechst und Bayer – alle Chemiekonzerne mit nennenswerten Marktanteilen in Kenya – unterhalten entweder selbst oder über Vertriebsfirmen kleine Armeen von Vertretern, die in den Marktflecken die Vorteile der Agrarchemie anpreisen und die Produkte meist auch gleich verkaufen. Sie werden nach Umsatz bezahlt. Und sie verdienen gut.

Überall in den kleinen Gemischtwarenhandlungen sind die

Gifte zu haben. Neben Öl, Salz, Zucker und Medikamenten findet sich im Regal alles, was der Pestizidmarkt zu bieten hat: *Baygon, Neocidol, DDT*. Der Ladenbesitzer in Ruku türmt vor uns auf, was wir nicht mehr in den Händen halten können. Er ist nicht stolz auf seine Schätze und bittet unseren Begleiter, uns zu sagen, daß er die Gefahren dieser Mittel kennt und weiß, daß sie eigentlich nichts neben den Lebensmitteln zu suchen haben. »Unser Markt ist überschwemmt, die Leute brauchen es, und ich muß auch von was leben.«
Für die Multis ist Afrika längst ein riesiges Absatzgebiet für Agrargifte geworden. Und ein sicheres: Mehr als 80 Prozent des afrikanischen Pestizidimportes werden den Firmen direkt von den europäischen und amerikanischen Regierungen bezahlt – als »Entwicklungshilfe«[20].

Verkauft wird, was sich verkaufen läßt – alles.
Nach Angaben des kenyanischen Landwirtschaftsministeriums sind die von der Weltgesundheitsorganisation (WHO) als »extrem gefährlich«[21] und deshalb in den meisten europäischen Staaten längst verbotenen Mittel Aldrin und Dieldrin häufig verwendete Pflanzenschutzmittel im ostafrikanischen Staat. Der drittgrößte Pestizidhersteller der Welt, der holländische Shell-Konzern, vertreibt sie unter dem Markennamen *Aldrex* (im Kaffeeanbau eingesetzt) und *Dieldrex*. Und Lindan wird von den »Murphy-Chemicals« unter dem sinnigen Namen »Dawa ya mboga« – in Kisuaheli bedeutet das »Medizin für Gemüse« – verkauft.

Zu den Marktrennern des englischen Konzerns ICI gehört nach wie vor *Gramoxone* (Werbespruch der Vertriebsfirma Twiga in kenyanischen Tageszeitungen: *»Der Pflanzenschützer«*[22]), das unseren Tchibo-Kaffee vor allzuviel Unkraut schützen soll. Der Wirkstoff von *Gramoxone* – Paraquat – gehört zu den teuflischsten Agrargiften. Schon die Aufnahme von 0,7 Gramm ist genug, um einen erwachsenen Menschen langsam und qualvoll zu töten.[23] Neben Verätzungen der Schleimhäute, innen wie außen, versteifen sich langsam die Lungenzellen. Es dauert im Durchschnitt zwei lange Wochen, bis die Opfer qualvoll erstikken. Bei vollem Bewußtsein.[24]

Paraquat-haltige Mittel sind deshalb in der Bundesrepublik verboten. In Kenya werden die Landarbeiter damit barfuß und in zerschlissenen, kurzärmeligen Leibchen ohne jede Schutzvorrichtung auf die Felder geschickt. »Die meisten können sich nicht einmal Gummistiefel leisten«, berichtet Cheche Mindo.

Viele Bauern sind nach wie vor Analphabeten. Ihnen nützen die kleingedruckten – mittlerweile auch in Kisuaheli verfaßten – Warnhinweise auf den Packungen nichts. Sie müssen den Vertretern einfach vertrauen.

Einer der Großbauern in Ruku wird von allen »Dr. Wise« genannt. Er hat es geschafft. Ein Vertrag mit einem indischen Großhändler sichert ihm den Verkauf des Gemüses, das mittlerweile von zwei Dutzend Landarbeitern für ihn angebaut wird.
Um das Gemüse auch fleckenrein nach Nairobi bringen zu können, wird die Spritzpumpe zweimal pro Woche umgeschnallt – bis zum Tag der Ernte. Dann wird das Gemüse noch kurz zum Reinigen in ein Wasserfaß getaucht.
Den Kleinbauern bleibt nichts übrig, als ebenso zu handeln. Herr Mindo kennt die Folgen: »In der Stadt leiden viele an Vergiftungssymptomen wie Erbrechen, Durchfall und Nervenleiden, ohne zu wissen woher.«

Auch bei den Bauern sind die Konsequenzen sichtbar. Kaum einer, der nicht an Hautausschlägen leidet, viele haben Lungenbeschwerden. Und mit 45 sterben ohnehin die meisten.

Auf den kleinen »Shambas« genannten Höfen sind Behälter Mangelware. Deshalb werden Dosen, die vorher als Behälter von Pestiziden gedient hatten, nachher zum Lagern der Lebensmittel und zum Wasserholen verwendet.
Und die vollen Dosen werden in den Wohnräumen gelagert, wo auch sonst? Eigene Lagerräume gibt es nicht. Cheche Mindo hat selbst erlebt, wie gefährlich das ist. »Einmal hat die Schwester meiner Frau eine *Neocidol*-Dose umgestoßen«, erzählt der Vater von vier Kindern, »sie hat etwas verschüttet und die Dose dann offen stehengelassen«. Seine Frau habe den Geruch zwar bemerkt, alles geputzt, aber die Ursache dafür nicht gefunden. Sie blieb den ganzen Tag über im Zimmer. »Am Abend ist sie ganz apathisch dagelegen«, erinnert sich Mindo, »und am nächsten Tag hat sie eine Herzattacke gehabt.«

Ein guter Teil der Pflanzenschutzmittel wird über staatliche Organisationen verkauft. Bauern, die für den Export bestimmte Pflanzen wie Kaffee oder Tee anbauen, bekommen von den Genossenschaften gegen Kredit auch die Schädlingsbekämpfungsmittel. Offenbar gelingt es den Firmenvertretern leicht, die Berater in den Genossenschaften zu »beraten« – der Pestizidumsatz in den von Kooperativen kontrollierten Kaffeeanbaugebieten stieg innerhalb eines Jahres um 200 Prozent. Den Weg zu solchen Verkaufserfolgen kann man in kenyanischen Tageszeitungen nachlesen.

»Januar und Februar sind sehr hektische Monate für die Verkäufer von Agrarchemikalien«, berichtet der Journalist Mithamo Ngungute[25], »das Spritzprogramm für Kaffee beginnt vor der Regenzeit.« Der Verkäufer hat dieses Jahr den Auftrag, roten Kupfer zu verkaufen. 180 Tonnen in den 2 Monaten (Ngungute). Roter Kupfer ist so wirksam wie blauer oder grüner. Der Unterschied liegt im Preis: Roter ist um rund 30 Prozent teurer. Ein einsichtiger Grund für die Direktiven einer

Firma. Und es funktioniert. Ngungute: »Im Büro der Kooperative wird der Manager gleich mit einem schönen Kalender und einem Feuerzeug versorgt – mit den besten Empfehlungen der Firma. Dann fahren sie zum Manager nach Hause, wo der Verkäufer der Ehefrau ein T-Shirt und drei Säcke roten Kupfer schenkt. Danach kommt ein gemeinsamer Ausflug in ein Restaurant. Am Abend nimmt der Verkäufer eine Bestellung der staatlichen Genossenschaft über 20 Tonnen mit.«[26]

Notwendig wäre der Gifteinsatz in diesem Ausmaß sicher nicht. »Wir haben erfolgreiche Versuche gemacht, den Schädlingsbefall auch bei Kaffee durch Mischanbau zu reduzieren«, erzählt Mindo. Aber die Regierungsstellen sehen das gar nicht gerne. Sie werden wissen, warum.

Der Mischanbau, eigentlich die traditionelle Anbauweise der ostafrikanischen Bauern, ist heute kaum noch anzutreffen. Früher wurden am Boden Süßkartoffeln und Cassava, eine Maniok-Art, angebaut, darüber wurde Mais gepflanzt. Und das »Dach« dieser gartenähnlichen Pflanzung bildeten in lockerer Folge Bananenstauden. Damit wurde der Boden vor dem tropischen Schlagregen geschützt. Und schädliche Insekten, die meist nur eine bestimmte Pflanze befallen, wurden an der allzu raschen Ausbreitung gehindert.
Gegen Läuse und Milben wurden auch noch Knoblauch und Zwiebel dazwischen gepflanzt. Und bestimmte, übelriechende Sträucher einer Alraunen-Art vertrieben die Wühlmäuse. Die Regierungsstellen haben es gemeinsam mit den Chemie-Vertretern und unterstützt von vielen europäischen Agrar-Entwicklungsprogrammen verstanden, den Bauern diese Anbauweise abzugewöhnen. Sie sei zu arbeitsintensiv, zu ineffektiv, hieß es. Heute gibt es fast überall nur noch Maisfelder. Und dafür um so mehr Schädlinge, zu deren Bekämpfung Chemie benötigt wird.

Längst hat die Agrarchemie ihre Spuren auch in den entlegeneren Landteilen hinterlassen. An den Seen des ostafrikanischen Grabenbruchs, dem »Rift valley«, hat man in Raubvögeln Konzentrationen von DDT und Dieldrin gefunden, die andere Tiere längst getötet hätten[27] und zum Teil auch haben.

Die Gifte hatten sich in der Nahrungskette angereichert. In den Kaffeebohnen wurden beträchtliche Rückstände von Dicrotophos gefunden, das als Lagerschutzmittel verwendet wird. Auch in Futtermitteln wurden extrem hohe Werte von Dieldrin, Aldrin und DDT festgestellt.[28]

»Es ist uns zwar kein Trost«, verabschiedet sich Cheche Mindo von uns, »aber einen guten Teil der Gifte, die ihr uns schickt, bekommt ihr wieder zurück.«

Sterbende Lebensretter – das Dilemma der Malariabekämpfung

Josef Mugoa[29] ist ein kleiner, schmächtiger Mann; schon nach der geringsten Anstrengung hat er Atemnot, rasch laufen kann er gar nicht; er hustet viel, sein linker Oberarm schmerzt. Manchmal kann er sich gar nicht bewegen; Zähne hat er auch fast keine mehr. Seit 20 Jahren arbeitet er bei der Stadtgemeinde Nairobi, ist dort der Abteilung für Schädlingsbekämpfung zugeteilt.

Schädlingsbekämpfung in tropischen Gegenden ist eine Sisyphus-Arbeit, ein fast aussichtsloser Kampf gegen Massen von Insekten, Küchenschaben, Flöhen, Fliegen, Wanzen und vor allem Moskitos. Sie alle richten Verheerendes an. Allein die Küchenschaben können über 30 verschiedene Krankheiten übertragen, darunter Kinderlähmung, Tuberkulose, Grippe, Lungenentzündung, Scharlach, Hirnhautentzündung, Keuchhusten, Typhus und Cholera.

Und da sind die Moskitos, die Überträger der Malaria. Seit dem späten 19. Jahrhundert kennt man ihre Gefahr. Da sie sich in Wasser vermehren, hat man sich vor dem Zweiten Weltkrieg vor allem darauf konzentriert, Sümpfe trockenzulegen, Teiche mit Öl zu versetzen oder sie zu leeren und die Bewässerung zu kontrollieren. Man konnte so ihren Vermehrungszyklus durchbrechen. In Panama wurde auf diese Weise um die Jahrhundertwende die Zahl der Malariatoten unter den Kanalarbeitern in nur zwei Jahren um 80 Prozent verringert.[30]

Nach dem Zweiten Weltkrieg schöpfte man Hoffnung, diese für Millionen Menschen tödliche Krankheit endgültig zu besiegen: mit dem neu entwickelten DDT. Man konnte die Moskitos nun auf ihren Lieblingsplätzen an den inneren Wänden der Häuser und Hütten vernichten. Einmal sprayen genügte für Wochen. 1955 begann die Weltgesundheitsorganisation (WHO) weltweit mit einem ehrgeizigen Moskito-Vernichtungsprogramm. Mit Erfolg.

Schon in den späten 60er Jahren schätzte man die Zahl der Todesfälle durch Malaria auf dem ganzen Erdball »nur« noch auf 120 Millionen. Vor 1946 waren es noch 300 Millionen gewesen. Ein beachtlicher Fortschritt also, vor allem, wenn in Rechnung gestellt wird, daß sich zwischen dem Ende des Zweiten Weltkriegs und den 60er Jahren die Weltbevölkerung verdoppelt hatte.

Bis 1970 hatte die WHO-Kampagne schätzungsweise 2000 Millionen Malariafälle verhindert und durch begleitende medizinische Betreuung von infizierten Personen 15 Millionen Leben gerettet.[31]

In Sri Lanka zum Beispiel gab es 1963 nur noch 18 registrierte Malariaerkrankungen. 1946 waren es noch 2,8 Millionen gewesen. Ein großartiger Erfolg, auch wenn man Ungenauigkeiten bei der Registrierung miteinbezieht. Doch 1969 schnellte die

Zahl wieder auf eine halbe Million. Was war passiert? Ist das DDT ausgegangen? Mitnichten. Ist es zu teuer geworden für die von Malaria geplagten Entwicklungsländer? Keineswegs, DDT ist ein vergleichsweise billiges Gift. Ist man zu nachlässig geworden bei der Anwendung? Vielleicht. Aber der eigentliche Grund liegt woanders:
DDT ist ein begehrtes Produkt: billig und überaus lange wirksam. Daher hat man es nicht nur zur Bekämpfung der Malariaüberträger eingesetzt, sondern auch gegen Insekten in der Landwirtschaft.

Durch den exzessiven und großflächigen Einsatz von DDT gegen Fruchtschädlinge – teilweise wurde sogar mit Flugzeugen gespritzt – wurde das Gift unwirksam. Die Moskitos hatten sich daran gewöhnt. Den Nachkommen jener, die einen DDT-Sprühregen im Larvenstadium überlebt haben, kann das Gift nichts mehr anhaben.
Die Zahl der Resistenzen steigt rapide. 1977 zählte man bereits 34 DDT-resistente Anopheles-Mückenstämme.[32]
Als Reaktion darauf behilft man sich mit dem Ausweichen auf neue Chemikalien: andere chlorierte Kohlenwasserstoffe wie Dieldrin oder Phosphorsäureester und Carbamate. Letztere sind nicht nur wesentlich giftiger für die Anwender, sondern auch um ein Vielfaches teurer. Malathion zum Beispiel kostet siebenmal soviel wie DDT, das Carbamat Propoxur sogar das 27fache.[33] Außerdem entwickeln die Moskitos auch gegen diese neuen Präparate Resistenzen – in tödlicher Geschwindigkeit.

Die kenyanischen Behörden stehen jetzt vor dem gleichen Problem wie zu Beginn der großen Kampagne. Erwachsene siechen dahin. Einmal infiziert, tritt das Malariafieber immer wieder auf, oft in Abständen von zwei bis drei Monaten, bis die Menschen so geschwächt sind, daß sie den nächsten Malariaanfall nicht mehr überleben.

Malaria ist in vielen Regionen Ostafrikas wieder die Todesursache Nummer eins. Vor allem Kinder sind betroffen. Durch die mangelhafte Ernährung sind sie besonders gefährdet. Schon ein erster Malariaanfall kann für sie tödlich sein, wenn sie nicht sofort ärztlich betreut werden. Doch Ärzte sind meist meilenweit entfernt, Autos für den Transport in die Krankenstation fehlen. Aber selbst die ärztliche Behandlung bleibt häufig erfolglos. In der Kinderabteilung des Kenyatta National Hospitals in Nairobi sind allein im Juni 1985 46 Kinder trotz bester Betreuung an Malaria gestorben. »Keines war älter als vier Jahre«, erzählte ein Spitalangestellter.

David Bull, ein britischer Pestizid-Experte, schätzt allein für Afrika jährlich eine Million malariatote Kinder.[34]
Man steht wieder am Anfang. Josef Mugoa hat das gesamte Desaster der Malariabekämpfung mitgemacht, hautnah. Jeden Morgen mischt er mit seinen Kollegen von der Schädlingsbekämpfungsbrigade die Pestizide, füllt die Sprühtanks mit bloßen Händen, packt sie auf die Schulter; wenn dabei das in Öl oder Wasser aufgelöste Gift überschwappt und sich in sein Hemd frißt, darf ihn das nicht stören. Kleidung zum Wechseln gibt es nicht. Er besitzt nur das, was er am Körper hat. Den ganzen Tag lang bewegt er sich im Sprühnebel, in privaten Häusern, öffentlichen Gebäuden, auf Märkten, überall, wo Ungeziefer sich besonders gern aufhält.
Auf den Abfallhaufen und stehenden Wasserpfützen des zentralen Marktes von Nairobi zum Beispiel. Dort, neben den Gemüse- und Obstständen, den Fleisch- und Fischtischen, wo halb Nairobi einkauft und viele Menschen, ohne Schuhe und feste Kleidung, Arme und Beine nackt, einfach herumstehen und auf einen Bissen hoffen, der vielleicht für sie abfällt. Dort sprüht Josef Mugoa.

15 Jahre lang hat er DDT-Nebel eingeatmet, Hände, Füße, Gesicht waren ohne Schutz. Jetzt ist er ein Wrack. Man hat ihn –

wie alle Arbeiter der Gesundheitsbehörden von Nairobi – in die städtische Ambulanz geschickt. »Wir haben dort nur Tabletten gekriegt, aber keiner hat erfahren, was ihm fehlt«, erzählt Josef Mugoa. Manche seiner Kollegen vom Sprühdienst sind schon sehr jung gestorben. Keiner sagt, warum.
»Die Ärzte hier sind nicht so wie in Europa. Sie geben keine Auskunft«, meint Josef Mugoa. Er kennt Europa nicht.
Josef Mugoa kriegt Aspirin, irgendwelche Kapseln, viele Tabletten. Helfen tun sie nichts. Man hat ihm gesagt, er hat vielleicht Anämie, oder eine Herzkrankheit. Er spürt nur die Schmerzen, spürt, daß seine Oberarmmuskeln schwächer werden, er kann seine Arme kaum mehr heben, fühlt sich schwach und müde. Und die Luft wird knapp.

In flüssiger Lösung wird DDT nicht nur eingeatmet, es kann auch durch die Haut in den Körper gelangen. Dort lagert es sich im Fettgewebe ab. Ein US-Fachblatt empfiehlt daher DDT-Arbeitern dringend, Gesichtsmasken, Neopren-Handschuhe, Schürzen und Atemschutzfilter zu tragen.[35]
DDT verbleibt Jahrzehnte unabgebaut in der Umwelt, in den Tieren und im Menschen. Es gibt bis heute keine ausreichenden Untersuchungen über die Langzeitfolgen des Kontakts mit DDT. Aber medizinische Fachzeitschriften publizieren immer wieder Fallbeispiele: In Mexiko etwa hat man festgestellt, daß Fieber und Anämie bei Personen auftraten, in deren Häusern nur vier Monate hindurch DDT verwendet wurde.[36] Auch von Todesfällen ist die Rede. Tests an Mäusen, Ratten und Fischen haben ergeben, daß DDT auch krebserregend wirkt.[37]
In den 70er Jahren häuften sich Berichte über die Verursachung von Anämie durch DDT[38]. Das war mit ein Grund, warum dieses Gift etwa in den USA und in der BRD schon seit mehr als zehn Jahren verboten ist – in Österreich ist es lediglich in der Verwendung eingeschränkt. In Kenya wird es ebenso wie in den anderen Ländern der Dritten Welt fast unbeschränkt verwendet.

Wenn Josef Mugoa einmal wieder besonders arge Schmerzen hat und die kostenlose »Regierungsmedizin« nicht hilft, geht er zum Kräuterarzt, 25 Meilen entfernt. Ihn muß er selbst bezahlen. Das kann er von seinen 687,– K/sh (ca. DM 115,–/öS 800,–) Monatslohn nicht. Ein Drittel davon braucht er schon für die tägliche Fahrt mit dem »Matatu« – einem Gemeinschaftstaxi und dem Bus von seinem Heimatort Ruku nach Nairobi zur Arbeit. Den kläglichen Rest brauchen seine zehn Kinder. Um den Arzt zu bezahlen und Honig für die selbstgebraute Medizin zu kaufen, verkauft er dann eine Ziege – die Sparbüchse der kleinen Leute.

Krankenstand kennt er nicht, Frühpension ist für ihn ein Fremdwort. Er arbeitet weiter, Tag für Tag. Die Stadtgemeinde setzt jetzt alle paar Wochen ein neues Präparat ein, um den Resistenzen beizukommen. Josef füllt seinen Tank zur Zeit mit *Famid 80 WP*. In den Werbeanzeigen der »Kenya-Swiss-Company«, der Vertriebsfirma von Ciba-Geigy hier, steht nur, daß Famid schnell wirkt und drei Monate tötet.[39] Was weder Josef Mugoa noch seine Vorgesetzten durch die Werbung erfahren: *Famid* enthält laut einem Nachschlagewerk[39a] Dioxacarb, ein hochgiftiges Carbamat.

Nächste Woche ist dann ein Phosphorsäureester dran. Josef Mugoa hat keine Wahl. Er wird auch die Gifte, bei deren Anwendung Atemschutzgeräte vorgeschrieben sind, mit bloßen Händen und zerschlissenen Kleidern abfüllen und damit durch Nairobi ziehen. Bis 55 muß er arbeiten, sagt er. Wenn er's noch erlebt.

Bio-Kolonialismus – sanfte Insektenmittel und die Folgen

»Rigoros gegen Insekten, risikolos beim Menschen«, so wird im Schweizer Fernsehen für das Insektizid Pyrethrum geworben. Pyrethrum ist in der Tat ein für Menschen und alle Warmblütler unschädliches Insektizid. Die Weltgesundheitsorganisation (WHO) empfiehlt es, sämtliche Verbraucherverbände preisen es an (Bund für Umwelt und Naturschutz Deutschlands, Verein für Konsumenteninformation in Österreich), alle vernünftigen, umweltbewußten Menschen sind dafür. In der Bundesrepublik gilt es wegen seiner Ungiftigkeit und Umweltverträglichkeit als einzige sanfte Alternative zur rein biologischen Schädlingsbekämpfung.

Überall dort, wo besondere Vorsicht angezeigt ist, findet es zunehmend Verwendung:
Im Haushalt, in Krankenhäusern, öffentlichen Gebäuden, Restaurants, in Lebensmittellagern und -fabriken, beim Pflanzenschutz in Haus und Garten und bei der Nutztierhaltung, in der Human- und Veterinärmedizin, aber auch immer wieder in der Landwirtschaft.

Oft versehen mit dem Beiwort »bio« sind zahllose Pyrethrumhaltige Insektenbekämpfungsmittel auf dem Markt: *Bio-Myctan-Pflanzenspray, 4-Blatt-Bio-Spray, Substral-Bio-Spray* usw. Pyrethrum ist also die Alternative für die giftgeplagten Industrieländer.

Gewonnen wird das Zaubermittel aus der Pyrethrum-Blume, einer margeritenähnlichen Chrysanthemenart. Entdeckt wurde die Wirkung des Extraktes aus dieser Pflanze in China. Über die Seidenstraße kam Pyrethrum schon vor 150 Jahren nach Persien und dann nach Südosteuropa. Noch vor 20 Jahren konnte man in Süd- und Mitteleuropa »dalmatinisches Insek-

tenpulver« kaufen – es war reines Pyrethrum. Dann wurde das Naturmittel von den industriell hergestellten Giften verdrängt.
Zu einigermaßen konkurrenzfähigen Preisen läßt sich Pyrethrum heute nur im äquatorialen Hochland produzieren. In einer Höhe von 1800 bis 2500 Metern, wo es sieben Monate im Jahr regelmäßig einmal am Tag regnet, blühen die Pflanzen sieben bis elf Monate hindurch und haben einen Pyrethingehalt von durchschnittlich 1,3 Prozent – rund doppelt soviel wie etwa in Dalmatien.

Äquatornahes Hochland, regelmäßiger Niederschlag, moderates Klima: das paßt auf Kenya, genauer noch: auf den Landstrich zwischen Victoriasee und Nairobi. Und besonders auf den Kisii-Distrikt, 80 Kilometer östlich vom Victoriasee, 300 Kilometer westlich von der kenyanischen Hauptstadt.

1945 hat die englische Kolonialregierung die Pyrethrumpflanzen in dieses Gebiet gebracht. Anfangs mit wenig Erfolg. Die Blumen brachten wenig Ertrag.
Die Kleinbauern standen unter Druck. Durch die hohen Abgaben – eine Errungenschaft der Kolonialregierung – wurden sie gezwungen, zusätzlich zur Selbstversorgung Verkaufsfrüchte anzubauen. Bis 1952 war das Interesse an Pyrethrum jedoch nicht sehr groß. Die Situation änderte sich mit verbesserten Setzlingen aus der ersten Pyrethrum-Forschungsstation in Rigoma (Kitutu Location) und wachsendes Umweltbewußtsein in den USA und in Europa. 1951 gab es nur 150 Pyrethrum-Pflanzer, 1968 bereits über 57000.[40]

Die Vermarktung ist heute ebenso staatlich organisiert wie zur Kolonialzeit. »Boards« genannte Staatskooperativen erledigen gegen Bezahlung alles: die Bereitstellung der Setzlinge; die Ausgabe von Kunstdünger und Pestiziden; das Einsammeln der geernteten, fabrikfertig getrockneten Blüten; die Bestim-

mung des Pyrethrumgehalts und den Transport in die weiterverarbeitenden Fabriken in Nakuru.
Dort wird aus den Blüten der Extrakt gewonnen und dann auf dem Weltmarkt den Chemieriesen verkauft. Die wissen, wo man mit natürlichen Schädlingsbekämpfungsmitteln Geschäfte macht.

In Kenya selbst gibt es fast keine Pyrethrum-Insektizide. Den Bauern wird von den Boards selbst für den Pyrethrum-Anbau die ganze von uns abgelehnte Giftpalette empfohlen. Chemische Keulen wie *Lebaycid, Furadan* und *Rogor* sind nötig, damit unser natürliches Mittel gut gedeiht. Den Fadenwürmern, die regelmäßig die Pyrethrumfelder befallen, versucht man mit *Nemacur* beizukommen, einem Phosphorsäureester von Bayer, der 1981 in Zusammenhang mit Massenvergiftungen in Spanien gebracht wurde und der in Österreich und der Bundesrepublik nicht zugelassen ist. Oder mit dem Carbamat *Temik*, das in Österreich nur in Glashäusern verwendet werden darf, weil es so giftig ist, daß das Betreten der Felder nach dem Aufbringen tagelang lebensgefährlich ist.

80 Prozent des Weltbedarfs an Pyrethrum wachsen auf kenyanischem Boden. Es ist die typische Verkaufsfrucht der kleinen Selbstversorger-Bauern in Kisii-Distrikt. Wenn sie Glück haben, wird ihnen die Ernte schon einen Monat nach der Ablieferung der Blüten bezahlt – abzüglich der Kosten für die Setzlinge, den Kunstdünger und die Pestizide. Dennoch ist das wenige Geld, das bleibt, lebenswichtig. Die Bauern haben keine andere Möglichkeit, an Geld zu kommen. Ohne Geld gibt es weder Saatgut für Mais, noch Kleidung, kein Salz und keine Medikamente.

Die Regierung forciert den Anbau des Devisenbringers zusätzlich, indem sie Kredite vor allem an jene vergibt, die etwas an die staatlichen Boards zu verkaufen haben.

Eigentlich war das Hochland von Westkenya stets eine der fruchtbarsten Regionen des ostafrikanischen Landes. Die englischen Kolonialherren wußten das Land und das Klima für ihre Taschen zu nützen. Riesige Teeplantagen bedecken die besten Böden in den flacheren, leichter zugänglichen Highlands – heute gehören sie immer noch zu mehr als der Hälfte den weißen Herren wie zum Beispiel der Firma »English Blend«.
Die Einwohner dieser Gegenden sind noch in den 50er Jahren vertrieben worden. Die Gusii-Bauern im benachbarten, hügeligen Kisii-Distrikt haben keine Möglichkeit zur Ausdehnung ihres knappen Ackerbodens. Im Westen der Victoriasee, im Osten der Tee.

Kenya muß schon heute nach trockenen Jahren die Hälfte des Grundnahrungsmittels Mais importieren. Und im Kisii-Distrikt wächst Jahr für Jahr die Bevölkerung um rund sechs Prozent[41] – die katholischen Hochländer Kenyas haben die höchste Geburtenrate der Welt.
»Wir ernten alle sechs Monate«, sagt der Bauer Silvanus Siro Bichage aus Keumbu, der uns durch den Distrikt führt, »aber schon nach vier Monaten ist der Mais verbraucht, und dann wissen wir nicht, womit wir die Münder stopfen sollen.« Schon jetzt bleiben den meisten Familien Felder in Schrebergartengröße. 40 mal 40 Meter für zehn Menschen sind keine Seltenheit. Die nächste Generation wird hier kaum mehr überleben können.

Und dennoch sind auch im Kisii-Distrikt schon zehn Prozent des besten Bodens von Pyrethrum bedeckt, weitere zwölf Prozent von Tee[42] – die Bauern haben keine Wahl.

Aber damit nicht genug. »Wir nennen Pyrethrum eine kolonialistische Pflanze«, erklärt uns Paul Nutua Makenzi vom Agro-Forestry Center in Kisii town sarkastisch. »Es laugt den Boden

total aus. Nach drei Jahren wächst da ohne Kunstdünger gar nichts mehr.« Eine 1980 erschienene Studie der Welternährungsorganisation FAO stellte sogar fest, daß sich ein durch Pyrethrum-Blumen ausgelaugter Boden nie wieder regeneriert.[43]
Das wissen auch die staatlichen Landwirtschaftsbehörden, die den Bauern empfehlen, nach einer dreijährigen Anbauperiode das Land für die folgenden drei Jahre brachliegen zu lassen und dann erst wieder langsam mit Mais-, Tomaten- oder Kartoffelanbau zu beginnen.

Für die Bauern sind diese Empfehlungen utopisch. Einen Teil des Bodens drei Jahre brachliegen zu lassen? Ein Ding der Unmöglichkeit. Die Folgen sind spürbar: Noch höherer Bedarf an Kunstdünger, noch mehr und teurere Pestizide gegen den Wurmbefall. Und der Hektarertrag von Pyrethrum sank wegen der Bodenauslaugung von 441 Kilo im Jahr 1976 auf 168 Kilo im Jahr 1979[44].

Schon jetzt kann man in einigen Landstrichen das Bodensterben sehen: Die rote Erde, nur noch von einigen grünen Büscheln durchsetzt, wird ausgewaschen. Dann wächst gar nichts mehr.

Anfang der 80er Jahre konnte sich der ausgelaugte Boden für kurze Zeit erholen. Ein Boom der chemisch nachgebauten synthetischen Pyrethroide ließ die Nachfrage nach dem Naturprodukt sinken. Die kenyanischen Boards konnten die 10000 jährlich produzierten Pyrethrum-Tonnen nicht mehr verkaufen und bezahlten die Lieferungen der Bauern einfach nicht. Der Anbau ging zurück.

Aber das industriestaatliche Umweltbewußtsein siegte. Es stellte sich heraus, daß bei den synthetischen Pyrethroiden – wie etwa Permethrin, das unter dem Markennamen *Ambush* verkauft wird, oder die Haushaltsmittel *Psy 9, Pengo, Peral* – häufiger Resistenzen entstanden sind – sie wirkten dann nicht mehr.

Also stieg die Nachfrage nach natürlichem Pyrethrum auf dem internationalen Markt wieder. Die kenyanischen Pyrethrum-Boards reagierten prompt. Sie verstärkten Beratung und Werbung, verteilten Setzlinge, garantierten eine sichere Abnahme und versprachen höhere Preise. »Wir hoffen, daß wir 1985 wieder das Erntevolumen der späten siebziger Jahre erreichen« (D. S. Kodingo vom landwirtschaftlichen Büro des Kisii-Distrikts). Bis März 1985 wurden in Kisii 445 Tonnen getrocknete Pyrethrum-Blüten an die Boards geliefert. Bis zum Ende des Jahres erwartet man hier 2000 Tonnen.

Unsere ökologische Zukunft scheint auf diesem Gebiet gesichert zu sein. Die Auslaugung der Böden in Ostafrika auch. In absehbarer Zeit werden die Kleinbauern im Kisii-Distrikt neben ihren ehemals fruchtbaren Böden verhungern.

6. Die Giftmischer

Aus dem Inneren der Chemie-Industrie

»Wir können nicht die Hände in den Schoß legen und uns von den Behörden diktieren lassen, was ›gefährliche‹ oder ›toxische‹ oder ›persistente‹ oder ›umweltrelevante‹ Stoffe sind.« – Dr. Leber, verantwortlich für die Koordination in der Geschäftsleitung der Chemie-Firma Celamerck, einer Tochterfirma von Boehringer Ingelheim und Merck, in einer Aktennotiz am 28. September 1976.

Reiseberichte
Wie wir in den Besitz von Firmenunterlagen gelangten

Ein unscheinbares Kuvert.
Es langte am 16. September 1985 in unser Büro im 12. Wiener Gemeindebezirk ein und war in Frankfurt aufgegeben worden.
Inhalt: zwei Blätter Papier in DIN-A4-Größe. Das erste Blatt enthielt eine merkwürdige Botschaft: »Wenn Sie noch mehr davon haben wollen, schlage ich ein Treffen vor:
10. 10. 1985. Frankfurter Flughafen. 20 Uhr. Vor dem Postschalter Inlandshalle. Als Erkennungszeichen tragen sie ›Bittere Pillen‹ in der Hand.«
Das war alles. Kein Absender, keine Unterschrift. Der Text war mit einer alten, fehlerhaften Schreibmaschine getippt.
Das zweite Blatt Papier war die erste Seite des folgenden Reiseberichts – USA:
Der Reisebericht stammte offensichtlich von Celamerck, einer

GELAMKRCK

G. Conrad 16.8.76 sg

Reisebericht - U.S.A.
31.7. bis 14.8.76

zusammen mit Dr. A. Knoll

Besuch bei VELSICOL CHEMICAL CORPORATION, 341 East Ohio Street, Chicago, Ill. 60611, Tel. 312-670-4500/4572

Gesprochen mit Mr. R. Morris, President und Chairman
Mr. Raymond W. Ver Hoeve, Executive Vice President (Production and Research)
Mr. Tom Zinniger, Executive Vice President (Marketing)
Mr. Ch.F. Teeple, Director of Purchasing

Nach einer kurzen Einführungsdiskussion im Büro von Mr. Teeple wurden wir sehr schnell in den Besprechungsraum der Geschäftsleitung gebeten. Mr. Morris machte sich für etwa 1 Stunde für uns frei und entschuldigte sich gleich mit der Anwesenheit von mehreren Rechtsanwälten im Zusammenhang mit den Phosvel-Problemen. Wie bisher üblich führte Mr. Morris allein die Rede. Er begann damit:

Wir haben grosse Probleme mit Phosvel, wir werden sicherlich keine US-Registration bekommen und wir wissen über die Zukunft von Phosvel überhaupt nichts zu sagen.

Im Dezember 1975 wurde die Phosvel-Produktion gestoppt. Man hatte genügend Vorräte, der Auftragseingang war allgemein rückläufig. Das Damoklesschwert der Aberkennung in Ägypten schwebte. Doch hatte man zunächst vor, nach einigen Monaten Unterbrechung die Phosvel-Produktion wieder aufzunehmen. Jedoch im Frühjahr schon wurde klar, dass der grösste Kunde von Velsicol, nämlich Ägypten, Phosvel zwar noch ausverkaufen, aber nicht wieder bestellen würde. So verzögerte man die Wiederaufnahme der Produktion um weitere Monate.

In den letzten Wochen (seit Ende Juni/Anfang Juli) tauchten nun aber die Probleme massiv auf. Im Werk in Houston gibt es inzwischen 10 Fälle von offenbar "verzögerter Neurotoxizität". 5 von diesen Fällen sind mehr oder weniger geregelt, 5 noch nicht. Es handelt sich um Fälle von Paralyse - Verlust des Erinnerungsvermögens und allgemeiner Schaden am zentralen Nervensystem. Finanzielle Probleme entstehen für Velsicol nicht, da es in Texas eine "Workmen Compensation Board" gibt, die sozusagen als Versicherer für solche Dinge auftreten.

Obwohl man noch mitten in den Nachforschungen über Ursachen steckt, scheint im Augenblick festzustehen, dass es nicht eine Frage des Anwenders ist, der etwa geschädigt wurde, sondern des Formulierers und des Produzenten. Nach Bekanntwerden dieser Fälle soll, laut Mr. Morris, die EPA in Washington die Regierung in Ägypten vor dem weiteren Einsatz von Phosvel gewarnt haben. Dies hat sicherlich dazu beigetragen, dass nun in Ägypten - bis zu einer eventuellen Klärung - endgültig Schluss ist. -2

Tochterfirma der Chemie-Konzerne Boehringer-Ingelheim und Merck.
Wir rätselten: Was wollte der? oder die? Schreiber(in) von uns? War das Dokument echt? G. Conrad – das war vermutlich ein Mann, denn eine Frau in Spitzenposition einer deutschen Chemie-Firma ... nein, sehr unwahrscheinlich. Wir überprüften – soweit es uns möglich war – die im Bericht enthaltenen Informationen. Offensichtlich entsprachen sie den Tatsachen. Schließlich riefen wir bei Celamerck an: »Boehringer Ingelheim!« meldete sich ein Herr am anderen Ende. Wir verlangten »den Herrn Conrad mit C wie Cäsar, bitte.« – Einen Herrn Conrad gäbe es bei Celamerck nicht. Nein, ganz bestimmt nicht. Und einen Herrn Dr. Knoll auch nicht.
Komisch. Aber das Datum des Berichts lag immerhin schon neun Jahre zurück. Vielleicht hatten die beiden Herren die Firma gewechselt oder waren in Pension gegangen.
Wir überlegten hin und her, ob jemand von uns zu dem Termin nach Frankfurt fliegen sollte. Warum schickte der? oder die? Unbekannte nicht einfach »noch mehr Material«? Warum dieses konspirative Treffen?
Ein Spinner? Wollte er als Gegenleistung Geld?
Wir beschlossen, daß einer von uns fliegen würde.

Vor der Post am Frankfurter Flughafen ging dann alles sehr schnell. Ein Herr im mittleren Alter – heller Anzug, Krawatte, sehr gepflegt – stand auf einmal da, in der Hand eine große, weiße, offensichtlich sehr schwere Plastiktüte. Er zeigte auf die Bitteren Pillen: »Tauschen wir?«
»Wer sind Sie?« Diese Frage winkte er abrupt ab, mit einer nachdrücklichen Geste: »Keine Fragen! Keine Antworten! Vielleicht melde ich mich wieder.«
Wir tauschten Buch gegen Plastiktüte. Er sagte »auf Wiedersehen«, drehte sich um und ging Richtung Ausgang. Die Versuchung, ihm zu folgen, war groß, doch welchen Sinn hätte das gehabt?

In der Plastiktüte waren tausende Blätter Papier. Firmenunterlagen von Boehringer–Ingelheim.
Die Reise hatte sich gelohnt.

Verkaufserfolge
Wie sich Gift in Geld verwandelt

Was haben »Cutty Sark Scotch Whisky«, »Fruit of the Loom«-T-Shirts und das hochgiftige Pflanzenschutzmittel *Phosvel* gemeinsam?
Alle drei Produkte werden vom milliardenschweren US-Konzern »Northwest-Industries« hergestellt und dirigiert von einem Mister Ben Heineman[1]. Heineman war ursprünglich »nur« Besitzer einer Eisenbahnlinie in den USA. Er galt als geschickter Geschäftsmann, der nach und nach einen riesigen Konzern zusammenkaufte. Eine amerikanische Erfolgsgeschichte[2].
1965 erwarb Heineman die relativ kleine Chemie-Firma Velsicol[3]. Dieser Name ist in den USA vor allem bei Staatsanwälten, Umweltschützern und Gesundheitsbehörden bekannt geworden. Velsicol hinterließ im Lauf der Jahre auf der ganzen Welt eine Spur von schrecklichen Gesundheits- und Umweltskandalen:
1973 mischte die Firma aus Schlamperei ein Antiflamm-Mittel in Tierfutter, das an Bauern verkauft wurde.[4] Die Folge: 2 Millionen Tiere mußten notgeschlachtet und vernichtet werden, mehrere Millionen Kilogramm verschiedener Nahrungsmittel wie Milch, Butter und Fleisch wurden vergiftet und ungenießbar.
Mehrere hundert Bauern klagten Velsicol auf Schadenersatz. Außerdem prozessierten etwa 250 Personen gegen die Firma, weil sie vergiftete Nahrungsmittel gegessen hatten. Der »respektable Besitzer Ben Heineman« (The Wall Street Journal) – er war als mögliches Kabinettsmitglied der Präsidenten John-

son und Carter im Gespräch – meinte dazu lapidar, gegen Schadenersatzklagen sei man ausreichend versichert.[5]
Velsicol war auch der größte Hersteller eines Flammschutzmittels, mit dem Kinderpyjamas imprägniert wurden. 1977 wurde die Anwendung dieses Mittels auf Kinderkleidung verboten. Es hatte sich als krebserregend herausgestellt.[6]
1978 wurde die Firma vor Gericht angeklagt, durch verunreinigte Abfälle ihrer Fabriken in Bayport (Texas), in Memphis (Tennessee) und St. Louis (Michigan) das Wasser der Umgebung verseucht zu haben. Der US-Bundesstaat Michigan hat Velsicol deshalb aufgefordert, die Fabrik in St. Louis zu schließen.[7]
1976 zeichneten sich bei Velsicol Probleme mit den beiden häufig verwendeten Pflanzenschutzmitteln Chlordane und Heptachlor ab. Velsicol hatte die beiden Präparate bereits in den 40er Jahren auf den Markt gebracht und seither weltweit tausende Tonnen davon verkauft.[8]
Aus firmeninternen Tierstudien ging hervor, daß sowohl Chlordane als auch Heptachlor Krebs verursachen.[9]
Laut der amerikanischen Wochenzeitschrift Newsweek hatte Velsicol angeblich die mit Krebs befallenen Organe der Versuchstiere herausgeschnitten, bevor der Umweltschutz- und Registrierungsbehörde Unterlagen vorgelegt wurden.[10]
Doch die Registrierungsbehörde EPA war 1976 mißtrauisch geworden. Zu dieser Zeit erwartete Velsicol firmenintern offenbar bereits das Ende von Heptachlor und Chlordane. Man müsse »mit einer starken Reduzierung des Verbrauchs rechnen«, habe allerdings noch nicht aufgegeben und fechte einen harten Kampf mit der EPA, berichteten zwei hochrangige Celamerck-Manager aus der BRD nach ihrem Besuch Anfang August 1976 in der Velsicol-Zentrale in Chicago.[11]
Erst im Dezember 1977 hatte die amerikanische Umweltschutzbehörde genügend Material gegen Velsicol gesammelt, um ein gerichtliches Vorgehen gegen die Firma durchsetzen zu können.[12] In der Anklageschrift gegen Velsicol und sechs An-

gestellte heißt es: »Die Angeklagten hatten sich dazu verabredet, die Vereinigten Staaten zu betrügen und Daten zu verheimlichen, aus denen hervorgeht, daß Heptachlor und Chlordane bei Versuchstieren Krebs erzeugen.«[13]

Heptachlor und Chlordane wurden in den USA für die meisten Anwendungsgebiete verboten. Mittlerweile sind diese Mittel in den meisten Industriestaaten nicht mehr zugelassen. In Österreich wird Heptachlor jedoch nach wie vor verwendet. Unter dem Namen *Agronex Hepta* wird es von der Firma Epro zur Behandlung von Saatgut angepriesen.[14] Epro ist eine Tochterfirma von Boehringer Ingelheim.

Zwischen den beiden Chemie-Firmen Boehringer und Velsicol gibt es alte Geschäftsverbindungen. Günter Conrad, ehemaliger Vertriebsleiter der Boehringer-Tochter Celamerck, besuchte am 21.8.1970 Velsicol am Firmensitz in Chicago und hatte ein ausführliches Gespräch mit dem Director of Process Development, Mr. William Hamilton[15].

Es ging um *Phosvel* – ein neues Pflanzenschutzmittel von Velsicol. Zu seiner Herstellung benötigt man Dichlorbromphenol. Das traf sich genau mit den Interessen von Celamerck: Aus Firmenunterlagen geht hervor, daß die Dichlorbromphenol-Anlage in Hamburg unausgelastet war.

Günter Conrad von Celamerck machte ein Preisangebot, dem Velsicol offenbar nicht widerstehen konnte. Bereits am 30. Oktober 1970 schickte Mr. Hamilton einen Brief an Herrn Conrad: »Unsere Firma ist ernsthaft an weiterführenden Gesprächen betreffend den Erwerb von Dichlorbromphenol interessiert.«[16]

Am 24. Februar 1971 war Herr Conrad neuerlich zu einem Besuch bei Velsicol in Chicago angesagt. Er wurde mit »großem Bahnhof« empfangen. Der Präsident, der Vizepräsident, der Einkaufsdirektor, der Vertriebsdirektor und eine Reihe anderer Manager gaben Herrn Conrad die Ehre von Gesprächen.[17]

Man kam schnell zur Sache. »Velsicol hat klare und detaillierte

Vorstellungen für die weltweite Einführung des Insektizids *Phosvel* für Anfang 1972. Einführungsbeginn nur im Ausland« (Besuchsbericht, Celamerck, 26.2.1971)[18].

Weil die US-Umweltschutzbehörde Bedenken gegen die Verwendung von *Phosvel* hatte, wurde das Mittel in den USA selbst nie verwendet. Die Firma Velsicol erhielt lediglich – routinemäßig – die auf ein Jahr begrenzte Erlaubnis zur experimentellen Verwendung.[19]

Die Velsicol-Manager planten die Vermarktung von *Phosvel* besonders in Baumwollplantagen der Dritten Welt[20]. Ägypten galt als Hoffnungsmarkt. Gegen die vielen Insekten auf den Baumwollpflanzen wirkten die üblichen Pestizide nicht mehr. Die Insekten waren durch die ständigen Giftduschen resistent geworden. *Phosvel* versprach hier radikale Abhilfe. Tonnenweise transportierte die Firma Velsicol *Phosvel* nach Ägypten.[21] Unterstützt wurde diese Aktion durch eine US-Regierungsbehörde. Die »Organisation für internationale Entwicklung« (AID) half bei der Finanzierung. Die skandalöse Rolle dieser Agentur wurde erst 1975 durch Umweltschutz-Gruppen aufgedeckt, die Anzeige erstatteten.[22]

Die »US-Organisation für internationale Entwicklung« (AID) war dafür verantwortlich, daß Tausende Tonnen von schwer gesundheitsschädigenden und deshalb in den USA verbotenen Mitteln in Länder der Dritten Welt exportiert und dort verwendet wurden: unter anderem DDT, Aldrin, Heptachlor und Chordane. Empfänger dieser US-Spezialitäten waren Indonesien, Südvietnam, Indien, Äthiopien, Nepal, Haiti und Ägypten. Der Wert dieser AID-Giftexporte betrug beispielsweise im Jahr 1970 rund 100 Millionen DM (öS 700 Millionen).[23]

Das hochgiftige und in den USA nicht zugelassene *Phosvel* (»mit vielversprechenden Resultaten« – Werbeschrift des Herstellers) wirkte zunächst wie ein Wunder: die gefräßigen ägyptischen Baumwoll-Blätterwürmer und Fliegenhüpfer verschwanden. Mehrere Tage nach den großflächigen Sprühaktionen in Ägypten passierte jedoch etwas merkwürdiges. Tausende Wasserbüffel wurden von einer mysteriösen Krankheit befallen:[24] sie waren unfähig zu stehen, knickten auf den Hinterbeinen ein, konnten nicht mehr laufen. Bei etwa 1200 bis 1300 Wasserbüffeln verschlimmerte sich der Zustand soweit, daß die Atmung aussetzte und sie verendeten. Kein Arzneimittel konnte die Erkrankung aufhalten.

Experten des ägyptischen Landwirtschaftsministeriums schöpften den Verdacht, Vergiftungen mit *Phosvel* seien die Ursache des massenhaften Viehsterbens. In einem wissenschaftlichen Experiment fütterte man acht Wasserbüffel mit *Phosvel*-behandeltem Futter. Nach einigen Wochen zeigten sich dieselben Krankheitszeichen wie bei den Tieren der rätselhaften Epidemie: einige wurden und blieben gelähmt, einige verendeten.[25]

Im Gewebe der Versuchstiere fand man eine fortschreitende Nervenschädigung – ein typisches Zeichen für Vergiftungen mit sogenannten neurotoxischen Chemikalien. Ein Experten-Komitee schloß daraus, daß die Ursache des rätselhaften Wasserbüffelsterbens wahrscheinlich *Phosvel* sei. *Phosvel* – so forderten die Experten – solle sofort verboten werden.[26]

Doch der ägyptische Landwirtschaftsminister entschied anders: *Phosvel* wurde weiter verwendet.[27] Der umfangreiche Bericht des Experten-Komitees wurde laut Fachzeitschrift »Environment« in Schränke versperrt und nie veröffentlicht.[28]

Merkwürdigerweise traten etwas später – die Spritz-Saison war längst vorbei – bei sechs Ägyptern ebenfalls Vergiftungsanzeichen auf. Mediziner fanden in ihrem Gewebe das Pestizid *Phosvel*.[29]

1973 entdeckten Wissenschaftler der Universität Riverside in Californien, daß es unter bestimmten Umständen extrem lange dauert, bis *Phosvel* zu ungefährlichen Stoffen abgebaut ist. Besonders unter Sonneneinwirkung erweist sich das Gift als sehr stabil.[30]

Das ägyptische Landwirtschaftsministerium ließ sich auch durch vergiftete Menschen und Tiere nicht davon abhalten, weiterhin *Phosvel*-Sprayaktionen durchzuführen.[31]
So konnte Mr. C. F. Teeple, der Einkaufsdirektor von Velsicol Company, am 9.9.1974 in Paris gegenüber dem Vertriebschef von Celamerck eine zufriedene Feststellung machen: »Besondere Verkaufserfolge im Mittleren Osten – Ägypten«[31].
Die beiden Manager hatten sich in Paris eher privat verabredet. Bei Herrn Conrad von Celamerck löste diese Nachricht ebenfalls Zufriedenheit aus. Es bedeutete nämlich, daß Celamerck in Zukunft noch größere Mengen von Dichlorbromphenol an Velsicol liefern konnte.[33]
Sorgen bereitete Herrn Teeple von Velsicol lediglich, daß die Umweltschutzbehörde in den USA *Phosvel* immer noch nicht zugelassen hatte – er rechne aber damit im Frühjahr 1975. Teeple laut Besprechungsprotokoll von Celamerck (9.9.1974): »Wenn hinsichtlich der Zulassung in (den) USA oder zusätzlicher Mittelost/Ägypten-Geschäfte größere Veränderungen eintreten, könnte (sich) auch etwas früher ein Bedarf einstellen.«[34]
Zusätzliche Geschäfte tätigte Velsicol nicht nur in Ägypten, sondern auch in Indonesien, wohin man 460000 Liter von dem Teufelszeug lieferte. Wieder zum Einsatz auf Baumwollfeldern. Und wieder mit Unterstützung der sattsam bekannten US-Regierungsbehörde – der »Organisation für internationale Entwicklung« (AID)[35].
Die US-Umweltschutzbehörde EPA sträubte sich allerdings, *Phosvel* zur Anwendung in den USA zuzulassen.
Auf eine Anfrage der Fachzeitschrift »Environment« beteuerte Velsicol im November 1974: »*Phosvel* ist ein sicheres und wirksames Insektizid.« Es gäbe keinerlei Hinweise, daß *Phosvel* eine verzögerte Giftwirkung habe, die zu schweren Nervenschäden führen könne.[36]
Den Arbeitern in Bayport, Texas, die *Phosvel* herstellten,

wurde ebenfalls mitgeteilt, dieses Mittel sei ungefährlich. »Mach dir keine Sorgen. Es ist nicht besonders giftig«, erklärte man laut der Zeitschrift Newsweek dem 24jährigen Arbeiter Paul Barcelo, als er bei Velsicol angestellt wurde, um *Phosvel* abzufüllen.[37]

Daß die Arbeit mit diesem Stoff schwere Gesundheitsschäden verursacht, war allerdings in der Firma selbst laut Newsweek ein offenes Geheimnis.[38]

Schon etliche Monate nach dem Beginn der Produktion von Phosvel – 1971 – klagten einzelne Arbeiter über merkwürdige Krankheitszeichen: Benommenheit, Sehstörungen, Zittern der Hände, Tics, unkoordinierte Bewegungen und Lähmungserscheinungen. Firmenintern nannte man sie abschätzig die »*Phosvel*-Zombies«. Die Firma erließ zwar Sicherheitsvorschriften und ordnete – auf dem Papier – das Tragen von Schutzbekleidung an. Ehemalige Arbeiter berichteten jedoch, daß das kaum jemals praktiziert wurde.[39]

Die US-Zeitschrift Newsweek berichtet über die Gesundheitsschäden der Arbeiter[40]: Im Frühling 1975 suchte der Arbeiter Floyd Palmer den Betriebsarzt Dr. George Alexander auf. Palmer erzählte ihm seine Krankheitsgeschichte: Seine Arbeit bestehe darin, Trommeln mit Phosvel zu transportieren. Eines Tages habe er plötzlich das Gefühl gehabt, als ob eine scharfe Stahlschiene sein Bein durchbohren würde. Innerhalb von zwei Monaten habe er die Fähigkeit verloren, seine Bewegungen zu koordinieren. Unterhalb der Taille habe er überhaupt kein Gefühl mehr. Außerdem habe er zwischendurch eine Woche das Gedächtnis völlig verloren.

Dr. George Alexander – so schreibt Newsweek – stellte eine eindeutige Diagnose[41]: diese Gesundheitsschäden sind identisch mit jenen, wie sie von *Phosvel* bekannt sind. Weil eine Reihe von Arbeitern über ähnliche Beschwerden klagte, forderte einer der Betriebsärzte von Velsicol die Firmenleitung im Juli 1975 auf, die Produktion von *Phosvel* einzustellen.[42]

Doch Velsicol entschied anders: Die Produktion lief weiter. Ein Vorarbeiter, der 38jährige Raymond David, kündigte wegen der unzureichenden Schutzmaßnahmen.[43]
Die ganze Geschichte kam nur deshalb an die Öffentlichkeit, weil Velsicol unbedingt erreichen wollte, daß *Phosvel* auch in den USA angewendet werden darf.[44] Die Zulassungsbehörde EPA verlangte deshalb Unterlagen über den Gesundheitszustand der bei der Produktion beschäftigten Arbeiter. Am 24. Juni 1975 schickte Velsicol einige ausgewählte Papiere ab. Mit keinem Wort – so berichtete ein später eingesetztes Untersuchungskomitee des US-Senats – wurden die Gesundheitsschädigungen der Arbeiter erwähnt.[45] Erst im November 1975 meldete Velsicol an die Behörde, daß einige Arbeiter unter neurologischen Störungen litten.[46]
Die EPA alarmierte das Nationale Institut für Arbeitsschutz (NIOSH). Kurze Zeit darauf begann dieses Institut mit eigenständigen Untersuchungen über den Gesundheitszustand der Arbeiter.[47]
NIOSH fand heraus, daß Velsicol in 44 Fällen die Arbeitsschutzbestimmungen verletzt habe, und forderte die Verhängung einer Strafe in Höhe von 120000 DM[48].
In einer umfassenden Untersuchung zog NIOSH die gesundheitliche Bilanz der *Phosvel*-Produktion[49]:
Von 155 Arbeitern, die mit *Phosvel* zu tun hatten, wiesen 63 abnormale Befunde auf. Bei einigen waren die Gesundheitsschäden so schwer, daß sie ständige Betreuung brauchten.
Im Januar 1976 war scheinbar das Ende von *Phosvel* gekommen.
Die Produktionsanlage wurde »vorübergehend stillgelegt«, notierte Celamerck-Vertriebschef M. Conrad die traurige Botschaft des Celsicol-Einkaufsdirektors Teeple (Telefonnotiz Celamerck, 3.2.1976)[50]. Die Ursache der Schließung blieb jedoch unerwähnt. Im Conrad-Protokoll hieß es nur, »man habe immer noch keine Registrierung für (die) USA, außerdem laufe das Weltgeschäft erheblich schlechter als geplant. Des-

halb seien die Vorräte an *Phosvel* so angewachsen, daß man sich entschlossen habe, für ca. vier Monate die Anlage stillzulegen, um gewisse Produktionsumstellungen vorzunehmen«. Teeple bat Celamerck, die vereinbarten Lieferungen von Dichlorbromphenol, einem der Grundstoffe zur Herstellung von *Phosvel*, vorerst vier Monate auszusetzen. »Man könne noch nicht sagen, wie sich das Gesamtgeschäft weiterentwickle.«[51]

In den Monaten danach entwickelte sich das *Phosvel*-Geschäft weltweit rückläufig. Die EPA hatte nämlich laut Velsicol-Präsident Morris einen der Hauptabnehmer, Ägypten, »vor dem weiteren Einsatz von *Phosvel* gewarnt ... Dies hat sicherlich dazu beigetragen, daß nun in Ägypten – bis zu einer eventuellen Klärung – endgültig Schluß ist« (Reisebericht USA, Celamerck, 16.8.76)[52].

Velsicol war schließlich gezwungen, den wichtigen Geschäftspartner Celamerck über die wahren Ursachen des Geschäftsrückgangs zu informieren. Vertriebsleiter G. Conrad und Dr. A. Knoll von Celamerck flogen Ende Juli 1976 nach Chicago. Dort wurden sie von Velsicol-Präsident R. Morris, dem Vizepräsidenten Raymond W. Verhoeve, dem Marketingdirektor Tom Zinninger und Einkaufschef Ch. F. Teeple empfangen.[53]

Präsident Morris hatte sich für die Besprechung mit Mühe eine Stunde Zeit nehmen können – er entschuldigte dies »mit der Anwesenheit von mehreren Rechtsanwälten im Zusammenhang mit den *Phosvel*-Problemen«[54].

Mr. Morris – nach den Besuchsberichten von Celamerck zu schließen, ein offensichtlich sehr autoritärer Charakter – führte allein die Rede. Die Besucher notierten eifrig: »Wir haben große Probleme mit *Phosvel*, wir werden sicherlich keine US-Registration bekommen, und wir wissen über die Zukunft von *Phosvel* überhaupt nichts zu sagen« (Reisebericht USA, Celamerck, 16.8.76)[55].

Keine US-Registration zu bekommen bedeutete allerdings

nicht, daß Velsicol in Zukunft auf Geschäfte mit *Phosvel* verzichten wollte. Schließlich gab es ja genügend andere Länder, in denen die Behörden weniger streng waren. Auf jeden Fall könne man im Augenblick noch etwa 200 Tonnen *Phosvel* produzieren, schrieb Celamerck-Manager Conrad in seinen Reisebericht und fügte hinzu: »Bei den derzeitigen schleppenden Verkäufen wird diese Menge mindestens bis Dezember 1977 ausreichen, länger natürlich, wenn auch im Fernen Osten die *Phosvel*-Verkäufe zurückgehen.«[56]

Wegen der geschädigten Arbeiter – »es handelt sich um Fälle von Paralyse – Verlust des Erinnerungsvermögens und allgemeiner Schaden am zentralen Nervensystem« (Morris laut Aktennotiz von Celamerck) – könnten allerdings auch für Celamerck Probleme entstehen. Während Velsicol gegen Schadenersatzklagen versichert sei, treffe das für Lieferanten von Zwischenprodukten nicht zu. Das heißt, auch Celamerck könne zur Verantwortung gezogen werden. Denn: »Ein Arbeiter hat angeblich fast nichts weiter getan, als nur die Dichlorbromphenoltrommel (eine Chemikalie, die von Celamerck geliefert worden war – Anm. d. A.) geöffnet. Auch er sei einer der Geschädigten.«[57]

Das Mittel *Phosvel* sollte die beiden Firmen in den folgenden Jahren noch heftig beschäftigen.

Velsicol ließ sich auch nach Schließung des Werks in Houston/ Texas nicht davon abhalten, *Phosvel* weiterhin zu verkaufen. 1978 lieferte Velsicol drei Schiffsladungen dieses Giftes nach Costa Rica[58]. Aus offiziellen Regierungsunterlagen von Indonesien geht hervor, daß auch dort im Jahr 1979 große Mengen *Phosvel* verkauft wurden.[59]

Der Hinweis von Velsicol, auch Celamerck habe mit Schadenersatzklagen wegen *Phosvel* zu rechnen, führte zu einer ausführlichen Korrespondenz zwischen der Celamerck-Zentrale in Ingelheim und dem Hamburger Tochterwerk Moorfleet: »Zur Verteidigung von Dichlorbromphenol bitten wir Sie um ein ärztliches Gutachten Ihrer Werksärzte, die die Arbeiter in

Fortsetzung Reisebericht – USA von G. Conrad (siehe Seite 111)

Besonders die Tatsache, dass einer von den betroffenen Arbeitern, wie es heisst, sicherlich eine Dauerschädigung davontragen wird, ist für Velsicol eine ernste Warnung. Eigenartigerweise hat man aus Fernost (es wird in Japan formuliert) noch keine derartigen Informationen bekommen wie aus dem eigenen Werk. Ausserdem sei das Wasserbüffelsterben in Ägypten auch noch nicht endgültig auf Phosvel-Schäden zurückzuführen.

Mr. Morris wies uns - sozusagen vorsorglich - auf die Gefahr hin, die bei einer weiteren Untersuchung die Zulieferer von Zwischenprodukten betreffen könnte. Obwohl also Velsicol durch die "Workmen Compensation Board" gedeckt ist, trifft dies für die sogenannte "third party" nicht zu, d.h. es können u.U. die Lieferanten von Zwischenprodukten mit zur Verantwortung gezogen werden. Ein Arbeiter hat angeblich fast nichts weiter getan, als nur die Dichlorbromphenoltrommel geöffnet. Auch er sei einer der Geschädigten. So entstand zwangsläufig die Frage, ob wir bei der Dichlorbromphenol-Produktion, bei der Bromophos-Produktion, oder beim Formulieren irgendwelche Schäden dieser Art beobachtet haben. Velsicol wird sicher über kurz oder lang in dieser Angelegenheit auch offiziell auf uns zukommen.

Auf jeden Fall habe man im Augenblick noch 300.000 lbs (= ca.140 to) Bromphenol auf Lager, d.h. man kann noch etwa 200 to Phosvel produzieren. Bei den derzeitigen schleppenden Verkäufen wird diese Menge mindestens bis Dezember 1977 ausreichen, länger natürlich wenn auch im Fernen Osten die Phosvel-Verkäufe zurückgehen. In Canada ist Phosvel im übrigen auch noch registriert, aber noch kein grosses Produkt.

<u>Verteiler</u>:

G 3 x
F/FB
MA/MB/MC
V/VB
Reisemappe

H. Prof. Jerchel
H. Dr. Leber ✓
H. Dr. Krum

\+ Anlage nur G

cc H. Dr. Knoll

Ihren Werken betreuen« (Schreiben der Celamerck-Zentrale Ingelheim, 4. November 1976)[60].
Das Hamburger Werk beauftragte den nebenberuflich als Werksarzt und hauptberuflich als staatlichen Gewerbearzt fungierenden Dr. Gröhsler mit der »Verteidigung«. Diese fiel so aus, wie es die Firmenleitung erhoffte: Dichlorbromphenol wurde von Gröhsler vom Verdacht einer Gesundheitsschädigung an den Arbeitern freigesprochen (siehe Seite 129)[61].
Das US-Anwaltsbüro Woodard, Hall and Prim (Houston/Texas), schätzte die Lage im Februar in einem Brief an die Rechtsabteilung von Celamerck folgendermaßen ein: »Es ist zweifelhaft, ob der Kläger (der Arbeiter Donald Busby aus Houston/Texas – Anm. d. A.) genügend Informationen zur Verfügung hat, um Ihnen gegenüber einen Schadenersatz nachweisen zu können ... Es ist immer noch möglich, daß dieser Fall ohne Gerichtsverhandlung geregelt werden kann.«[62]
Die Einschätzung der US-Anwälte sollte sich als richtig herausstellen. Der Kläger hatte zuwenig Informationen und zog die Klage 1979 bzw. 1980 zurück.[63]

Firmen-Grundsätze – Wie bei Boehringer Gesundheitsschädigungen spurlos verschwinden

Im April 1978 traf bei der französischen Sovilo, einer Tochterfirma des bundesdeutschen Chemiebetriebs Celamerck, ein höflich abgefaßter Brief ein. Absender: Das französische Kultur- und Umweltministerium.
Die Franzosen hatten ein etwas ungewöhnliches Anliegen. Sie baten um Überlassung von 5 Gramm des Insektenvernichtungsmittels Bromophos, um zu analysieren, ob in diesem Mittel das Sevesogift Dioxin enthalten ist.[1]
Bis heute bestreitet Celamerck vehement das Vorhandensein

3.2.1976
m/gc/sg

TELEFONNOTIZ

Gespräch mit VELSICOL, Chicago (H.Conrad mit H. Teeple) am 2.2.1976

1. Lieferung von 2,4-Dichlorbromphenol

Vorgeschichte: Im Juni 1975 haben wir einen Kontrakt mit Velsicol geschlossen über 1,5 Mio lbs Dichlorbromphenol.

Dem Auftrag lag die Preisstaffel zugrunde:

DM 3,03 lb/cif bei min. 1,5 Mio lbs
DM 3,15 lb/cif bei min. 1,0 Mio lbs
DM 3,55 lb/cif bei unter 1 Mio lbs

Geliefert wurden bis einschl. 1.2.1976 insgesamt 653.400 lbs.

Gegen den Auftrag sind noch zu verladen 846.600 lbs.

Am 30.1. erhielten wir ein Telex von Velsicol mit der Bitte, die weiteren Verschiffungen für 3 bis 4 Monate zurückzustellen, weil die Phosvel-Produktionsanlage vorübergehend stillgelegt sei. Mr. Teeple bat ausserdem um einen Anruf.

Bei dem gewünschten Telefongespräch erklärte dann H. Teeple, man habe immer noch keine Registrierung für USA, ausserdem laufe das Weltgeschäft erheblich schlechter als geplant. Deshalb seien die Vorräte an Phosvel so angewachsen, dass man sich entschlossen habe, für ca. 4 Monate die Anlage stillzulegen und gewisse Produktionsumstellungen vorzunehmen.

CM wird deshalb gebeten, die Verladungen 4 Monate auszusetzen, d.h. die nächste Verladung soll nicht vor dem 30.6./1.7. vonstatten gehen.

Man könne noch nicht sagen, wie sich das Gesamtgeschäft weiter entwickele.

Während des Telefongesprächs wies ich auf den Staffelpreis hin und erklärte, dass wir darüber sprechen müssen, falls die 1,5 Mio lbs nicht bis zum 30.9.76 verschifft seien.

H.Teeple bat daraufhin um eine schriftliche Stellungnahme/ Bestätigung auch mit Hinweis auf die dann veränderten Preise.

2.)Ausserdem hatten wir von Velsicol eine telegrafische Anfrage nach 50 - 100 metric tons 2,4,5-T Säure erhalten. Auf meine Frage erklärte H.Teeple, dass es sich um eine nicht allzu ernst zu nehmende vorläufige Anfrage von Velsicol handele (evtl. für eine Mischung) und dass die Ware für den Import nach USA bestimmt sei. Wir müssen also bei einem etwaigen Angebot den relativ hohen Zoll mit ins Kalkül nehmen. Ich kündigte an, dass wir am 3.3. einen Preis per Telex aufgeben.(Wir haben vor, 20 - 30 Pfg höher als an Amchem anzubieten,d.h. etwa DM 10,- bis 10,10 kg/cif.

CM ZIM
Konrad

Verteiler: G 4 x
MB/MC
V/VL
F z.K.g.

0404-Celamerck

C.H. Boehringer Sohn
Werk Hamburg-Moorfleet

Hamburg, den 12.5.1978
Dr.Kr/Ke

CELAMERCK-PC

D/ FL Chemische Produktion
ALH

Betr.: Dioxin in 2,5-Dichlor-4-bromphenol /
Ihr Schreiben (pc-bl-gb) vom 5.5.1978

Vom Grundsätzlichen sind wir der Auffassung, daß die Frage, die Sie an das ALH gerichtet haben, eine Frage an die Produktionsleitung Hamburg und die FL Chemische Produktion ist. Nach Rücksprache mit dem ALH ist unsere Meinung zu dem Entwurf Ihrer Aktennotiz vom 5.5.1978 folgende:

1. DCDD im 2,5-Dichlorphenol

   Gegen die Darstellung ist nichts einzuwenden. Die damals angenommene Nachweisgrenze von 0,2 ppm ist sicher nicht mehr aktuell. Mit dem Einsatz eines GC/MS-Gerätes dürfte diese für jeden Fachmann mühelos zu senken sein.

2. DBDCDD im 2,5-Dichlor-4-bromphenol

   Diese Darstellung halten wir nicht für richtig. Zunächst einmal geht es primär gar nicht darum, ob eine Bildung bei der Bromierung von DCP stattfindet. Wohl geht es darum, ob gebildetes DCDD im Rahmen der Bromierung zu DBDCDD umgewandelt wird. Dies ist theoretisch zu erwarten. Außerdem zeigen die Erfahrungen bei der Trichlorphenol-Destillation, daß auch bei der Destillation von Dichlorbromphenol die Bildung irgendwelcher Dioxine wahrscheinlich ist. Insofern geht Ihr Satz: "wonach die Bildung von DBDCDD nicht zu erwarten ist, da der Bromierungsprozess in saurem Milieu stattfindet, Dioxine sich aber nur unter alkalischen Bedingungen bilden können" am Sachverhalt vorbei.

   Eine ganz andere Frage ist, wie Sie sich aus taktischen Gründen den französischen Behörden gegenüber verhalten wollen. Die Behauptung, daß der Gehalt an DBDCDD im Dichlorbromphenol unter der Nachweisgrenze von 0,02 ppm liegt, ist sicher vertretbar. Sehr viel besser werde ich mich in der Angelegenheit fühlen, sobald Herr Dr. Weeren Zeit gehabt hat, diese Stoffe mit der MS-Methode zu untersuchen. Ob Sie so lange noch warten können, kann ich nicht beurteilen.

Werkleitung

Dr. Krum

dieses Stoffes in Bromophos. Firmenintern war man sich da freilich nicht so sicher. Herr Blaich von der Geschäftsleitung, zuständig für die Koordination des Bereichs Chemie, wandte sich an das Firmenlabor in Hamburg und bat darum, »das Muster vorher noch auf einen eventuellen Gehalt an Dioxinen zu untersuchen«[2].

In einem Begleitschreiben an das Firmenlabor verfaßte Blaich einen Kommentar über die (Un)wahrscheinlichkeit, daß bei der Herstellung von Dichlorbromphenol, einer chemischen Vorstufe von Bromophos, Dioxine entstehen. Der Kommentar war »zur Erleichterung der Meinungsbildung« in der französischen Behörde gedacht – weil das Bromophos-Geschäft gerade gut lief. Blaich bat die Laborleute, ihn »kritisch durchzusehen« und »etwaige Änderungswünsche zu vermerken«[3].

DBCDD (eine bestimmte Dioxinart – Anmerkung der Autoren) sei nicht zu erwarten, war die zentrale Aussage im Kommentar.[4]

Eine Woche später kam die Antwort vom Labor: »Diese Darstellung halten wir nicht für richtig«, meinten die Hamburger Firmenleute. Die Erfahrungen hätten gezeigt, »daß bei der Herstellung von Dichlorbromphenol ... die Bildung irgendwelcher Dioxine wahrscheinlich ist«.[5]

Das war das eine Problem für Celamerck. »Eine ganz andere Frage ist, wie Sie sich aus taktischen Gründen den französischen Behörden gegenüber verhalten wollen«, schrieb der Hamburger Werksleiter Dr. Werner Krum an Blaich[6].

Schon einige Jahre vorher, am 7. April 1971, hatte sich Dr. Werner Krum in einem Ferngespräch mit Professor Jerchel von der Firmenzentrale in Ingelheim Gedanken über eventuell vorhandene Dioxine in Dichlorbromphenol gemacht.[7] Am Tag darauf – Herr Krum hatte sich die Sache noch einmal durch den Kopf gehen lassen – machte er der Firmenzentrale folgenden schriftlichen Vorschlag: »Wir werden ein ... Dichlorbromphenol aus dem Bromophos-Betrieb untersuchen ... Dabei müßte sich mit einigem Glück und wenn man die richtige Anreicherungsme-

Die größten Pestizid-Hersteller der Welt

Firma/Stammland	Pestizid-Umsatz (1982) in Mio DM	Marktanteil in %
1. Bayer (BRD)	5823	12,4
2. Ciba-Geigy (Schweiz)	3645	7,8
3. Monsanto (USA)	3495	7,4
4. Shell (Niederlande)	2439	5,2
5. ICI (GB)	2196	4,7
6. Du Pont (USA)	1800	3,8
7. Rhone-Poulenc (Frankreich)	1770	3,7
8. Stauffer (USA)	1710	3,6
9. Hoechst (BRD)	1413	3,0
10. BASF (BRD)	1350	2,8
11. Dow (USA)	1350	2,8
12. Eli Lilly (USA)	1302	2,7
13. Rohm + Haas (USA)	1008	2,4
14. Amer. Cynamid (USA)[1]	960	2,3
15. FMC (USA)[1]	945	2,3
16. FBC (GB)	945	2,3
17. Union Carbide (USA)	900	2,1
18. Kumiai (Japan)[1]	870	2,1
19. Shering (BRD)[1]	786	1,9
20. Shevron (USA)[1]	675	1,6
21. Sandoz (Schweiz)[1]	573	1,4
22. Sumitomo (Japan)[1]	570	1,3
23. Diamond Shamrock (USA)[1]	555	1,3
24. Takeda (Japan)[1]	495	1,2
25. Celamerck (BRD)[1]	423	1,0
26. Hokko (Japan)[1]	420	1,0
27. Velsicol (USA)[1]	390	0,9
28. Makhteshim (Israel)[1]	384	0,9
29. Uniroyal (USA)[1]	360	0,8
30. Hofman La-Roche (Schweiz)[1]	330	0,8

Quelle: Andrew Chatley, Cleared for Export, 1985, S. 31

1 Zahlen aus 1980

thode in die Hand bekommt, der Nachweis führen lassen, daß in unserem Dichlorbromphenol ... kein Dioxin enthalten ist.« Damit wäre der Beweis angetreten, daß in Bromophos kein Dioxin enthalten sei.[8]

Fünf Jahre später kam Werksleiter Krum in einer Aktennotiz noch einmal zurück auf diese Beweisführung und stellte fest, daß in Dichlorbromphenol sehr wohl Dioxine enthalten sind, und zwar in Mengen von »0,2 ppm 2,7 DCDD und 0,2 ppm 2,7-DC-3,8-DB-DD«[9].

Krum folgert daraus, daß »die in unserem DCBP (Dichlorbromphenol) enthaltenen Mengen ... unbedenklich (sind)« (Aktennotiz vom 24. 8. 1976)[10].

Diesen Unbedenklichkeits-Befund des Hamburger Werksleiters ließ die Firma noch »wissenschaftlich« absegnen. »Zur Verteidigung von Dichlorbromphenol bitten wir Sie um ein ärztliches Gutachten«, lautete die Aufforderung der Celamerck-Zentrale an die Hamburger Werksleitung. Die »Gutachter« waren rasch gefunden: die beiden Ärzte Dr. Robert Gröhsler und Dr. Horst Brassow[11]. Gröhsler hatte bei Boehringer seit Jahren eine merkwürdige Doppelfunktion: Er war nicht nur Werksarzt, sondern gleichzeitig Angestellter beim Arbeitsschutz der Arbeits- und Sozialbehörde in Hamburg. Gewerbearzt Gröhsler kontrollierte den Betriebsarzt Gröhsler. Je nach Bedarf zeichnet Gröhsler in den Firmenunterlagen von Celamerck als Betriebsarzt oder als Gewerbearzt[12].

Brassow war der Leiter des gewerbeärztlichen Dienstes und damit Chef von Gröhsler[13].

Das »Gutachten« befaßt sich mit dem Gesundheitszustand der Arbeiter in jenem Teil des Hamburger Werkes, in dem Dichlorbromphenol als Vorstufe zur Bromophes-Produktion hergestellt wurde. Die beiden Ärzte gingen die Sache sehr geschickt an: Arbeiter, die aus gesundheitlichen oder anderen Gründen aus diesem Betrieb ausgeschieden waren, wurden gar nicht erst in die Untersuchung einbezogen.[14]

Bei den verbliebenen 17 Arbeitern registrierten Gröhsler und

Brassow in fünf Fällen Bauchbeschwerden, in 8 Fällen eine Lebervergrößerung, und vier Arbeiter klagten über Nervenstörungen. – Alle diese Beschwerden werden in der wissenschaftlichen Literatur als Anzeichen von Vergiftungen mit Chemikalien, wie sie im Hamburger Werk hergestellt wurden, beschrieben.[16]

Die beiden famosen Mediziner Gröhsler und Brassow kommen jedoch zu einem ganz anderen, für die Firma sehr beruhigenden Schluß: »Bei den Arbeitnehmern waren keine gesundheitlichen Schäden aufgetreten, die als Folge der Einwirkung des Dichlorbromphenol gelten können.«[17]

Gröhsler war in der Vergangenheit für Celamerck schon öfter von Nutzen gewesen. Bereits 1972 hatte er ein Gutachten über die möglichen Gesundheitsschäden von Arbeitern bei der Produktion des Insektenmittels Lindan angefertigt.[18]

Bei 200 Überwachungsuntersuchungen stellte Gröhsler damals in 27 Fällen Bauchbeschwerden, in 8 Fällen Nervenstörungen und bei 17 Arbeitern eine Lebervergrößerung fest. Logischer Schluß des Staatlichen Gewerbearztes: »Abschließend läßt sich sagen, daß die beschäftigten Arbeitnehmer ... keine körperlichen Schädigungen aufwiesen, die als Folge einer Einwirkung des Hexachlorcyclohexan gelten können. Bei sachgemäßem Umgang mit Lindan sind aufgrund dieser Studie ernstere bleibende Gesundheitsstörungen nicht zu erwarten.«[19]

Die Studie war unterzeichnet mit »Dr. med. R. Gröhsler, Staatlicher Gewerbearzt«. Sie erhielt von Celamerck den Stempel »Vertraulich« und wurde zu den Akten gelegt.

Als Lindan 1975 wegen gesundheitsschädigender Wirkungen weltweit ins Gerede kam, schrieb der Hamburger Werksleiter Dr. Werner Krum einen beruhigenden Brief an Herrn Dr. Müller von der Celamerck-Zentrale[20]. »Ich bin überzeugt davon, daß der Lindan-Betrieb Hamburg in dieser Frage das Licht der Öffentlichkeit nicht zu scheuen braucht, da wir unsere Mitarbeiter seit vielen Jahren gewerbemedizinisch intensiv betreuen. Ähnlich wie (in einem anderen Fall – Anm. d. A.) kön-

VERTRAULICH

Über die Frage der Toxizität von Hexachlorcyclohexan (Lindan) aufgrund arbeitsmedizinischer Vorsorgeuntersuchungen bei der Firma C.H. Boehringer Sohn, Werk Moorfleet im Jahre 1972.

R. Gröhsler
Staatlicher Gewerbearzt
der Freien und Hansestadt Hamburg

Bei den in der Lindanherstellung tätigen Arbeitnehmern wurden 1972 nach der Verordnung über gefährliche Arbeitsstoffe des BMA (Bundesministerium für Arbeit und Soziales) und entsprechend den berufsgenossenschaftlichen Grundsätzen 250 arbeitsmedizinische Vorsorgeuntersuchungen durchgeführt.

Erfaßt wurden lediglich die Arbeitnehmer, die 1972 im Lindanbetrieb beschäftigt waren. Zwischenzeitlich Ausgeschiedene sind in dem Untersuchungskollektiv nicht aufgeführt.

Unter den 66 Beschäftigten der Lindanherstellung befanden sich 63 männliche und 3 weibliche Personen.

Das Durchschnittsalter lag bei 40 Jahren und schwankte zwischen 21 und 64 Jahren.

Die durchschnittliche Betriebzugehörigkeit betrug 10.6 Jahre, sie lag zwischen 1 Jahr und 26 Jahren.

Alle 66 Arbeiter wurden wegen Gefährdung durch Umgang mit Halogenderivaten der Kohlenwasserstoffe durchschnittlich dreimal untersucht. Außerdem wurden 17 Arbeiter der Hexa-Station wegen Kontakt mit Benzol zusätzlich im Durchschnitt dreimal kontrolliert.

Untersuchungsergebnisse
der 200 Überwachungsuntersuchungen wegen Gefährdung durch Halogenderivate der Kohlenwasserstoffe

abdominelle Beschwerden wurden 27 x angegeben und über Nervenstörungen wurde 8 x geklagt.

Objektiv fand sich bei 17 Personen eine Lebervergrößerung und 7 x wurden leberspezifische Zeichen beobachtet.
Obige 57 auffällige klinische Daten waren 9 x auch von Leberwerten außerhalb der Normgrenzen begleitet.

Zusammenfassung

1972 erfolgten bei 66 Arbeitnehmern der Lindanherstellung nach durchschnittlich 10-jährigem Kontakt mit Hexachlorcyclohexan 200 arbeitsmedizinische Überwachungsuntersuchungen, ohne daß diese zu einer ärztlichen Anzeige über eine Berufskrankheit führten. Wegen auffälliger Untersuchungsergebnisse wurden 14 vorzeitige Kontrollen durchgeführt, die jeweils wieder normale Befunde erkennen ließen. Zur Benachrichtigung des Hausarztes kam es in 29 Fällen.

Bei den oben aufgezeigten, von der Norm abweichenden Werten handelte es sich um vorübergehende Befundabweichungen, denen keine signifikante Aussagefähigkeit zukommt. Bleibende Schädigungen, insbesondere der Leber, der blutbildenden Organe, der Niere oder des Nervensystems waren nicht nachweisbar.

Abschließend läßt sich sagen, daß die in der seit 1951/1952 laufenden Lindanproduktion beschäftigten Arbeitnehmer nach dem Ergebnis eingehender arbeitsmedizinischer Überwachungsuntersuchungen durch den zuständigen Staatlichen Gewerbearzt keine körperlichen Schädigungen aufwiesen, die als Folge einer Einwirkung des Hexachlorcyclohexan gelten können.

Bei sachgemäßem Umgang mit Lindan sind aufgrund dieser Studie ernstere bleibende Gesundheitsstörungen nicht zu erwarten.

Anschrift des Verfassers:

Dr. med. R. Gröhsler
Staatlicher Gewerbearzt
der Freien und Hansestadt Hamburg
Adolph-Schönfelder-Str. 5
2ooo Hamburg 76

nen wir uns auch hier jederzeit auf den Staatlichen Gewerbearzt in Hamburg berufen. Die insbesondere von Gewerkschaftsvertretern verlangte Gesundheitsakte würde in Hamburg keine Probleme aufwerfen ...« Krum erläutert der Firmenzentrale auch, daß die Schutzbestimmungen für Arbeiter im Hamburger Werk im Vergleich zu anderen Produktionsbereichen wesentlich schlechter sind: »Sollte von irgendeiner Seite ein Zwang ausgeübt werden, im Lindan-Bereich jenes Maß an Gewerbehygiene zu gewährleisten, wie es im Pharma-Sektor üblich ist, dann ist das nur mit Investitionen in nicht realisierbarer Größenordnung durchzuführen.«

Ende Februar 1979 stellte die deutsche Bundesforschungsanstalt für Milchwirtschaft bei Milch, die aus den sogenannten Vier- und Marschlanden stammt, unerlaubt hohe Werte der Chemikalie HCH (Hexachlorcyclohexan) fest.[21]

HCH ist das Ausgangsprodukt für das Insektenvernichtungsmittel Lindan. Die Vier- und Marschlande liegen in der Nähe des Hamburger Boehringer-Werks und sind das größte geschlossene Gartenbaugebiet der Bundesrepublik. Die Stadt Hamburg bezieht fast das gesamte Frischgemüse aus dieser Gegend.[22]

Am 22. März 1979 warnte die Hamburger Verbraucherzentrale vor dem Genuß von Gemüse aus den Vier- und Marschlanden[23]. Die Hamburger Gesundheitsbehörde wiegelte hingegen ab: »Verbraucher sind nicht gefährdet.«[24]

Woher die hohen HCH-Werte stammten, war zunächst ein Rätsel. Verdächtigt wurden die Bauern selbst, die DDR – und Boehringer. Der Leiter des Hamburger Werks, Dr. Werner Krum, behauptete am 13. 3. 79: »Beim heutigen Stand des Verfahrens muß es als ausgeschlossen gelten, daß Rückstände dieser Produktion nach außen gelangen.«[25]

Im März 1979 erklärte dann der Vorgesetzte von Gröhsler, Dr. Brassow (Chef des Gewerbeärztlichen Dienstes in Hamburg), gegenüber der Presse, über gesundheitliche Auswirkungen von Lindan sei nichts wissenschaftlich Verwertbares bekannt. Sieben Jahre, nachdem von seiner eigenen Abteilung die Risiken für die Arbeiter erhoben worden sind, erklärte er in einem Zeitungsinterview, Untersuchungen über die HCH-Belastung der Arbeiter in der Celamerck-Firma Hamburg seien nicht vorgenommen worden.[26]

Eine Expertentagung des Hamburger Senats teilte kurz darauf mit, daß keine gesundheitlichen Gefahren drohen. Die Zeitungen meldeten: »Ende einer giftigen Affäre«[27].

Doch die Affäre fing damit erst richtig an. Boehringer hat offensichtlich ein schlechtes Gewissen und kaufte im April 1979 20 Tonnen Gemüse auf.[28]

Ein praktischer Arzt stellte bei einem Boehringer-Arbeiter HCH im Blut fest.[29] Kurze Zeit darauf ergaben Messungen, daß täglich mehr als 10 kg HCH aus dem Boehringer-Schornstein in die Luft geblasen wurden. Auf diese Art verseuchte das Gift Äcker und Wiesen der gesamten Umgebung. Auch im Grundwasser wurde HCH festgestellt.[30]

Ende November 1979 zahlte Boehringer 250000 DM Schadenersatz an betroffene Bauern.[31]

Doch die Produktion von Lindan und damit HCH lief im Hamburger Werk weiter. Bis zum 8. Juni 1984. An diesem Tag wurde das gesamte Werk geschlossen.[32]

Schon einige Monate vorher hatte ein parlamentarischer Ausschuß der Stadt Hamburg damit begonnen, die Umweltvergiftung durch das Boehringer-Werk genauer zu untersuchen. Dutzende von Ordnern wurden in der Firma beschlagnahmt und auf rechtswidrige Sachverhalte überprüft. Der abschließende Bericht darüber (veröffentlicht am 26.2.85), aus dessen Ergebnissen Medien wie TAZ und Stern immer wieder vorab berichtet hatten, kritisierte unter anderem auch die Rolle der beiden Ärzte Brassow und Groehsler bei der Verschleierung von gesundheitlichen Gefahren.

»Schönheitsfehler«
Geheime Absprachen der Chemie-Konzerne

LN 14 war ein Deckname. Dahinter verbarg sich eine Geheimwaffe, die von den Alliierten während des Zweiten Weltkrieges entwickelt worden war.[1]

Zum Einsatz kam diese Waffe – es war die Chemikalie 2,4,5-T – nicht mehr. Die Atombomben auf Hiroshima und Nagasaki hatten sie überflüssig gemacht. Mit 2,4,5-T und anderen chemischen Substanzen wollten die Amerikaner die Reisernten der Japaner vernichten.[2]

Nach dem Krieg erhielt 2,4,5-T einen neuen Decknamen. Die Chemiekonzerne bezeichneten das Pflanzenvernichtungsmittel nun als »Pflanzenschutzmittel« und erklärten allem Unkraut dieser Welt den Krieg.

Fast alle großen Chemie-Firmen – BASF, Bayer, Boehringer Ingelheim, Dow Chemical, Rhone Poulenc, Hooker etc. – stiegen in den folgenden Jahren in dieses Geschäft ein.[3] *Weedone Spezial*, eines der ersten 2,4,5-T-haltigen Unkrautvernichtungsmittel, das in den USA auf den Markt gebracht wurde, ist heute noch unter ähnlichem Namen *(Weedone TM Spezial)* in Österreich erhältlich.[4]

Die Verwendung von 2,4,5-T im zivilen Bereich bedeutete keineswegs, daß dieses Gift als Waffe für die Militärs uninteressant geworden wäre. Die Briten waren die ersten, die es im Krieg einsetzten.[5] Das Kolonialministerium leitete 1958 Versuche in den aufmüpfigen afrikanischen Ländern Kenya und dem heutigen Tansania. In einem Bericht darüber sind Zweck und Wirkung dieser chemischen Kriegführung beschrieben:[6]

»Das Ausdünnen des Schutzes durch den Dschungel entlang der Verkehrswege durch den Gebrauch von Entlaubungsmitteln wurde zur üblichen Methode, um das Risiko eines Angriffes von Verstecken aus zu verringern. Das Ziel war mehr, die Sicht in gemischter Vegetation zu erhöhen, als alles zu entlauben ... Beim Gebrauch (von 2,4,5-T) wurden die meisten

Bäume nicht vollständig entblättert, aber ein neuer Blattwuchs wurde lange genug verhindert, um die Operation erfolgreich durchführen zu können.«

Die Amerikaner begannen ab 1961 verschiedene »Pflanzenschutzmittel« in Vietnam zu testen.[7] Der Chemie-Gigant DOW Chemical erhielt dazu den Auftrag einer Abteilung des amerikanischen Verteidigungsministeriums.[8] Das später zu trauriger Berühmtheit gelangte »Agent Orange« erwies sich als wirksamste Substanz.[9] Der Name wurde von den Behältern abgeleitet, in denen es transportiert wurde: Sie waren mit orangen Farbstreifen gekennzeichnet.[10]

»Agent Orange« enthielt zu gleichen Teilen die Chemikalien 2,4,5-T und 2,4-D. 1962 war die technische Entwicklung soweit, daß mit chemischen Sprühaktionen in der Nähe von Saigon begonnen wurde.[11]

»Die Entscheidung zum Einsatz von Agent Orange ist unmittelbar im Weißen Haus (durch Präsident Kennedy – Anm. d. A.) auf Betreiben des Secretary of Defence (Verteidigungsministers – Anm. d. A.) zustande gekommen«, heißt es in einem firmeninternen Brief des deutschen Chemie-Konzerns Celamerck (15.4.1982)[12]. »Daß diese Entscheidung«, so heißt es in dem Brief weiter, »auf so hohem Niveau fiel, läßt nach DOW vermuten, daß man sich über die kritische Nähe der Worte ›Chemikalien‹ und ›Kriegsführung‹ bewußt war.«[13]

Bis Anfang der siebziger Jahre versprühte die amerikanische Armee 42 Millionen Liter Chemikalien auf zwei Millionen Hektar Waldfläche in Vietnam; das entsprach einem Gebiet, das größer ist als Niedersachsen.[14]

Das US-Verteidigungsministerium beteuerte immer wieder, Agent Orange sei für Menschen und Tiere, Boden und Wasser harmlos.[15]

Doch das Nationale Krebsforschungszentrum in den USA glaubte diesen Beteuerungen nicht und gab 1966 eine Studie in Auftrag.[16] Damit sollten die möglichen Gesundheitsschäden durch 2,4,5-T, einen der beiden chemischen Stoffe in Agent

Orange, untersucht werden. Laut Plan war die Veröffentlichung der Ergebnisse für Februar 1969 vorgesehen.[17] Doch der Plan wurde geändert. Die Ergebnisse blieben unter Verschluß.[18] Erst im Sommer 1969 wurde eine Kopie des Berichts den Medien zugespielt.[19] Die Wissenschaftler hatten festgestellt, daß 2,4,5-T bei den Versuchstieren Totgeburten, Fehlgeburten und Mißbildungen der Nachkommen verursacht hatte.[20]

Die Chemie-Konzerne waren alarmiert, denn dadurch waren nicht nur die militärischen, sondern auch die zivilen Geschäfte gefährdet. In einer Aktennotiz vom 21. Mai 1970 schreibt der Vertriebsleiter Günter Conrad von der bundesdeutschen Chemiefirma Cela: »Die fast schon weltweite – von den USA ausgegangene – Campagne gegen 2,4,5-T zwingt uns zu vorsichtigeren Prognosen bezüglich der Absatzlage ab 1971.«[21]

Aber schon ein Jahr später konnten die Chemie-Manager wieder aufatmen: »Die Kampagne gegen den Einsatz der T-Säure (damit ist 2,4,5-T gemeint – Anm. d. A.) verflacht sich, und das Risiko einer betrieblichen Einschränkung ist u. E. weitgehend abgebaut« – so die Einschätzung des Hamburger Werkleiters Dr. Werner Krum in einem Brief an Firmenchef Dr. Wilhelm Boehringer[22].

Die Chemie-Firmen überstanden die Krise unbeschadet. 1974 war dem »2,4,5-T in den USA ein quasi Comeback beschieden«, teilte Firmenmanager Eric Ashton vom US-Konzern Hooker im Airport Hotel in Frankfurt am 24. 10. 1974 seinem Kollegen Günter Conrad von Celamerck mit.[23] Ashton weiter: »Die Anti-Diskussion flackere zwar noch gelegentlich auf, sei im großen und ganzen aber über die Bühne.« (Aktennotiz von Günter Conrad/Celamerck, 25. 10. 1974)[24]

Kurze Zeit darauf wurden nach einer Schätzung der Boehringer-Zentrale weltweit bereits wieder etwa 100000 Tonnen T-Säure abgesetzt.[25] Mit dieser Menge könnte man auf einer Fläche, die doppelt so groß ist wie Österreich, alles ausrotten, was grünt.[26]

Das Geschäft mit 2,4,5-T lief zwar wieder – die Chemie-Mana-

Günter CONRAD

25.10.1974
m-sg

A K T E N N O T I Z

Besprechung mit Fa. HOOKER, Stamford, USA, am 24.10.74 in Frankfurt (Airport Hotel

Gesprochen mit Mr. Eric Ashton und Mr. Andrew J. Hammerl (International Marketing Manager).

Laut Mr. A. sei 2,4,5-T in USA ein quasi comeback beschieden. Die Anti-Diskussion flackere zwar noch gelegentlich auf, sei im grossen und ganzen aber "über die Bühne". Der derzeitige Bedarf, einschl. eines gewissen Nachholbedarfs, sei erheblich grösser als das Angebot, entsprechend seien die Preise (einen genauen Preis konnte mir Mr. A. aber nicht sagen, er wird sich erkundigen).

Generell ist man in gewissen Kreisen der (Agro-)chemischen Industrie auf Grund der Verbote von DDT, Aldrin, Dieldrin, des vor der Tür stehenden Verbots von Heptachlor und u.U. auch Chlordane allmählich stark alarmiert. Dies gilt auch für die Landwirtschaft. Man hat für diese Insektizid-Typen keinen adäquaten Ersatz. Man wird sich also gegen die EPA-Entscheidungen mit aller Energie zur Wehr setzen und wird die Verbote nicht einfach kampflos hinnehmen. Laut Mr. A. habe man in USA die Gefährlichkeit etc. einfach in der Propaganda überdreht. Mr. A. und einige seiner Kollegen rechnen damit, dass schliesslich wenigstens das aufgereinigte Chlordane letztlich als Bodeninsektizid erhalten bleibt. Allers wird sich - so Mr. Ashton - in den nächsten 6 bis 8 Monaten auf eine endgültige Entscheidung hin zuspitzen.

Zum Lindane-Markt meinte Mr. A. die Vorstellungen der Europäer über den US-Markt seien stark überhöht. Er selbst schätze den Markt auf maximal 300 to (eigentlich nur Saatschutz), evtl. kämen noch einige wenige -zig Tonnen hinzu, die als formuliertes Produkt von Canada aus nach USA geschickt werden. Keinesfalls - so Mr. Ashton - sei der Markt aber höher als 350 t mit der Chance einer Ausweitung in den nächsten 2 Jahren um 50 bis 100 t. Laut HOOKER wird aber der Lindane-Markt in USA auch in den nächsten Jahren die 500 t-Marke nicht erreichen, ganz sicher aber nicht überschreiten.

Mr. Ashton wiederholte die schon in der Vergangenheit öfters ausgesprochene Bitte, dass wir uns von Zeit zu Zeit, gleichgültig ob in Brüssel oder woanders, zu einem Meinungsaustausch zusammensetzen sollten.

CELAMERCK - M

PS. Wir bedankten uns gegenseitig für die jeweilige Übersendung der Preisliste des anderen.(Gegenüber unseren neuesten Preis verkauft HOOKER im Augenblick geringfügig billiger als wir!)

<u>Verteiler</u>: G 4 x /F/V/K/MC/ML/ H.Dr.Merz/H.Dr.Krum z. Kts.

0404 - Celamerck 02/7/12 W

ger machten sich aber trotzdem Sorgen um die Zukunft: »Generell ist man in gewissen Kreisen der (Agro-)chemischen Industrie auf Grund der Verbote von DDT, Aldrin, Dieldrin, des vor der Tür stehenden Verbots von Heptachlor und u. U. auch von Chlordane allmählich stark alarmiert. Man wird sich ... gegen die EPA-Entscheidungen mit aller Energie zur Wehr setzen und wird die Verbote nicht einfach kampflos hinnehmen.« (Die EPA ist die Umweltschutzbehörde in den USA, die über Zulassungen und Verbote von »Pflanzenschutzmitteln« entscheidet – Anm. d. A.).[27]
Diese Hinweise des leitenden Managers Eric Ashton vom US-Konzern Hooker wurden vom Vertriebsleiter von Celamerck, Günter Conrad, gewissenhaft notiert. (Aktennotiz 25.10.1974)[28].
Am Samstag, dem 10. Juli 1976, kam dann der große Schock für die 2,4,5-T Hersteller, dessen Auswirkungen von der deutschen Tageszeitung »Die Welt« am 30.7.1976 so beschrieben wurde:[29]
»In allen Häusern sind die Jalousien heruntergezogen. Die Haustüren sind verschlossen. Kein Laut ist zu hören. Die Tiere in den Höfen sind tot. Kein Vogel zwitschert. Das Gras ist welk, die Blätter an den Bäumen sind verdorrt oder haben ihre Farbe verändert. Das Gebiet ist mit Stacheldraht umzäunt, vor dem Carabinieri und Soldaten mit Maschinengewehren patrouillieren. Sie haben Anweisung, auf jeden nächtlichen Schatten zu schießen.«
Mit dieser Horror-Schilderung war Seveso gemeint – der kleine italienische Ort, der eben Schauplatz eines der schrecklichsten Chemie-Unfälle geworden war.
Dreizehn Tage danach, am 23. Juli 1976, besuchten die Herren Dr. Sambeth, Technischer Leiter der Chemie-Firma Givaudon, und Dr. Theiss, Toxikologe von Hoffmann-La Roche, die Boehringer-Zentrale in Ingelheim[30]. Givaudon, eine Tochterfirma des Schweizer Chemie-Multis Hoffmann-La Roche, war verantwortlich für die Katastrophe in Seveso.

Zweck des Besuchs der beiden Herren war eine Besprechung über die Auswirkungen des Unfalles in Seveso[31]. Die Chemiefirma ICMESA von Givaudon hatte zur Herstellung von 2,4,5-T ein sehr riskantes, wenig erprobtes Verfahren angewendet. Dabei war es zur Bildung von unerwartet hohen Mengen an Dioxinen gekommen, die aus dem Werk entwichen waren und die Umgebung vergiftet hatten.[32]
Die Herren von Hoffmann-La Roche bzw. Givaudon und die Herren in Ingelheim waren über die Dringlichkeit von Maßnahmen nach der Katastrophe einer Meinung:[33] »Wiederaufnahme der Produktion« von 2,4,5-T, allerdings nach einem anderen, von Boehringer vorgeschlagenen Verfahren.
Einige Chemie-Firmen zogen andere Konsequenzen aus Seveso: »Die Farbenfabriken Bayer haben die Herstellung von Trichlorphenol (das ist eine Vorstufe von 2,4,5-T – Anm. d. A.) eingestellt ... Wie in der vertraulichen Notiz dargelegt, gibt es gute Gründe für die Annahme, daß Bayer die ... Herstellung nicht nur aus taktischen Gründen eingestellt hat«, notiert Celamerck-Werkleiter Dr. Werner Krum/Hamburg am 16. August 1976 in einem Brief an die Zentrale in Ingelheim[34].
Auch die Firma Coalite/England – so berichtet Krum weiter – habe mit der Produktion aufgehört. Man müsse davon ausgehen, daß die T-Säure-Produktion in Europa für einen Zeitraum, der zwischen wenigen Monaten und ein bis zwei Jahren liegen kann, auf ein Minimum sinken werde (Krum in seinem Brief an die Zentrale, 16. August 1976).[35]
Nach dieser Durststrecke begannen einige Chemie-Firmen, unter anderen Boehringer, das 2,4,5-T-Geschäft wieder auszuweiten. Die Behörden in den entwickelten Industrie-Staaten tolerierten zwar immer noch, daß Dioxin-haltige »Pflanzenschutzmittel« wie 2,4,5-T hergestellt und verwendet wurden. Aber sie waren vorsichtiger geworden und verlangten jetzt Garantie-Erklärungen.[36] Darin wurde vorgeschrieben, daß die Menge an Dioxin, die in 2,4,5-T enthalten ist, einen bestimmten Grenzwert nicht überschreiten dürfe.

Die Firmen reagierten darauf mit geheimen, internationalen Absprachen.
Die niederländische Behörde beispielsweise verlangte 1978 einen maximalen Dioxin-Gehalt von 0,05 ppm (0,05 Milligramm je Kilogramm). Falls dieser Wert von den Firmen nicht unterschritten werde, werde man 2,4,5-T verbieten.[37]
Technisch war diese Forderung bereits erfüllbar, doch Boehringer-Ingelheim paßte das gar nicht, denn deren Produktionsanlagen waren völlig veraltet.[38] »Celamerck (eine Tochterfirma von Boehringer – Anm. d. A.) kann diese Garantiegrenze (von 0,05 ppm – Anm. d. A.) voraussichtlich nicht vor Jahresende ... zusagen«, notiert Dr. Leber von der Zentralen Planungsstelle Celamerck in einem Aktenvermerk vom 12. Januar 1979.[39] Nur für eine begrenzte Anzahl der Lieferungen aus dem Celamerck-Werk hätten die 0,05 ppm garantiert werden können.[40]
Dr. Leber hatte interessehalber auch bei einem Konkurrenten, bei DOW Rotterdam, nachgefragt, wieweit diese bereit seien, den Forderungen der holländischen Behörden nachzukommen. Dr. Leber: »In diesem Zusammenhang haben wir DOW darauf hingewiesen, daß die Garantieerklärung gegenüber den niederländischen Behörden ein Präjudiz insbesondere für die anderen EG-Länder darstellen wird, und daß wir vermeiden möchten, daß die Industrie durch immer strengere Forderungen einzelner Länder in die Zwangssituation gebracht wird, nach und nach immer niedrigere und schwerer zu garantierende Grenzwerte anzuerkennen.«[41]
Celamerck steckte durch ihre veralteten Anlagen in einer Zwickmühle, denn andere Hersteller rechneten zu diesem Zeitpunkt nicht mehr mit 0,05 ppm Dioxinverunreinigung, sondern bereits mit niedrigeren Grenzwerten.[42] Um 2,4,5-T trotzdem weiter produzieren und verkaufen zu können, entwickelte man bei Celamerck einen perfiden Plan. Die Lösung des Problems: »Zu diesem Zwecke müssen die anderen Hersteller, die bereits in der Lage sind, niedrigere Grenzwerte (0,03 oder 0,01 ppm) zu garantieren, dazu veranlaßt werden, in gleicher Weise vorzu-

CELAMERCK

Ingelheim, den 12. Januar 1979
ZP/Dr.Le/th

Herrn Dr. Müller
Herrn Dr. Krum
Herrn Dr. Weeren
Herrn Conrad
Herrn Dr. Körner

A k t e n n o t i z

TCDD-Gehalt in 2,4,5-T / Niederlande

Beigefügt erhalten Sie eine Übersetzung eines Briefes der Anwälte von Nefyto über den Stand der Verhandlungen mit den niederländischen Zulassungsbehörden in Sachen 2,4,5-T/2,4,5-TP.

Chemie Linz hat schon im vergangenen Jahr mitgeteilt, daß sie in der Lage ist, maximal 0,03 oder auch 0,01 ppm TCDD in 2,4,5-T und 2,4,5-TP zu garantieren.

Wir haben DOW, Rotterdam, gefragt, inwieweit DOW bereit ist, den holländischen Forderungen entgegenzukommen. In diesem Zusammenhang haben wir DOW darauf hingewiesen, daß die Garantieerklärung gegenüber den niederländischen Behörden ein Präjudiz insbesondere für die anderen EG-Länder darstellen wird, und daß wir vermeiden möchten daß die Industrie durch immer strengere Forderungen einzelner Länder in die Zwangssituation gebracht wird, nach und nach immer niedrigere und schwerer zu garantierende Grenzwerte anzuerkennen, zumal aus toxikologischen Gründen keine Veranlassung besteht, den TCDD-Gehalt in 2,4,5-T ständig weiter zu senken.

Die Problematik stellt sich für CM zusammenfassend wie folgt dar:

1. CM kann voraussichtlich nicht vor Jahresende generell 0,05 ppm als Garantiegrenze zusagen. Derzeit liegt der TCDD-Gehalt in etwa einem Drittel der 2,4,5-T-Produktion zwischen 0,05 und 0,1 ppm.

2. CM kann keine Garantien für 2,4,5-TP abgeben; die Garantiewerte für 2,4,5-T und 2,4,5-TP sollten jedoch möglichst die gleichen sein.

- 2 -

0185-CM 03/718 OIV

12. Januar 1979
ZP/Dr.Le/th

- 2 -

3. Chemie Linz ist ab sofort in der Lage, 0,03 oder sogar 0,01 ppm TCDD in 2,4,5-T und 2,4,5-TP zu garantieren.

4. Den Zulassungsbehörden der verschiedenen EG-Länder sollten keine unterschiedlichen Garantiewerte zugesagt werden. Wegen des ständigen Informationsaustausches zwischen den Behörden der einzelnen EG-Länder würden unterschiedliche Garantiewerte sehr bald dazu führen, den niedrigsten Garantiewert generell für alle EG-Länder zu fordern.

Unter diesen Aspekten bietet sich für CM folgende Möglichkeit zur Lösung des Problems:

1. CM sagt den deutschen Zulassungsbehörden eine Senkung der Garantiegrenze auf 0,05 ppm für Anfang 1980 zu (vgl. auch Briefentwurf an die BBA vom 11.1.79).

2. CM garantiert mit den anderen Herstellern ab sofort für die Niederlande einen Grenzwert von 0,05 ppm. Zu diesem Zwecke müssen die anderen Hersteller, die bereits in der Lage sind, niedrigere Grenzwerte (0,03 oder 0,01 ppm) zu garantieren, dazu veranlaßt werden, in gleicher Weise vorzugehen, d.h. für 2,4,5-T und möglichst auch für 2,4,5-TP einen Garantiewert von 0,05 ppm zu akzeptieren.

Dieses Vorgehen wird zurFolge haben, daß die Neuzulassung von 2,4,5-T und 2,4,5-TP in den Niederlanden eine Verzögerung erfahren wird, da die niederländischen Behörden angedeutet haben, daß ihnen eine Garantiegrenze von 0,05 ppm noch zu hoch ist.

Wir haben Herrn Manger, Asepta, davon informiert, daß mit einer Stellungnahme zu dem Brief der Nefyto-Anwälte nicht vor 10. Februar zu rechnen ist, da zunächst eine sorgfältige Abstimmung zwischen den Herstellern erfolgen muß.

C M - Z P

gehen, d. h. für 2,4,5-T ... einen Garantiewert von 0,05 ppm zu akzeptieren.«[43]
Dazu, so schreibt Leber, müsse »zunächst (jedoch) eine sorgfältige Abstimmung zwischen den Herstellern erfolgen«.[44] Leber warnt davor, unterschiedliche Garantiewerte zuzusagen, denn: »Wegen des ständigen Informationsaustausches zwischen den Behörden der einzelnen EG-Länder würden unterschiedliche Garantiewerte sehr bald dazu führen, den niedrigsten Garantiewert generell für alle EG-Länder zu fordern.« (Aktennotiz, 12. Januar 1979)[45]
Und so etwas können sich die Chemie-Konzerne doch wohl nicht bieten lassen.
Die österreichische Chemie Linz war beispielsweise schon in der Lage, das Herbizid mit 0,01 ppm Dioxin-Verunreinigung zu produzieren.[46] Celamerck versuchte sich also mit der Chemie-Linz »abzustimmen«. Das Ergebnis ist verblüffend; die Dioxin-Werte wurden, entgegen den technischen Möglichkeiten der Linzer Firma – hinaufgesetzt, und zwar um das Zehnfache:[47]
»Celamerck und Chemie Linz garantieren weltweit, daß 2,4,5-T ... maximal 0,1 ppm TCDD (= Dioxin – Anm. d. A.) enthält. Wir stimmen mit den Behörden darin überein, daß TCDD eine unerwünschte Verunreinigung in 2,4,5-T ist und deshalb der Gehalt an dieser Verunreinigung soweit wie möglich reduziert werden soll.« (Schreiben von Celamerck an Brabers, Douma, Van Nispen, Leenen, Den Haag/Holland, 12. Februar 1979).
Die »weltweite« Garantie wurde für die niederländischen Behörden herabgesetzt: »Celamerck und Chemie-Linz sind ... bereit, ab sofort für den niederländischen Markt durch Auswahl geeigneter ... (Lieferungen) 2,4,5-T mit einem Höchstgehalt von 0,05 ppm TCDD zu liefern. Ein niedrigerer Höchstgehalt kann in absehbarer Zeit nicht garantiert werden.« Die holländische Behörde hatte sich jedoch mittlerweile anders entschieden. Sie hatte 2,4,5-T verboten und ließ sich davon auch nicht durch juristische Manöver abbringen: Die Chemikalie blieb – trotz

Einspruchs der Chemie-Giganten gegen diese Entscheidung – verboten.[49]
Die internationale Absprache zwischen verschiedenen Chemie-Firmen, 2,4,5-T mit einem höheren Dioxin-Gehalt zu verkaufen, als technisch notwendig war, hielt aus Konkurrenzgründen nur wenige Monate.
Schon Anfang Oktober 1979 mußte sich Vertriebsleiter Günter Conrad von Celamerck wieder auf die Reise begeben, um sich mit einem Konkurrenten zu arrangieren. Ziel der Reise: Der österreichische Staatsbetrieb Chemie Linz AG.[50]
Die etwas delikate Angelegenheit besprach Conrad »unter vier Augen« mit Herrn Hausberger von Chemie Linz.[51] Conrad erfuhr dabei, daß die Chemie Linz sich nicht mehr an die Maximalgrenze von 0,05 ppm Dioxin in 2,4,5-T halten will, sondern »bereit ist, gegebenenfalls weltweit ... mit weniger als 0,01 ppm anzubieten – allerdings mit einer Preisprämie von etwa 10 % des Verkaufswertes«.[52]
Hausberger bat um Verständnis für seine Verkaufsstrategie: Die Chemie Linz habe bereits erhebliche Bestände von 2,4,5-T und sei »gezwungen, *jede* Möglichkeit auszunutzen, 2,4,5-T voranzubringen«, also zu verkaufen. Es sei zwar ein »›Schönheitsfehler‹, wenn (vorübergehend?) unterschiedliche Qualitäten angeboten bzw. verkauft werden. Doch die allgemeine Lage zwinge dazu«.[53] (Aktenvermerk Günter Conrad/Celamerck, 8.10.1979)
In der Bundesrepublik geriet 2,4,5-T, das immer noch tonnenweise in mehreren Dutzend Produkten im Wein- und Getreideanbau, auf Wiesen, Sportanlagen und im Forstbau verwendet wurde, zunehmend unter Beschuß.
Im Juli 1981 erklärte das Bundesgesundheitsamt in Berlin, daß es die Zustimmung zur weiteren Verwendung von 2,4,5-T widerrufe.[54] Die Hersteller- und Vertriebsfirmen zeigten daraufhin ihre Macht: Sie erreichten, daß das Bundesgesundheitsamt die Verwendung für weitere drei Jahre erlaubte.[55]
Dies gelang ihnen, obwohl sich Boehringer bereits 1980 einge-

Günter Conrad 8.10.1979

Besuch in Linz (CL) am 4./5. Oktober 1979

Besprechung (unter 4 Augen) mit Herrn Hausberger (über die allgemeine Besprechung folgt gesonderter Bericht).

2,4,5-T-Säure (Qualität, TCDD-Gehalt)

Ich habe erklärt, dass "neue Qualität" (Extraktion) bei CM erst im Laufe des I. Quartals 1980 anfällt. CM ist dann wohl in der Lage, einen Gehalt von < 0,05 ppm (unter 50 ppb) garantieren zu können. Hierzu ist es aus unserer Sicht nötig, dass der tatsächliche Anfall bei max. 30 ppb liegt.

CM möchte nicht schon jetzt "Selektionierungsofferten" machen, obwohl wir auch heute schon Ware mit weniger als 50 ppb (gelegentlich, ja sogar meistens) produzieren. Es kommen aber auch Chargen an, die mal 60 - 70 ppb enthalten. CL(Linz) hat eine andere Auffassung und ist bereit, ggfs. weltweit 2,4,5-T mit unter 20 ppb, ja u.U. mit weniger als 10 ppb anzubieten - allerdings mit einer Preisprämie von etwa 10% des Verkaufswertes.

CL anerkennt, dass es ein Schönheitsfehlter ist, wenn (vorübergehend?) unterschiedliche Qualitäten angeboten bzw. verkauft werden. Doch die allgemeine Lage zwinge dazu, dies in Kauf zu nehmen.

Um es für CM leichter zu machen, in Columbien und ggfs. Canada (vorerst) selektioniert anbieten zu können, übergab man GC ein offizielles Schreiben, mit dem Angebot an uns, ggfs. 150 - 200 t 2,4,5-T mit Dioxingehalt von weniger als 20 ppb zu liefern (vorbehaltlich: Preis, Lieferzeit, Austausch gegen CM-Ware etc.).

Man bittet uns dringend, in Columbien in diesem Sinne vorzugehen und auch für Canada (CL UND CM) entsprechend zu verfahren.
An DOW müsste eine entsprechende Mitteilung gehen.

Es bleibt natürlich zu entscheiden, WIEWEIT wir gehen wollen (also ob: max. 50, 40, 30 oder gar 20 ppb offiziell - aber ggfs. auch propagandistisch genannt werden sollen).

CL hat bereits erhebliche Bestände und ist lt. H.Hausberger gezwungen, jede Möglichkeit auszunützen, 2,4,5-T voran zu bringen.

CM - A
Conrad

Verteiler:
G 4 x
F
V
AC/AA
MDL
Dr.Krum

stehen mußte, daß man – »in über weite Strecken völlig überalterten und gewerbehygienisch unzureichenden Anlagen«[56] (firmeninternes Arbeitspapier, 15.9.1980) produzierte. Dennoch wollte die Firma ihr Dioxin-haltiges 2,4,5-T in der Bundesrepublik weiter herstellen und verkaufen.

Die Entscheidung über die Errichtung eines neuen Werks zur Herstellung von 2,4,5-T wurde bei Boehringer von der US-Situation abhängig gemacht, denn dort war 2,4,5-T 1979 für die meisten Anwendungsgebiete verboten worden.[57] Aber »die Wiederzulassung wird für 1983 endlich erwartet. Das Risiko für die T-Säure (ist) im deutschen politischen Raum ... geringer geworden«.[58] Die Entscheidung der deutschen Behörde, 2,4,5-T weitere drei Jahre zu erlauben, hatte bei Boehringer wieder Hoffnungen geweckt.

Es kam jedoch anders.

Bei neuen amerikanischen Untersuchungen über 2,4,5-T zeichnete sich der Nachweis über schwere gesundheitliche Schäden ab. Und auch im »deutschen politischen Raum« schwanden die Hoffnungen. 2,4,5-T wurde zunehmend als gefährliches Unkrautvernichtungsmittel eingestuft.

Schließlich erklärte die Hamburger Tochterfirma von Boehringer am 11.8.1983 in einem Schreiben an das Hamburger Amt für Umweltschutz: »Die Firma verzichtet definitiv auf die Produktion von 2,4,5-T ... und erklärt, diese auch in Zukunft nicht wieder aufzunehmen.«[59]

In den USA gab es zu diesem Zeitpunkt erbitterte Auseinandersetzungen zwischen den Chemiefirmen und der US-Umweltbehörde EPA. Bereits am 1. März 1979 hatte die EPA »mit sofortiger Wirkung die Anwendung von 2,4,5-T im Forst, auf intensiv genutztem Weideland und an Wegrändern« verboten.[60] Begründung:

Der dringende Verdacht, daß »es bei einigen Frauen im Staat Oregon kurz nach der Anwendung von 2,4,5-T im Forst zu Fehlgeburten gekommen« ist.[61]

Das jetzt ausgesprochene Anwendungsverbot sei aber nicht

Werkleitung

Hamburg, den 29.10.1980
Dr. Kr/mt

Verteiler:

Z GL CHBS / Herrn Grimm
CM-G / Herrn Dr. Brückner
CM-ZP / Herrn Dr. Leber

FL Chemische Produktion/ Herrn Dr. Löwe
ZA Öffl.Arb.u.GP / Herrn Dr. Elvers
ALH / Herrn Dr. Weeren

Bericht über WORKSHOP Impact of Chlorinated Dioxins and Related Compounds on the Environment v. 22.-24.10.1980 in Rom

Aus Hamburg nahmen Dr. Weeren und der Unterzeichnete teil. Entgegen der ursprünglichen Erwartung, daß hier im kleinen Kreis über die konkreten Probleme des Seveso-Falles berichtet würde, stellte sich nach 3 Tagen heraus, daß sich weit über 150 Fachleute aus der ganzen Welt eingefunden hatten. Neben großen Delegationen von DOW, BASF und BAYER war vor allem die EPA mit aktiven Beiträgen stark vertreten. Von deutschen Behörden nahmen Vertreter des Bundesgesundheitsamtes, des Umweltbundesamtes sowie der Hamburger BBNU teil. Besonders liebenswert empfand ich die Anwesenheit der Herren Dr. Vahrenholt und Egmont R. Koch.

Über die Vorträge wird in Kürze eine Publikation erscheinen.

Über folgende Gesichtspunkte sollte vorab berichtet werden: Als DOW Chemical vor etwa 2 Jahren berichtete, daß PCDD's (polychlorierte Dibenzo-p-dioxine) und PCDF's (polychlorierte Dibenzo-p-difurane) weltweit und ubiquitär überall da vorkommen, wo durch Verbrennungsvorgänge organische Materie (Holz, Kohle, Müll) zerlegt wird, löste diese Nachricht nicht nur Erstaunen aus, sondern hinter vorgehaltener Hand wurde gesagt "schaut mal, wie geschickt die DOW das verkauft!" Der WORKSHOP in Rom hat inzwischen eine breite Übereinstimmung amerikanischer, schweizer und schwedischer Fachleute zu diesem Thema erbracht, und es ist in der Tat faszinierend zu sehen, daß eine erst in den 50er Jahren deutlicher bekanntgewordene Stoffgruppe inzwischen nahezu allgegenwärtig betrachtet werden muß.Insbesondere der Gehalt der PCDD's und PCDF's, darunter das TCDD in Flugaschen aus Kohlekraftwerken und städtischen Müllverbrennungsanlagen sowie im Qualm brennender Wälder zusammen mit erstaunlichen Mengen an den ebenfalls canzerogenen verdächtigen Stoffen Formaldehyd und Benzol ist inzwischen unbestritten. Sogar durch Elementarsynthese aus Kohlenstoff, Chlor und Sauerstoff kann man bei entsprechender Temperaturführung chlorierte Benzole, chlorierte Phenole und chlorierte Dibenzodioxine in vitro synthetisieren, soweit man in Ausbeuten von 10^{-8} bis 10^{-10} % denkt.

/2

Der Schock dieser Erkenntnis trifft zunächst einmal die Kommunen, die nun überall beginnen (auch in Hamburg), die Abgase und Aschen ihrer Kraftwerke und Verbrennungsanlagen zu analysieren.

In einer Ausschußsitzung im kleineren Kreis berichtete Mr. Shapard vom Armed Forces Institute of Pathology über die enormen Schwierigkeiten, die aus den claims der Vietnam Veteranen zu erwarten sind. Der amerikanische Präsident hat offenbar im Hinblick auf den Wahltermin ein White House-Committee berufen, das epidemiologische Studien über die T-Säure sowie eine spezielle Studie über jene 1200 Mann USAF unternehmen soll, die als Range hands group unmittelbar mit der Verladung und Chargierung des Agent Orange beschäftigt waren.

Auf Befragen sagte Gen. Shepard, daß Agent Orange, von DOW/ Monsanto hergestellt, zwischen 3 und 70 ppm TCDD enthielt. Das läßt auf TCDD-Gehalte in der T-Säure in der Größenordnung von 100 ppm schließen. Vergleicht man dies mit den heutigen 10 ppb in der T-Säure, so liegt dazwischen der Faktor 10 000. In ubiquitären Quellen, wie Flugaschen, findet man Gehalte von 0,1 ppb. Dazwischen liegt der Faktor 100. Trotz dieser für sich selbst sprechender Zahlenverhältnisse wird die T-Säure immer noch im Zusammenhang mit Vietnam angegriffen. Shepard ließ keinen Zweifel daran, daß die amerikanische Regierung in einer sehr unangenehmen Situation ist, insofern, als ein Obsiegen der EPA gegenüber DOW maßlose und kaum zu überblickende Veteranenaufforderungen auslösen muß. Aus einer Andeutung konnte man entnehmen, daß der Präsident nach der Wahl Einfluß auf die EPA nehmen muß, um Schaden zu verhindern. Die wissenschaftlichen Berichte in diesem Zusammenhang wird Shepard mir zusenden.

Wir haben vermieden, weil ohnehin zwecklos, mit Koch und Vahrenholt längere Gespräche zu führen. Auffällig war der enge Kontakt zwischen Dr. Schuldt (BBMU Hamburg) und den Genannten. Ich hatte den Eindruck, daß alle drei aber etwas nachdenklich geworden waren.

Der beherrschende Eindruck des Kongresses war für mich die starke Massierung von Wissenschaftlern aller Art und höchst aufwendiger Laboratorien auf diesem Sektor. Es kann kein Zweifel darüber sein, daß weltweit tausende von Menschen heute ihr Brot (und wie es scheint, ein recht üppiges) mit diesem Thema verdienen. Hier hat sich eine Potenz angesammelt, die um jeden Preis versuchen wird, um ihrer selbst wegen, weiter zu existieren. Wenn es nicht bei der T-Säure ist, dann eben bei der D-Säure (wie es bereits anklang) oder auf völlig anderen Gebieten. Es wäre naiv anzunehmen, durch eine freiwillige Räumung des T-Säure-Feldes aus der Schußlinie zu geraten. Die chemische Analytik, hervorgegangen aus den Laboratorien der chemischen Industrie, hat sich das größte Eigentor aller Zeiten geschossen.

Werkleitung

Dr. Krum

Krum

endgültig, wies Dr. Leber von der »Zentralen Planung Celamerck« in einem Aktenvermerk (»Nur zum internen Gebrauch!«) hin: »Der Hersteller von 2,4,5-T in den USA, die DOW Chemical Company, hat alle rechtlich möglichen Schritte zur Anfechtung des Verbots eingeleitet.« (Dr. Leber)[62].

DOW Chemical beließ es nicht bei rechtlichen Schritten. Eine riesige Medienkampagne wurde in Gang gesetzt, um die Firmenweste weißzuwaschen. Von den anderen Chemie-Konzernen wurde das mit unverhohlener Bewunderung verfolgt: »Als DOW Chemical vor etwa 2 Jahren berichtete, daß ... Dioxine ... weltweit ... überall da vorkommen, wo durch Verbrennungsvorgänge organische Materie (Holz, Kohle, Müll) zerlegt wird, löste diese Nachricht nicht nur Erstaunen aus, sondern hinter vorgehaltener Hand wurde gesagt ›schau mal, wie geschickt die DOW das verkauft!‹« (Aktenvermerk Dr. Werner Krum, Boehringer-Werk Hamburg, 29.10.1980).[63]

Diese Nachricht von DOW löste auch zahlreiche wissenschaftliche Aktivitäten aus.

Auf einem internationalen Kongreß in Rom (vom 22.–24.10.1980) über die Auswirkungen von Dioxin und verwandten Substanzen fanden sich 150 Fachleute ein.[64] Alle großen Chemie-Firmen waren vertreten, auch Boehringer Ingelheim. Das Aufwachen der Weltöffentlichkeit durch immer neuere Forschungen aus dem Reich der Dioxine betrachteten die Firmen letztendlich als Schuß, der nach hinten losging. Dr. Werner Krum von Boehringer berichtete darüber:

»Es wäre naiv anzunehmen, durch eine freiwillige Räumung des T-Säure-Feldes aus der Schußlinie zu geraten. Die chemische Analytik, hervorgegangen aus den Laboratorien der chemischen Industrie, hat sich das größte Eigentor aller Zeiten geschossen.«[65]

Für den US-Konzern DOW Chemical sollte sich diese Einschätzung bewahrheiten. DOW hatte 1983 freiwillig das Feld geräumt und die Produktion von 2,4,5-T eingestellt.[66] Für

DOW war die Sache damit allerdings noch nicht ausgestanden.
Vietnam-Veteranen forderten vom Konzern Schadenersatz in Höhe von insgesamt 45 Milliarden Dollar (rund 130 Milliarden DM).[67] Diese Klagen sind in den USA unter dem Namen »veterans claim« bekanntgeworden.
Nach dem Ende des Vietnam-Krieges hatte sich herausgestellt, daß die chemische Kriegführung – der Einsatz von »Agent Orange« zur Entlaubung des Dschungels und Zerstörung der Ernten – nicht nur schreckliche Erkrankungen und Mißbildungen bei der vietnamesischen Bevölkerung verursacht, sondern auch Tausende von US-Soldaten geschädigt hatte. Der Chemie-Gigant DOW war der Hauptlieferant von Agent Orange gewesen.[68]
In einem Aktenvermerk von Boehringer werden die im vertraulichen Kreis gemachten Aussagen von US-General Shepard vom »Armed Forces Institute of Pathology« zu den »claims der Vietnam-Veteranen« festgehalten (29.10.1980):[69]
»Auf Befragen sagte Gen. Shepard, daß Agent Orange ... zwischen 3 und 70 ppm TCDD (Dioxin – Anm. d. A.) enthielt.« Shepard, notiert der Boehringer-Mann Werner Krum weiter, »ließ keinen Zweifel daran, daß die amerikanische Regierung in einer sehr unangenehmen Situation ist«.[70] Die unangenehme Situation ergab sich aus den widersprüchlichen Interessen zweier US-Behörden. Denn einerseits war die US-Umweltschutzbehörde dabei, die gesundheitsschädigende Wirkung der 2,4,5-T-Verwendung nachzuweisen. Andererseits wollte das Verteidigungsministerium diesen Nachweis verhindern, weil damit »Agent Orange« nachweisbar Veteranen geschädigt hätte. Die Lösung des Problems: »Aus einer Andeutung (von General Shepard) konnte man entnehmen, daß der Präsident (damit ist Reagan gemeint – Anm. d. A.) nach der Wahl Einfluß auf die EPA nehmen muß, um Schaden zu verhindern.«[71]
Eineinhalb Jahre später, am 14.4.1982, erhielt Boehringer Ingelheim wegen dieser Angelegenheit Besuch aus den USA.[72]

Zwei Anwälte von DOW Chemical informierten Boehringer über den Stand des Gerichtsverfahrens. Der Inhalt dieses Gesprächs wurde von Dr. Werner Krum (Boehringer Hamburg) in einem Aktenvermerk festgehalten:[73]
»DOW«, notiert Krum, »sieht sich in dieser Sache als Zielscheibe einer Bewegung des Unmutes über die chemische Industrie in den USA.«
Die beiden Anwälte unterrichteten Boehringer darüber, daß das Gericht angekündigt habe, DOW von der Klage freizustellen, wenn DOW nachweisen könne, daß die US-Regierung zum Zeitpunkt der Bestellung von Agent Orange denselben Kenntnisstand über den Gehalt an Dioxin in 2,4,5-T gehabt habe wie DOW.[74]
Der Beweis dafür sei für DOW allerdings schwierig, erläuterten die beiden Anwälte. Für DOW gab es in dieser Angelegenheit nur noch einen Hoffnungsschimmer: »DOW (will) vor drei Wochen erfahren haben, daß die amerikanische Regierung zwei Zivilbeamte, die Herren Dr. Fritz Hoffmann und Dr. Benjamin Witten, ca. 1962 ... in die Bundesrepublik geschickt hat, um prüfen zu lassen, ob TCDD (= Dioxin – Anm. d. A.) als chemische Waffe geeignet ist und hergestellt werden kann. Die Frage von DOW lautet nun, ob wir diese sehr zweifelhaften Gentlemen empfangen und mit ihnen verhandelt haben.«[75]
Wäre das der Fall gewesen, dann hätte DOW damit den Beweis dafür, daß die US-Regierung über den Dioxingehalt in »Agent Orange« genauso informiert war wie die Hersteller-Firmen. Pech für DOW: Die »zweifelhaften Gentlemen« waren bei Boehringer gänzlich unbekannt und in den umfangreichen Akten auch nicht erwähnt.[76]
In dieser »politisch brisanten und menschlich widerwärtigen Angelegenheit« war Boehringer allerdings darauf bedacht, »diese Information nur im engsten Kreis zu halten«.[77]
DOW gelang es in der Folge nicht, die Spuren der beiden zweifelhaften US-Gentlemen Hoffmann und Witten in der Bundesrepublik aufzuspüren.

Am 14. Mai 1984 verkündete der New Yorker Richter Jack B. Weinstein das Ergebnis der Schadenersatzklage von etwa 20000 Vietnam-Veteranen wegen »Agent Orange«.[78]
Sieben amerikanische Chemie-Konzerne waren nach jahrelangen Verhandlungen endlich bereit, »freiwillig« 180 Millionen Dollar (= rund 540 Millionen DM) an einen Fonds zu zahlen, der geschädigte US-Veteranen betreut.[79]
Viele Veteranen waren unzufrieden mit diesem Ergebnis und legten Berufung ein. Die nächsthöhere Gerichtsinstanz entschied jedoch ein Jahr später unter Hinweis auf ein US-Gesetz, daß die Entscheidung endgültig sei.[80] Die sieben Chemie-Konzerne verlangten von der US-Regierung, daß sie einen Teil der in den Fonds gezahlten Gelder an die Firmen rückvergüte. Die Regierung weigerte sich.[81]
Auch die Schadenersatzklagen von Veteranen gegen die US-Regierung wurden vom Gericht abgewiesen. Der Oberste Gerichtshof der USA hatte bereits 1950 in einem Grundsatz-Urteil verfügt, daß die Regierung nicht haftbar gemacht werden könne für Gesundheitsschäden, die US-Soldaten bei Kriegshandlungen erleiden.[82]
Die Vietnamesen, die von der chemischen Kriegführung am schlimmsten betroffen waren, erhielten von den USA ebenfalls keine Unterstützung. Prof. Ton That Tung, international anerkannter Fachmann für Dioxin-Vergiftungen, veröffentlichte nach Kriegsende eine Studie über 670 Ehepaare und deren 836 Nachkommen.[83] Alle Väter waren während des Giftkrieges der Amerikaner in Südvietnam gewesen. Von den 836 Kindern wiesen 43 schwere Mißbildungen auf: »Es gab Kinder ohne Gehirn, ohne Nasen, ohne Augen oder Ohren, Kinder mit Wasserköpfen, Gesichtsspalten, Lurchbäuchen und Zwergwuchs.«[84]
Die von den USA nach Kriegsende zugesagten finanziellen Entschädigungen an Vietnam wurden bis heute nicht bezahlt.[85]

CELAMERCK

den 15.4.1982

Herrn von Baumbach

D/ Herrn Grimm

Betr.: DOW / BOEHRINGER - Veterans claim

Am 14.4.1982 besuchten uns u. a. der interne und externe Anwalt von DOW CHEMICAL, Midland. Sie informierten uns, daß der gegen DOW gerichtete Veterans claim vor dem New Yorker Bezirksgericht verhandelt wird. DOW sieht sich in dieser Sache als Zielscheibe einer Bewegung des Unmutes über die chemische Industrie in den USA und konfrontiert mit Schadenersatzforderungen von angeblich 45 Mrd. Dollar.

Das Bezirksgericht hat schriftlich festgelegt, daß DOW von diesem claim freizustellen ist, wenn DOW nachweisen kann, daß die US-Regierung - hier der Secretary of Defence - zum Zeitpunkt der Bestellung von Agent Orange denselben Kenntnisstand über die T-Säure und ihren Gehalt an TCDD hatte wie DOW und die allgemeine chemische Industrie. Die Entscheidung zum Einsatz von Agent Orange ist unmittelbar im Weißen Haus auf Betreiben des Secretary of Defence zustande gekommen. Daß diese Entscheidung auf so hohem Niveau fiel, läßt nach DOW vermuten, daß man sich über die kritische Nähe der Worte "Chemikalien" und "Kriegsführung" bewußt war.

Da die Regierung heute von all dem nichts mehr wissen will, Reagan andererseits öffentlich über die Wiederanlage eines chemischen Waffenarsenals nachdenkt, ist die Beweisführuhg für DOW schwierig, wenn nicht hoffnungslos. Könnte DOW den Nachweis nicht führen, so würde der Prozeß in eine zweite Phase eintreten, bei der es um die toxikologische Bewertung des TCDD-Gehalts in Agent Orange ginge. Da die damaligen Agent Orange-Lieferanten sehr unterschiedliche TCDD-Gehalte hatten (DIAMOND SHAMROCK bis zu 80 ppm), würde sofort

/2

0383-CM 03/717 GW

CELAMERCK

- 2 -

die Front der jetzt gerichtlich Angegriffenen auseinanderbrechen und ein fürchterliches Hauen und Stechen beginnen.

In dieser Situation will DOW vor drei Wochen erfahren haben, daß die amerikanische Regierung zwei Zivilbeamte, die Herren Dr. Fritz Hoffmann und Dr. Benjamin Witten, ca. 1962 im Auftrag des Fort Edgewood Arsenal in die Bundesrepublik geschickt hat, um prüfen zu lassen, ob TCDD als chemische Waffe geeignet ist und hergestellt werden kann. Die Frage von DOW lautet nun, ob wir diese sehr zweifelhaften Gentlemen empfangen und mit ihnen verhandelt haben. DOW hofft, daß dies der Fall sei, denn dann wäre auf ganz kurzem Wege der Beweis geliefert, daß die US-Regierung beim Einsatz von Agent Orange in Vietnam (1965 - 1969) über den Charakter von Nebenprodukten der T-Säure informiert war.

Die genannten Personen sind mir nicht bekannt und in den umfangreichen Akten nicht erwähnt. Zur Sicherheit habe ich Herrn Dr. Merz am 14.4. abends angerufen. Er versicherte mir, bei einer so heiklen Angelegenheit wüßte er mit Bestimmtheit von einem solchen Besuch. Er kenne diese Namen auch nicht.

Ich habe dem internen Anwalt von DOW bei dessen fernmündlicher Rückfrage am späten 14. April deshalb mitgeteilt, daß ein Besuch der Herren Hoffmann und Witten bei uns nicht stattgefunden hat.

In dieser politisch brisanten und menschlich widerwärtigen Angelegenheit sollten wir bedacht sein, diese Information nur im engsten Kreis zu halten. Wir haben DOW auf deren Bitte in Aussicht gestellt, daß wir DOW, HOOKER und DIAMOND SHAMROCK, d. h. den drei 1957 angeschriebenen US-amerikanischen T-Säure-Herstellern,

Dr. Krum

Die (unvollständige) Schreckenschronik der Trichlorphenolherstellung

1949	Monsanto Chemical Company USA Nitro/West Virginia, USA	Überhitzung mit Explosion Die Folgen: 228 Betroffene
1953	BASF Ludwigshafen a. Rh. / BRD	Überhitzung mit Explosion Die Folgen: Leberschäden, Störungen des Nervensystems, schwere Chlorakne-Schäden bei 42 Betroffenen, 1 Toter
1954	Bayer AG, Leverkusen/BRD Boehringer Ingelheim GmbH, Hamburg/BRD	
1956	Rhône-Poulenc S. A. Claix/Frankreich Hooher Chemical Corporation/USA Boehringer Ingelheim GmbH, Hamburg/BRD	 Überhitzung mit Explosion Überhitzung Die Folgen: 31 Betroffene
1960	Diamond Shamrock/USA	Überhitzung
1962	Saronio TCP, Melegnano/Italien	
1963	Philips Duphar, Amsterdam/Niederlande	Überhitzung mit Explosion Die Folgen: 50 Betroffene
1964	Spolana, Neuratovice/ČSSR, Dow Chemical Company, Midland/Michigan, USA, Diamond Alkali Company, Newark/Jersey, USA	

1966	Rhône-Poulenc S. A., Claix/Frankreich	Überhitzung mit Explosion Die Folgen: 21 Betroffene
1968	Coalite and Chemical Products Ltd., Bolsover/Derbyshire, Großbritannien, 2,4,5-T-Fabrik in der ČSSR	Überhitzung mit Explosion Die Folgen: 79 Betroffene
1970	Bayer AG, Leverkusen/ BRD 2,4,5-T-Fabrik in der Sowjetunion	
1973	Stickstoffwerke Linz, Linz/ Österreich	Die Folgen: 100 Vergiftungen, einige bis heute nicht geheilte Chloraknefälle
1974	Bayer AG, Uerdingen/Bundesrepublik	
1976	ICMESA, Meda/Italien	Überhitzung. Die Folgen: Tausende von Betroffenen
	(vor 1976) Thompson Hayward/USA	Überhitzung mit Explosion

Quellen: Dohmeier, H., J., Janson, E., Zum Töten von Fliegen und Menschen, rororo, Reinbek bei Hamburg 1983, S. 82–83; Arbeitsgruppe Chemie (Hrsg.), Chemiestadt Hamburg: zum Beispiel Boehringer, 3. ergänzte Auflage, S. 17; Dioxin – Eine Information des österreichischen Verbraucher-Verbandes; Bürgerschaft der Freien und Hansestadt Hamburg. Bericht des Parlamentarischen Untersuchungsausschusses, Drucksache 11/3774, 26. 2. 85, S. 90

Risiko-Verlagerung

Oder: Warum Boehringer die Produktion des Insektenvernichtungsmittels Bromophos von Spanien nach Deutschland verlegen wollte:

Das spanische Tochterwerk der Firma Boehringer in Malgrat »wurde in letzter Zeit in zunehmendem Maße von seiten der lokalen Behörden und in der Presse wegen seiner bisherigen Entsorgungs- und Umweltpolitik angegriffen«. So beginnt eine firmeninterne »Notiz« der Geschäftsleitung von Boehringer.[1] »Dazu«, so heißt es in der »Notiz« weiter, »haben Fälle von angeblichem Fischsterben in Küstennähe des Werkes beigetragen, über deren Umfang und Ursache allerdings nichts Genaues bekannt ist. In diesem Zusammenhang richteten sich die Angriffe vor allem gegen lückenhafte Entsorgungsmaßnahmen bei der Insektizid-Produktion.«[2] Die Herren Dr. Inchaurrondo und Kuhn vom spanischen Werk waren am 8. und 9.11.1979 in die Konzernzentrale Ingelheim gekommen, um über diese alarmierende Situation zu berichten.[3]

Mit der Insektizid-Produktion war die Herstellung des Mittels Bromophos gemeint, das von Celamerck in der Bundesrepublik unter verschiedenen Markennamen vertrieben und beworben wird.

In Österreich wird Bromophos von der Boehringer-Tochterfirma Epro beworben: »Schädlinge räumen das Feld – die Saat geht auf mit *Nexion* Saatgutpuder«.

In manchen Boehringer-Werbungen – nicht in allen – werden die Anwender von Bromophos-haltigen Mitteln gewarnt: »Das Mittel ist giftig für Fische. Keine Anwendung in unmittelbarer Nähe von Gewässern. Mittel und dessen Reste sowie entleerte Behälter und Packungen von Gewässern fernhalten.« Boehringer selbst praktizierte im spanischen Werk Malgrat bis Anfang der 80er Jahre das Gegenteil: Hier wurden – glaubt man den Firmenunterlagen – die Abwässer der Bromophos-Produktion ins Meer geleitet.[6]

Der Abteilung Investitions- und Produktionsplanung der Boehringer-Zentrale war schon im Jahr 1973 klar, daß bei der spanischen Anlage Probleme deswegen entstehen könnten: »Fragen zum Umweltschutz (Abwasser, Abluft) (müssen) in die Betrachtung einbezogen werden«, notierte J. Klug am 19. März 1973 über eine Besprechung der Ausbauvorhaben von Celamerck.[7] Auch die »hygienischen Bedingungen« der Herstellung von Bromophos waren laut Protokoll einer Investitions-Kommission von Boehringer »nicht einwandfrei«.[8]
Schon 1972 hatte Firmenchef Dr. W. Boehringer angeregt, zu prüfen, welche Vorteile die Verlagerung der Bromophos-Produktion von Spanien nach Hamburg-Moorfleet mit sich bringen würde.[9]
Diese Idee wurde jedoch »wegen ungenügender Wirtschaftlichkeit«[9a] immer wieder auf die lange Bank geschoben und erst 1979 wieder aufgegriffen, als das spanische Zweigwerk wegen der Umweltschädigungen öffentlich angegriffen wurde.[10]
Dadurch gerieten auch andere Produkte von Boehringer in Gefahr. Die Boehringer-Geschäftsleitung war der Ansicht, daß langfristig gesehen im spanischen Werk Malgrat Pflanzenschutzmittel und Arzneimittel nicht gemeinsam produziert werden sollten. Denn: »Jede Antipflanzenschutzkampagne würde sofort das Pharmageschäft in Mitleidenschaft ziehen. Andererseits« – so überlegte sich die Geschäftsleitung – »genießt Spanien weiter eine 10prozentige Exportvergütung auf den in Spanien erbrachten Mehrwert« (Besprechungsprotokoll C. H. Boehringer Sohn, 26. 5. 81).[11]
Der Produktionsstandort Malgrat barg noch weitere Risiken durch den »Transport der Komponenten MP 2 – Dimethylthionophosphorsäure- und EP 2 – Diäthylthionophosphorsäure – beides gefährliche Substanzen – von Dänemark nach Malgrat. Hier besteht die Gefahr der Umweltverseuchung bei Verunglücken des Transportfahrzeuges«.[12]
Die zentrale Investkommission von Boehringer empfahl

schließlich am 30. November 1981 »im Hinblick auf die potentiellen Umweltschutzprobleme und auf die damit zusammenhängende Gefährdung der sonstigen Produktion in Malgrat«[13] die Verlegung von Spanien nach Hamburg.
Untermauert wurde diese Empfehlung mit einer umfassenden Analyse über Produktionszahlen, Absatz, Erlöse und Bedarfsvorschau von Bromophos. Die Boehringer-Zentrale rechnete für 1981 mit dem Verkauf von 295 Tonnen Bromophos, 1982 mit 288 und für die Jahre 1983 bis 1988 mit jährlich 300 Tonnen.[14]
Erlöse aus Bromophos-Verkäufen für das Jahr 1981: Rund 12 Millionen DM (öS 84 Millionen).[15]

Zwei Jahre später, 1983, wurde die Prognose noch einmal nach oben korrigiert, denn: »unerwartete größere Ausschreibungen« seien nur ungenügend berücksichtigt worden, erklärt der Hamburger Werksleiter Dr. Werner Krum in einem Schreiben an die Zentrale Investplanung Ingelheim.[16] »So ist das Jahr 1983 gekennzeichnet durch unerwartet große Verkäufe im Ostblock, Aufträge nach Kuba, das bisher nie beliefert wurde, und durch eine syrische Ausschreibung, in die wir aus Mangel an Material nicht voll eintreten konnten« (Krum).[17]
Bei der Verlagerung der Bromophos-Produktion von Spanien nach Hamburg traten allerdings unerwartete Hemmnisse auf. Die Grün-Alternative-Liste Hamburg (GAL) »hat das Thema ›Boehringer‹ in Hamburg erneut angeheizt«, schreibt Werksleiter Krum besorgt in einer Aktennotiz.[18] Wie bereits berichtet, »sind die Behörden in äußerster Alarmstimmung und versuchen mit allem Nachdruck in Erfahrung zu bringen, welche anderen Dioxine, Dibenzfurane, PCBs und wer weiß was alles in unserer Produktion enthalten ist. In diesem Zusammenhang ist auch das Genehmigungsverfahren Bromophos in eine sehr unglückliche Zeitphase hineingeraten«.[19]
In einer Zusammenkunft mit »drei Hamburger Behördenvertretern« besprach Werksleiter Krum »in großer Offenheit die

Mittel, die Bromophos bzw. Bromophos-ethyl enthalten[24]

Antriebs- und Sitka-Fichtenlaus-Spritzmittel (BRD)
Austriebsspritzmittel Nexion Öl (BRD)
Blattlaus-Vernichter Nexion (BRD)
Boden-Schädlings-frei (BRD)
Detia Stäubol-Kombi Puder (BRD)
Fleur-Ameisen-Gieß (BRD)
Fleur-Insekten-Spritz (BRD)
Fleur-Insekten-Streu (BRD)
Hora Saatgutpuder B (BRD)
Insekten-Stäubemittel Nexion (BRD)
Insekten-Streumittel Nexion (BRD/Ö)
Nexagan (BRD/Ö)
Nexion-L-Kombi-Beize (BRD)
Nexion Saatgutpuder (BRD/Ö)
Nexion-stark (BRD/Ö)
Nexion Streumittel (BRD)
Pflanzen-Schädlings-frei (BRD)
Ungeziefermittel Jacutin flüssig F (BRD)

politische, rechtliche und sachliche Situation des Werkes«. Der bei dieser Besprechung anwesende Leiter des Genehmigungsverfahrens, Herr D. I. Schmidt, teilte mit, daß er Informationen habe, »daß interessierte Kreise das Bromophos-Verfahren unter allen Umständen zu Fall bringen wollen«.[20]
Werksleiter Krum zieht aus diesem Hinweis folgenden Schluß: »Es wird deshalb in hohem Maße darauf ankommen, ob es der Behörde und uns gelingt, bei dem inzwischen angeordneten öffentlichen Anhörungsverfahren eine starke Position aufzubauen.«[21]
Man werde, so schreibt Krum, bei der Behörde für die Genehmigung einen Antrag auf »sofortige Vollziehbarkeit« stellen. Dies sei die einzige Gewähr dafür, daß mit dem Bau der Anlage sofort begonnen werden könne. Es komme alles darauf an, auf

C.H.Boehringer Sohn
Werkleitung

Hamburg, den 23. Februar 1984
Dr. Kr/ge

A k t e n n o t i z

Zur Lage des Werkes

Die GAL-Anfrage in der Hamburger Bürgerschaft hat das Thema "Boehringer" in Hamburg erneut angeheizt. Wie in meiner Notiz vom 18. 02.1984 bereits berichtet, sind die Behörden in äusserster Alarmstimmung und versuchen mit allem Nachdruck in Erfahrung zu bringen, welche anderen Dioxine, Dibenzofurane, PCBs und wer weiss was alles in unserer Produktion enthalten sind.

In diesem Zusammenhang ist auch das Genehmigungsverfahren Bromophos in eine sehr unglückliche Zeitphase hineingeraten. Senator Curilla hat Prof. Brötz beauftragt, eine Art Sicherheitsanalyse für das Dichlorbromphenol Verfahren im Vorfeld der Bromophos-Genehmigung zu erstellen. Prof. Brötz, der heute mit Herrn D.I. Schmidt, dem Leiter der Genehmigungsabteilung, und seiner Mitarbeiterin, Frau Dr. Teckentrup, im Werk war, wird eine solche Sicherheitsanalyse in Analogie zur Sicherheitsanalyse des T-Säure-Verfahrens erstellen. Da wir nachweisen können, dass bei diesem Verfahren kein TCDD anfällt, ist die Störfallverordnung nicht anwendbar, und die Stadt ist bereit, die Kosten dieser Analyse zu übernehmen.

In diesem Zusammenhang wurde mit den genannten 3 Personen in grosser Offenheit die politische, rechtliche und sachliche Situation des Werkes besprochen. Herr Schmidt will Informationen darüber haben, dass interessierte Kreise das Bromophos-Verfahren unter allen Umständen zu Fall bringen wollen. Es wird deshalb in hohem Masse darauf ankommen, ob es der Behörde und uns gelingt, bei dem inzwischen angeordneten öffentlichen Anhörungsverfahren eine starke Position aufzubauen. Sobald deutlich wird, welche Einwendungen vorgetragen werden, werden wir parallel zu unserem Genehmigungsverfahren einen Antrag auf "sofortige Vollziehbarkeit" stellen, der die einzige Gewähr dafür bietet, dass selbst bei einem sich anschliessenden rechtlichen Gerangel mit dem Bau der Anlage begonnen werden kann. Ob in der augenblicklichen politischen Situation die Behördenleitung einer sofortigen Vollziehbarkeit zustimmt, ist zweifelhaft. Ist die sofortige Vollziehbarkeit nicht erreichbar, ist das Projekt 4-5 Jahre blockiert. Da es keine Vermutungen darüber gibt, dass es einem anderen Projekt zukünftig besser erginge, bedeutet das die Blockierung jeder Investitionstätigkeit in Hamburg und damit die Unmöglichkeit, den jetzigen finaziell nur kurzzeitig zu tragenden Zustand zu beenden. Es kommt deshalb alles darauf an, auf den politischen Ebenen, die uns zur Verfügung stehen, eine sofortige Vollziehbarkeit zu erstreiten.

Um in diesem Zusammenhang die Behördenleitung davon zu überzeugen, dass bei vernünftiger fachlicher Betrachtungsweise und im Gegensatz zu den Behauptungen der GAL keine ungewöhnlichen Risiken bei den zur Zeit ausgeübten Verfahren zu erwarten sind, habe ich Senator Curilla heute einen Brief geschrieben, in dem eine offene Co-Operation in allen anstehenden Fragen zugesagt wurde. Gleichzeitig habe ich die Bitte ausgesprochen, alles zu tun, um zu vermeiden, dass ausgetauschte Zahlen und Ergebnisse in unqualifizierter Weise interpretiert werden und in die Öffentlichkeit gelangen. Ich bin mir im klaren, dass das Letztere nicht zu verhindern sein wird, möchte dem Senator aber die Tür öffnen und ihm damit keine Gelegenheit geben, Partei für die Grünen - und sei es nur aus Unkenntnis - zu nehmen.

Werkleitung

Dr. Krum

VEREINFACHTE DARSTELLUNG DES PRODUKTIONSPROZESSES DER FIRMA BOEHRINGER, WERK HAMBURG - MOORFLEET
(Quellen:Diverse firmeninterne Unterlagen)

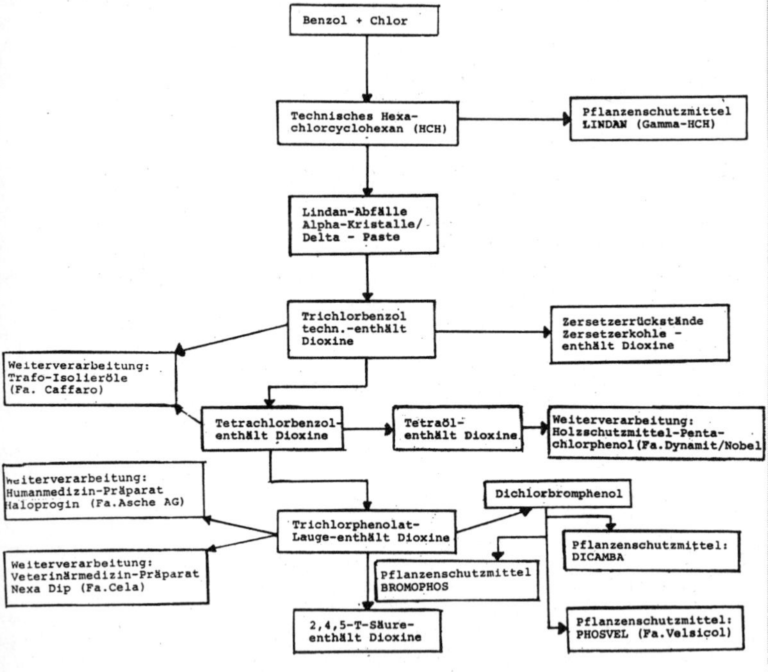

den politischen Ebenen, die Boehringer »zur Verfügung stehen«, eine sofortige Vollziehbarkeit zu erreichen.[22]
Doch soweit kam es nicht mehr.
Am 18. Juni 1984 wurde das »Aus« über die gesamte Produktion im Hamburger Werk von Boehringer verhängt. Die zahlreichen Bürgerinitiativen und Umweltschutzgruppen hatten in ihrem Kampf gegen die total mit Gift verseuchte Firma gewonnen.[23]

7. Braune Bohnen sind ihr Los

Die Bauern von Vila do Café

Als die Mitglieder der Untersuchungskommission der Diözese von Vitoria da Conquista in das kleine Dorf Vila do Café kamen, mußten sie feststellen, daß trotz der Erntezeit – es war Juli 1985 – viele der Landarbeiter keine Beschäftigung hatten. »Den Arbeitern von Vila wird von den Großgrundbesitzern vorgeworfen, von der katholischen Basisgemeinde und dem Pfarrer aufgewiegelt zu sein«, schreiben die Besucher in ihrem Bericht.[1] Die Großgrundbesitzer hätten deshalb auf die große Schar der durch die Lande ziehenden Wanderarbeiter zurückgegriffen, die zu allen Bedingungen arbeiten. Die »Aufwiegelung«: An Stelle von Kübeln verwenden die Arbeiter(innen) bei der Ernte Dosen. Sie werden nach der Anzahl der gefüllen Dosen bezahlt. Diese haben in der Regel eine einheitliche Größe von 20 Litern. Manche Landbesitzer verwenden jedoch größere Dosen mit einem Fassungsvermögen bis zu 30 Litern und beharren auf dem Standpunkt: Dose ist gleich Dose. Das bedeutet, daß die Arbeiter(innen) am Abend nur mit zwei Drittel des ohnehin äußerst kargen Tageslohnes nach Hause gehen. Die Arbeiter(innen) von Vila do Café verlangten nun einheitliche 20-Liter-Dosen. Und die Basisgemeinde hatte die »Getretenen und ungerecht Behandelten«, wie die Lage der Landbevölkerung im Diozesan-Papier benannt wird,[2] noch dazu ermuntert, ärztliche Hilfe im Falle eines Unfalls zu fordern.

Wahrlich Aufwiegelei!

Noch vor wenigen Jahren waren fast alle der jetzt arbeitslosen Landarbeiter Kleinbauern. Vila do Café, das kleine Dorf im Bezirk Encruzilhada im nordostbrasilianischen Bundesstaat Bahia, hatte noch 1978 ungefähr zwanzig Häuser, eine Grundschule und eine kleine Ambulanz, eine Polizeistation und eine Kapelle. Die Bauern pflanzten Mais, Bohnen und Maniok für den Eigenbedarf. Was übrig blieb, wurde am Markttag oder in der 35 Kilometer entfernten Kleinstadt Encruzilhada verkauft.
Doch dann begannen die Großgrundbesitzer der Gegend, die Vorteile des Kaffeeanbaues zu entdecken. Mit großzügigen Krediten der »Banco do Brasil« kauften die meist in der Hauptstadt des Bundesstaates lebenden und zur weißen Oberschicht gehörenden Landeigentümer auch hier Ländereien auf und ließen Kaffeestauden pflanzen – allein in Vila do Café waren es bis 1984 acht Millionen Stauden, die neu angebaut wurden.[3]

Aus den kleinen Landbesitzern wurden Saisonarbeiter, aus dem stillen Dörfchen Vila ein 3000-Seelen-Dorf, dessen Einwohnerzahl sich regelmäßig zur Kaffeeernte von Mai bis August noch verdoppelt. Vier von fünf Einwohnern arbeiten auf den Plantagen – Männer, Frauen, Kinder ab sieben Jahren. Dazu noch die Wanderarbeiter, die in »Unterkünften« genannten Elendsquartieren zusammengepfercht sind. Die kleine Ambulanz ist mittlerweile geschlossen – sechs Monate im Jahr läßt sich kein Arzt, keine Krankenschwester blicken. Auch die Polizeistation ist verwaist. Und die Schule bleibt während der Erntemonate fast leer – der Unterricht findet tagsüber statt, während die Kinder in die Plantagen müssen, um der Familie durch einige weitere mit Kaffeebohnen gefüllte Dosen das Überleben zu sichern.
Für die Plantagenbesitzer eine höchst lukrative Entwicklung. Die Kaffeestauden tragen schon zwei Jahre nach der Pflanzung Bohnen und müssen in den folgenden zehn Jahren hauptsächlich geerntet werden. Die dafür benötigte Arbeitskraft ist

spottbillig. Die Pflücker(innen) bekommen 80000 Cruzeiros pro Woche – wenn die Dosen größer sind, noch weniger. Das entspricht im Land mit der galoppierenden Inflation nicht einmal dem gesetzlichen Mindestlohn, von dem man in Brasilien bei weitem nicht leben kann.[4]

Außerhalb der Erntezeit muß noch gejätet und gedüngt werden – das besorgen die Frauen. Die werden noch elender bezahlt. Kopfzerbrechen bereiten den Grundbesitzern, die in der Hauptstadt Salvador da Bahia leben, bisweilen nur die Schädlinge, die den Kaffee befallen. Insekten und Pilze werden von Landarbeitern – ebenfalls Tagelöhner – mit Agrargiften bekämpft. Sie schleppen – auch für einen Wochenlohn von 80000 Cruzeiros, mit dem Traktor den Sprühwagen durch die Plantagen, oder müssen Handpumpen benützen.
Für die notwendigen Schutzeinrichtungen zum Pestizid-Einsatz scheinen die Kredite der »Banco do Brasil« nicht mehr gereicht zu haben. Laut dem Untersuchungsbericht der Diözese wird das Wasser der kleinen Bäche, die durch die Plantagen fließen, zum Abwaschen der Gifte und zum Reinigen der Zerstäuber benützt. Die Bäche vereinigen sich schließlich im Flüßchen Mumbuca, das dann durch Vila do Café fließt. Das Wasser des Flüßchens wird hier wieder zum Waschen von Wäsche und Geschirr, zum Kochen und Trinken verwendet. An heißen Tagen plantschen auch die kleinen Kinder darin.[5] Im Ort gibt es zwar seit 1984 eine Trinkwasserversorgung. Doch die funktioniert vor allem in den etwas höher gelegenen Ortsteilen fast nie.

Oberhalb von Vila sind längst alle Fische gestorben. Statt der Fische schwimmen nun Pestizide-Behälter den Fluß hinab.
Die Behörden schauen tatenlos zu. Nur einmal wurden vier Arbeiter von der Gemeinde beauftragt, den Fluß zumindest von den Gift-Dosen zu säubern. »Alle vier wurden schwer vergiftet und sind bis heute arbeitsunfähig«, kommentiert das Diözesan-Papier die Folgen dieses ohnmächtigen Versuches.[6]

Zilmar Martins Nogueira war 17, als er im Fluß Wäsche wusch. Wenig später wurde ihm übel. Seine Mutter erinnert sich: »Es sah aus, als sei er schwanger, so groß wurde sein Bauch.« Er erbrach Blut. Wenig später war er tot.[7]

Ein halber Arm[20]

»Mateus hat runde, braune, lebendige Augen, einen großen Mund und nur die Hälfte des linken Armes. Er wurde während der Baumwollernte im Bundesstaat Parana geboren. Die Mutter Josefa da Rocha Reis, 30 Jahre alt, säte mit Pestiziden behandelten Samen aus, während sie schwanger war. Sie und ihr Ehemann Jose Aparecido Reis, 34 Jahre alt, lebten schon lange als Halbpächter auf verschiedenen Landgütern in der Gemeinde Santa Cecilia do Pavao. Wie alle Pächter, die mit Baumwolle arbeiten, hatten sie nie Hühner und Schweine, da die Agrargifte in der Umgebung der Häuser verwendet werden und alle Tiere sterben.
Mateus ist das fünfte Kind der Familie. Armando Fujimura, Arzt im Krankenhaus von Santa Cecilia do Pavao, hat die Geburt überwacht. Er glaubt, daß die Mißbildung durch Agrargifte verursacht wurde – »man kann es nicht mit völliger Sicherheit behaupten, aber die Realität ist da, um gesehen zu werden«.
Jose Aparecido ist ein starker, kräftiger Mann. Er hat sein ganzes Leben mit Giften wie Azodrin, Metasystox, Folidol, Parathion, Endrin, Treflan, LVC gearbeitet und nie irgendwelche Spuren von Vergiftungen gezeigt. Bestimmte Pestizide verändern den Gen-Code des Menschen, und dies könnte bei Jose Aparecido geschehen sein, sagt Fujimura. In der Praxis heißt das, daß selbst nach einer Vergiftung, die man gar nicht selbst bemerkt hat, ein solcher Mensch keine gesunden Kinder mehr zeugen kann. Das nächste Kind war nicht deformiert. Es erstickte allerdings bei der Geburt an der Nabelschnur.
In den nächsten Tagen erwarten Josefa und Jose ihr nächstes Kind.«

Auch die 12jährige Maria Nogueira starb, nachdem sie im Fluß gebadet hatte.[8]
Nach brasilianischem Recht drohen jedem, der privates oder öffentliches Trinkwasser gesundheitsschädlich und für den Gebrauch ungeeignet macht, Haftstrafen von zwei bis fünf Jahren. Kommentar des Landkomitees: »Wenn dem Strafgesetz entsprochen würde, befänden sich alle Großgrundbesitzer im Gefängnis.«[9]

Kaffee à la Hoechst, Bayer, Schering, Shell

Kaffee – vor allem der in Monokulturen angebaute – ist höchst anfällig gegen Schädlinge aller Art. Ein gewinnträchtiges Absatzgebiet für die Chemiekonzerne. Allein zwischen 1964 und 1979 wurde der Prestizideeinsatz in Brasilien um 420 Prozent gesteigert.[10] Allen voran: Die Deutschen Multis. Bayer (Werbespruch in Brasilien: »Was von Bayer ist, ist gut«[11]) unterhält im lateinamerikanischen Schwellenland mit »Bayer do Brasil« eine der größten Tochtergesellschaften. Auch Hoechst macht gute Geschäfte in Brasilien. Der Großkonzern aus Hessen stellt laut dem Chemiker und Vorstandssprecher des »Pesticides Action Network«, Frank Claus, auch noch zehn Jahre nach dem Anwendungsverbot in der Bundesrepublik das fatale Mittel DDT in Brasilien her.[12] Und Schering produziert laut Claus im benachbarten Kolumbien die in der BRD ebenfalls längst verbotenen Gifte Aldrin, Chlordimeform und Heptachlor sowie Methylisocyanat, das im indischen Bhopal mehr als 2000 Menschen das Leben gekostet hat.[13] Zusätzlich importieren diese Dritte-Welt-Länder noch Pflanzenschutzmittel aus Europa. Möglich wird das, weil die einschlägigen Gesetze in der Bundesrepublik und in Österreich die Herstellung und den Export von Giften erlauben, deren Anwendung bei uns längst wegen der bekannten Gefahren verboten ist. Die Chemie-Produzenten haben ein Verbot dieser Exporte stets mit dem

Argument bekämpft, das sei ein Eingriff in die inneren Angelegenheiten souveräner Staaten. Die Importländer hätten selbst zu entscheiden, was sie wollen. José Lutzenberger, brasilianischer Landwirtschaftsexperte, vergleicht das mit dem Drogenhandel: Mit der gleichen Logik »dürfte auch der Drogenhandel nicht verboten werden, denn es müßte jedem selbst überlassen werden, ob er drogensüchtig werden will oder nicht«.[14]

Auch im brasilianischen Kaffee haben europäische Chemiekonzerne die Nase vorn. In Vila do Café werden hauptsächlich das Hoechst-Produkt *Thiodan* (Endosulfan), die Bayer-Ren-

Devanir, ein Gelähmter[21]

»Devanir Alves ist 22. Er hat seinen Unterhalt durch Arbeiten auf der Plantage verdient. Jetzt kämpft er seit zwei Jahren um eine Invalidenrente, da er nicht mehr arbeiten kann.
Alles begann mit einem starken Schmerz im Rückgrat. Er konnte nicht mehr urinieren, seine Blase schmerzte, er schwitzte am ganzen Körper und hatte ein Schwächegefühl in den Beinen.
Das linke Bein ist inzwischen bewegungsunfähig und völlig kraftlos geworden. Das rechte Bein kann er noch bewegen, aber es hat 80 Prozent seiner Kraft verloren.
Er wurde von Rubens Lisboa, dem Orthopäden des Städtchens Cornelio Procopio, behandelt. Diagnose: Lähmung infolge einer Ansammlung von Schädlingsbekämpfungsmitteln im Organismus. Der Arzt empfahl, die Arbeit aufzugeben.
Devanir hat nie selbst mit Gift gearbeitet. Er mußte jedoch Unkraut jäten, während seine Arbeitskollegen mit Pestiziden gegen diese Pflanzen vorgingen.
Devanir lebt heute in einer anderen Gemeinde. Seine Mutter erzählt, daß sie kaum das nötige Geld für Lebensmittel aufbringen kann.«

ner *Lebaycid* (Fenthion) und *Folidol* (Parathion) sowie *Bidrin* von Shell eingesetzt.[14a] Und dazu selbstverständlich noch Hexachlorcyclohexan (HCH), das zu zwei Drittel Alpha- und Beta-HCH enthält. Diese Stoffe wirken gar nicht gegen Insekten, werden aber so langsam abgebaut, daß wir sie auch mit dem Kaffee und anderen importierten Lebensmitteln schlukken (siehe dazu Kapitel: Gefährliche Ernte).

Selbstverständlich ist auch in Brasilien die Anwendung der Schädlingsbekämpfungsmittel gesetzlichen Regeln unterworfen. Doch Papier ist geduldig, auch wenn Gesetze darauf gedruckt sind. Und die Verflechtung zwischen Industrie und Behörden trägt kaum dazu bei, daß die Gesetze eingehalten werden.
Ein Beispiel von vielen: Als Nestor Jost 1984 neuer Landwirtschaftsminister von Brasilien wurde, meldete die »Deutsche Zeitung Sao Paulo« stolz: »Nestor Jost neuer brasilianischer Landwirtschaftsminister: Dem Aufsichtsrat der Bayer do Brasil gehört er als Vorsitzender an.«[15]

Im Ministerium hat man Verständnis für die Interessen der Chemieindustrie. Ein Beispiel: In der Diskussion um die Anwendungsbeschränkung des Produktes *Thiodan* (Endosulfan) stützt sich die Firma Hoechst auf die angebliche Stellungnahme des Landwirtschaftsministeriums, in der es heißt, daß dieser Stoff kein Organchlorat (chlorierter Kohlenwasserstoff) sei – womit die in Brasilien wirksame Anwendungsbeschränkung für chlorierte Kohlenwasserstoffe aufgehoben wäre.[16] Allerdings kann man in jedem einschlägigen Lehrbuch nachlesen, daß Endosulfan ein Organochlorat ist, daß es sich lange Zeit nicht abbaut, daß es zu Leber- und Nierenveränderungen führen kann ...[16a]

Die große Kluft zwischen Vorschriften und der Realität bekommen die Landarbeiter von Vila do Café täglich zu spüren. Die Diözese von Vitoria da Conquista hat die Widersprüche aufgelistet:[17]

- Es ist Vorschrift, bei der Vorbereitung der Spritzarbeiten und beim Spritzen einen langärmeligen Arbeitsanzug und eine wasserdichte Kappe mit breitem Schirm sowie Stiefel zu tragen. Solche Kleidungsstücke sind jedoch Mangelware. Die Folge: Chronische Vergiftungen gehören zum Alltag der Landarbeiter. Jason Martins Nogueira ist einer von vielen, der das am eigenen Leib erleben mußte. Der 26jährige arbeitete mit einem Rückenzerstäuber. Danach wurde ihm übel. Im Lauf der nächsten Wochen fielen ihm alle Haare aus. Er kann bis heute nicht mehr arbeiten. Das Diözesan-Komitee ermittelte allein im letzten Jahr 22 schwere Vergiftungen dieser Art in der 3000-Seelen-Gemeinde.

- Wenn Arbeiter an Beschwerden wie Schwitzen, Erbrechen, Krämpfe, Durchfall oder Blutungen – alles Anzeichen von Pestizid-Vergiftungen – leiden, können sie kaum auf medizinische Hilfe hoffen. Der Arzt ordiniert in der kleinen Ambulanz nur sechs Monate im Jahr. Und da auch nur am Samstag morgen. Es werden nur Personen behandelt, die angemeldet sind. Die anderen sechs Monate gibt es überhaupt keinen Mediziner im Dorf.
  In diesem Fall bleibt also den Giftopfern kein anderer Weg als der ins Provinzhospital nach Encruzilhada. Wenn sie das Geld dafür aufbringen können. Ein Transport kostet hunderttausend Cruzeiros. Den müssen sie selbst bezahlen, da die Präfektur keinen Ambulanzwagen für den Krankentransport zur Verfügung stellt.
  Für viele ist dieser Weg zu weit und zu teuer. Das kirchliche Komitee hat erhoben, daß alleine innerhalb eines Jahres (Mitte 1984 bis Mitte 1985) in Vila sieben Menschen an den

Folgen der Agrargifte gestorben sind. Einschränkung der Untersucher: Das seien nur die nachprüfbaren Todesfälle. Viele Angehörige von Verstorbenen hätten das Dorf verlassen, und man konnte die Todesursachen nicht mehr feststellen.

- Auf allen Pestizid-Verpackungen muß die Empfehlung aufgedruckt sein, daß nach der Verwendung des Produktes die Arbeitskleidung auszuziehen und ein Bad zu nehmen ist. Einzige Bademöglichkeit für die meisten: Der Fluß, in dem die Spritzpumpen gereinigt werden.

- Die Ernte der Kaffeebauern darf erst 15–20 Tage nach dem Besprühen der Felder erfolgen – eine Schutzbestimmung für die Ernte-Arbeiter, aber auch für die Konsumenten des Kaffees. Dazu der Bericht: »Es geschieht oft, daß eine Reihe Kaffee abgeerntet wird, während benachbarte Reihen gerade besprüht werden.«

Alvino Antonio Suoto war gerade vierzehn, als er zur Kaffee-Ernte auf die Plantage des Arztes Antonio Souza mußte. Zur selben Zeit waren andere Arbeiter zum Versprühen eines Insektizides eingesetzt.
Alvino starb an den Folgen der Vergiftung.

Der einjährige Manoel Nogueira mußte von seiner Mutter auf das Feld mitgenommen werden. Während sie arbeitete, saß er in einem Korb in der Mitte zwischen den Staudenreihen. Er starb, weil er an Kaffeebohnen lutschte, die kurz zuvor gespritzt worden waren.
Das Diözesan-Komitee faßt den Inhalt seines Dokumentes über die Bauern von Vila do Café zusammen:[18]
»Es ist der Schrei des leidenden Volkes, der auch an das Ohr jener dringen soll, die ihre Verantwortung nicht wahrnehmen wollen.«

Die Opfer von Vila do Café

Getötet durch Pestizid-Vergiftungen 1984/85[19]:

1. Adenice Jose Vieira, 15 Jahre
2. Alvino Antonio Suoto, 14 Jahre
3. Zilmar Martins Nogueira, 17 Jahre
4. Manoel Martins Nogueira, 1 Jahr
5. Maria Nogueira, 12 Jahre
6. Jesuina Maria de Jesus, 25 Jahre
7. Lucimar Mares Paca, 6 Jahre

8. Vergiftetes Grün

Unkrautbekämpfung in Bayern

»Ich muß schon seit fünf Jahren alleine zurechtkommen«, erzählt der Bauer Hans Sandmaier,[1] und lehnt sich in den Sessel zurück. Die Mutter bringt Tee und bietet Kuchen an. Hier in der alten Bauernstube des großen Anwesens in der Nähe von Freilassing (Bayern) wird der Herrgottswinkel noch gepflegt.
1980 ist der Vater gestorben. Seit damals ist der heute 26jährige der Herr auf dem Hof. Die Mutter arbeitet mit, obwohl sie kränklich ist.
Hans Sandmaiers Bauernhaus ist frisch getüncht, die Stallungen sind neu ausgebaut. Immmerhin, 31 Hektar Grund ergeben eine solide wirtschaftliche Basis. Der Hof steht in einem kleinen Weiler etwas abseits der Hauptstraße. Ringsherum Maisfelder und satte Wiesen mit rundbäuchigen Kühen. Natur, wie wir sie kennen.

Mehr Schein als Wirklichkeit. Denn die grünen Wiesen – Sandmaiers Besitz besteht zu zwei Drittel aus Grünland – gleichen längst eher einer Deponiefläche als einem natürlich bewachsenen Stück Erde. Hans Sandmaier züchtet Bullen – 64 Stück stehen im Stall, davon sind 22 schon schlachtreif. Die riesigen Güllemengen, die von den Tieren produziert werden, landen auf den Wiesen. Die Stickstoffverbindungen der organischen Dünger gehen dann als Nitrat ins Grundwasser über. Doch damit nicht genug. Auf dem restlichen Drittel des Sandmaierschen Anwesens wächst Mais – »ich brauche den zum Mischen des Futters. Eiweißfuttermittel muß ich ohnehin schon zukaufen«, erzählt der Bauer.

Zur Fleischproduktion werden Kohlehydrate, Eiweiß, Vitamine und Spurenelemente benötigt. Sandmaier erreicht diese Kombination durch das Vermischen von Mais und Getreide mit zugekauftem Soja-Schrot. Das Lagerhaus liefert die Vitamine gleich mit. Drei Kilo Kraftfutter ergeben dann ein Kilo Fleisch. Hans Sandmaier tut nur, was die meisten Bauern tun. Und wozu man ihnen geraten hat. Seit Anfang der 70er Jahre erobert Silomais die bundesrepublikanischen Äcker. Bayern ist ein führendes Anbauland dabei geworden.[2] Gleichzeitig werden riesige Viehmengen auf relativ kleinen Flächen konzentriert – vor allem im bayrischen Allgäu und in Niederbayern.[3]

Das hat weitreichende Folgen. Auf Maisfeldern bleibt der Boden fast unbedeckt – die Pflanzenreihen stehen weit auseinander. Im Frühjahr ist der Boden sogar gänzlich unbedeckt. Eine riesige Angriffsfläche für Erosion durch Wasser und Wind. »Das bedeutet bis zu 70 Tonnen Erdabtrag pro Hektar«, beklagt Dr. Kees von der Bayerischen Landesanstalt für Bodenkultur und Pflanzenanbau die Entwicklung und räumt ein: »Wir haben Fehler gemacht. In den 60er Jahren haben wir den Bauern die Spezialisierung empfohlen.« Die haben dann prompt bis zu zwei Drittel ihrer Fläche mit Mais für die Bullenmast und Milchtierfütterung bebaut. Kees: »Heute versuchen wir, den Mais zurückzudrängen, weil die einseitige Anbauweise dazu führt, daß der Boden verarmt. Von den Flurbereinigungssünden gar nicht zu reden.«[4]

Gift in der Milch

Der Weg zurück dürfte schwer sein. Im Labyrinth von Empfehlungen, Absatzförderungen, Exportstützungen, Lagerhäusern und Firmenlobbys können die Bauern meistens nur bis ans nächste Eck schauen. Auch Hans Sandmaier. Der hat sich entschlossen, auf Milchproduktion umzusteigen. »Ich habe ein gutes Kontingent zugeteilt bekommen«, erzählt er, »das will ich jetzt ausnützen.«
Die Bullenzucht sei zu arbeitsintensiv. Schon jetzt hat Sandmaier 34 Milchkühe. Weil er die Stallungen ausgebaut hat, wurde ihm – im Rahmen der Regelungen für »Härtefälle« – eine wesentlich größere festgesetzte Abnahmegarantie für Milch (Kontingent) zugesprochen. Der Milchsee, in dem die bundesdeutsche Landwirtschaftspolitik schon mehrmals zu ertrinken drohte und der durch die Kontingentierung verringert werden sollte, wird hier bald noch kräftiger gespeist.

Der Wechsel zur Milchproduktion wird am Maisbedarf der Sandmaierschen Tiere nichts ändern. Denn mit Gras und Heu kommen die Hochleistungskühe längst nicht mehr aus. Hochsensibles Vieh, mit aus den USA importierten Tiefkühlsamen gezüchtet, steht in den Stallungen. Das gibt statt der bis in die 70er Jahre üblichen 10–12 jetzt 20 und mehr Liter Milch am Tag. Schon von 1950 an hat es beträchtliche Steigerungen der Milchleistung von Kühen gegeben. Soll die Milchleistung 10 bis 12 Liter am Tag übersteigen, kommt die Milchkuh jedoch nicht mehr mit ihrem natürlichen Grünfutter aus. Sie braucht dafür spezielles Kraftfutter: Für zwei zusätzliche Liter Milch muß ein Kilo aus dem Silo zugefüttert werden.
Dem Grundnahrungsmittel Nummer eins schadet diese maßlose Kraftfutterzufuhr. Die Qualität der Milch sinkt: Der Münchner Wissenschaftler Dr. Winfried Tiemeyer hat nachgewiesen, daß bei höheren Milchmengen je Kuh die Anteile an Orotsäure und Harnsäure in der Milch stark zurückgehen – bei-

des ernährungsphysiologisch wichtige Bestandteile.[5] Aber – Milchüberschuß hin, Milchsee her – die Milch wird nach dem Gehalt an Fett und Eiweiß bezahlt, und da bringen größere Mengen einfach mehr Geld: Für Hans Sandmaier, aber vor allem für die Molkereien.
Auch die Tierärzte und die Pharmaindustrie kommen bei diesen Kühen auf ihre Rechnung. Die kleinen »Milchfabriken« sind extrem anfällig. Euterentzündungen und Fruchtbarkeitsstörungen sind an der Tagesordnung. Dagegen werden Antibiotika gespritzt. »So einmal in der Woche prüft die Molkerei, ob Antibiotika in der Milch sind«, erzählt Hans Sandmaier von den Kontrollen und fügt hinzu: »Wenn Rückstände drinnen sind, nehmen sie die Milch aber auch. Sie zahlen dann nur weniger.« Wir können das nicht glauben, denn es würde bedeuten, daß den Konsumenten gesundheitsschädliche Medikamentenmilch verkauft wird.

Das ist jedoch nicht die einzige Quelle für Giftrückstände in der Milch. Die Milchüberschüsse sind zum guten Teil auf Sojaschrot aus Brasilien und auf Ölsaaten aus dem Sudan, aus Indien und Argentinien zurückzuführen[6] – auf das berühmte Kraftfutter. Verkürzt formuliert: Unseren Kühen stehen 18 Prozent der fruchtbarsten Anbauflächen Brasiliens zur Verfügung. Soviel wird dort schon für den Exportartikel Nummer eins benützt.[7] Gute Geschäfte mit dieser internationalen Arbeitsteilung machen nicht nur Nahrungsmittelkonzerne wie Anderson Clayton und Cargill, die den Soja-Weltmarkt beherrschen.[8] Auch deutsche Chemie-Giganten wie Bayer und Hoechst haben was davon. Denn Monokulturen brauchen viel Chemie. In den importierten Futtermitteln sind dann massive Rückstände der dort eingesetzten Schädlingsbekämpfungsmittel zu finden. Da vor allem die chlorierten Kohlenwasserstoffe fettlöslich sind, reichern sie sich an – im Fleisch, aber vor allem auch in der Milch. Die Rückstände des krebserregenden Hexachlorcyclohexans in der Milch haben 1984 wieder die besorgniserregenden Werte der Jahre 1979 und 1980 erreicht (siehe dazu Kapitel: Gefährliche Ernte).

Die Kräuter wehren sich

Probleme mit Pestiziden gibt es freilich auch in Bayern. Der Mais – der zweite Hauptbestandteil des Kraftfutters – ist extrem anfällig und empfindlich gegen Unkräuter. Die Antwort von Hans Sandmaier und den meisten seiner Bauern-Kollegen: »Das Unkraut im Mais muß man chemisch wegbekommen. Teilweise versuche ich es auch mechanisch. Aber meistens verwende ich *Gesaprim.* Ich bin ja alleine auf dem Hof.« *Gesaprim* ist ein Markenname für Atrazin. Der Wirkstoff Atrazin gehört zur chemischen Gruppe der Triazine, die 1955 vom Schweizer Chemie-Konzern Ciba-Geigy entwickelt wurden.[9] Ihre vernichtende Wirkung beruht auf der Störung des Kohlehydrataufbaus in den Pflanzen. Das »Wegspritzen« von Hirsen und anderen ungeliebten Kräutern bringt den Bauern zwar kurzfristig Vorteile, jedoch um den Preis eines schwer belasteten Bodens. Auf einem mit Atrazin behandelten Boden wächst im nächsten Jahr nichts mehr – außer wieder Mais.[10] Wird nur ein einziges Mal Atrazin gesprüht, so findet sich der Stoff sogar noch acht Jahre später in der Krume.[11] »Atrazin ist mittlerweile auch im Grundwasser unter Sandböden in beträchtlichen Mengen nachweisbar«, schildert der Wiener Pflanzenphysiologe Professor Bolhar-Nordenkampf die fatalen Folgen der Unkrautbekämpfung.[12]

In der Schweiz hat sich bereits gezeigt, wie rasch das zu einer unmittelbaren Bedrohung der menschlichen Gesundheit führen kann. Dort mußte eine Trinkwasserstation fünf Jahre lang gesperrt werden, weil der massive Einsatz von Atrazin auf Gleisanlagen zur Verseuchung des Grundwassers geführt hat. Erst nach diesen fünf Jahren war der Giftstoff so weit abgebaut, daß das Wasser wieder als genießbar eingestuft werden konnte.[13]

Die Maßnahmen der Schweizer Behörden waren wohl begründet: Atrazin steht im Verdacht, Nieren-, aber auch Erbgutschäden zu verursachen.[14]

Trotzdem blüht das Atrazin-Geschäft. Die Chemiefirmen konnten 1982 rund eine Million Kilogramm davon für die Vernichtung bundesrepublikanischer Unkräuter verkaufen. In Bayern allein regneten 382000 Kilo des gefährlichen Stoffes auf die Felder.[15] Marktführer ist Ciba-Geigy, der allein unter dem Markennamen *Gesaprim* sechs verschiedene Atrazin-Präparate anpreist. Insgesamt sind in der Bundesrepublik mehr als 25 Unkrautvernichtungsmittel im Handel, die diesen Wirkstoff enthalten. In Österreich verhält es sich ähnlich.

Die Natur hat längst begonnen, sich gegen die chemische Mißhandlung zu wehren. Die Unkräuter werden gegen das Gift unempfindlich – in der Fachsprache wird das »resistent« genannt. Die anfälligen Unkrautarten werden stark dezimiert, die Kräuter, die im Giftkrieg überleben, sind dafür um so widerstandsfähiger. Und breiten sich dann fast ungehindert aus.

In der Bayerischen Landesanstalt für Bodenkultur und Pflanzenbau ist man ratlos. »Mitte der 70er Jahre sind zum ersten Mal Resistenzen aufgetreten, mittlerweile sind auf rund 20 Prozent der Maisanbauflächen Atrazin und ähnliche Mittel wirkungslos«, berichtet Dr. Kees. »In österreichischen Maisanbaugebieten, beispielsweise in der Steiermark, ist es übrigens ähnlich.«[16] Das bedeutet, daß man dann die bis zum 50fachen erhöhte Dosierung nehmen muß, um überhaupt eine Wirkung zu erzielen.

Nun zahlen die Bauern den Preis für die kurzzeitig gewonnenen Schlachten. »Früher konnte der Landwirt mit rund 120 DM (öS 840,–) einen Hektar von Unkraut befreien. Die reinen Atrazinprodukte waren recht billig«, erzählt Dr. Kees. Jetzt werden von den Behörden in der BRD Mischungen mit sogenannten Kontaktmitteln empfohlen. Die kosten allerdings das Vierfache.

Und die Belastung für Boden und Gesundheit wird ebenfalls vervielfacht.

So empfiehlt beispielsweise die Firma Celamerck: »3,5 l/ha *Lasso* und 1 kg *Gesaprim 50*/ha als Tankmischung ... nach der Saat des Maises.«[17] In Wirkstoffbezeichnungen übersetzt wird hier eine Mischung aus Alachlor und Atrazin vorgeschlagen. Alachlor wird unter dem Handelsnamen *Lasso* von der US-Firma Monsanto Company produziert und von Celamerck, einer Tochtergesellschaft von Boehringer-Ingelheim und Merck, vertrieben. Es ist das in den USA am weitesten verbreitete Unkrautvernichtungsmittel. Anfang 1985 schon geriet es dort unter schweren Beschuß; Verdacht: Krebserregend. Langzeitversuche mit Mäusen hatten ergeben, daß Alachlor *(Lasso)* Tumore an Nase, Schilddrüse, Magen und Lunge hervorrufen kann. Nach der Anwendung verbleibt Alachlor ebenfalls lange im Boden. Und nicht nur dort: Es ist auch in Quellen und Flüssen nachweisbar. Die amerikanische Umweltbehörde sieht mittlerweile laut Presseberichten die Gesundheit von Menschen bedroht.[18]
In der Bundesrepublik bewirbt Celamerck auf vierfarbigen Prospekten noch immer den Einsatz von *Lasso* im gepflanzten Grünkohl, Rosenkohl, Rotkohl, Weißkohl und Wirsing. Und natürlich in Raps (siehe Seite 184) und Mais. Allein 5000 Tonnen Alachlor exportiert Monsanto jedes Jahr nach Kanada und Europa. Trotz Meldungen zum Krebsverdacht.[19] Celamerck-Geschäftsführer Klaus Krapohl erklärt dazu in einer Stellungnahme: »Es gibt gegenwärtig keinen Anlaß, den Verkauf von *Lasso* einzustellen. Die Herstellerfirma Monsanto ist sicher, in nächster Zeit den Verdacht voll entkräften zu können.«

Den Firmen wird es nicht schwer gemacht, ihre gefährlichen Chemikalien unter die Bauern zu bringen. Hans Sandmaier ist skeptisch geworden: »Den Verkaufsberatern im Lagerhaus kann man nicht alles glauben, die wollen auch nur verkaufen.« Ihr »Wissen« beziehen die Lagerhaus-Angestellten direkt von den Chemiekonzernen. Sie werden auf Kurse eingeladen und von Vertretern besucht, wenn es wieder einmal ein neues Produkt zu bewerben gibt.

Lindan fällt vom Himmel

Der Mais hat auch noch zahlreiche Insekten zum Feind. Ein hoffnungsvoller Markt für andere, nicht minder gefährliche chemische Kampfmittel. Von Behördenseite werden in Bayern gegen Drahtwurm und Fritfliege chemische »Bomben« angeraten; was Wunder, werden doch die amtlichen Merkblätter »in Zusammenarbeit mit den Hersteller- und Vertriebsfirmen für Praxis und Beratung erarbeitet«.[20] Auf andere, alternative oder natürliche »Kulturmaßnahmen« wird nur in einem Satz hingewiesen. Die Auflistung der chemischen Produkte umfaßt hingegen mehr als eine Seite, »weil auf diesem Teilbereich des modernen Pflanzenschutzes durch ständige Weiterentwicklung das größte Informationsbedürfnis besteht«.[21] Hier wird das »Informationsbedürfnis« von Landwirten allerdings auf problematische Art befriedigt. Im Behördentext werden beispielsweise *Nexit-stark, Streunex-Granulat* (Celamerck) und *Verindal Ultra* (Schering) als »umwelttoxikologisch günstiger zu beurteilende Präparate« eingestuft. Wenn man sich die tatsächlichen Eigenschaften dieser Mittel ansieht, kommt man allerdings zu anderen Ergebnissen. Hinter diesen klingenden Namen der Mittel gegen den Drahtwurm im Mais versteckt sich das Gamma-Isomer von HCH (Hexachlorcyclohexan): Lindan.

Die Negativ-Eigenschaften dieses chlorierten Kohlenwasser-

Lasso®

zur Bekämpfung einer Mischverunkrautung (einschl. Windhalm und Jähriger Rispe)

Aufwandmenge: 5 l/ha Lasso.

Diese Aufwandmenge reicht aus, um einen Rapsschlag ohne Problemunkräuter zuverlässig und dauerhaft sauber zu halten. Außerdem ist Lasso sehr wirtschaftlich. Ausbringung kurz nach der Saat bis 3 Tage danach.

Lasso kann – außer auf Sandböden – überall eingesetzt werden. Gelegentliche Wuchsbeeinträchtigungen auf mittleren Böden wachsen sich schnell wieder aus.

Anwendungshinweise:

Lasso nach sorgfältiger Saatbettvorbereitung auf unkrautfreien, feinkrümeligen, feuchten Boden spritzen. Der Boden muß abgesetzt sein, damit die optimale Raps-Saattiefe von 2–3 cm eingehalten werden kann. Nach der Saat müssen die Saatreihen zugezogen werden.

Bei Neueinsaat nach Auswinterungsschäden sind keinerlei Nachbaubeschränkungen zu beachten.

Spritzfolge Elancolan® VS/E und Lasso® NS

zur Bekämpfung von Unkräutern, insbesondere Ackerfuchsschwanz und Unkräutern.

Aufwandmenge: 2 l/ha Elancolan
+ 3 l/ha Lasso

Elancolan im Vorsaatverfahren mit Einarbeitung und Lasso nach der Saat ist eine Spritzfolge mit hervorragender Wirkung. Alle auftretenden Unkräuter, einschließlich Vogelmiere, Klettenlabkraut und Kamille sowie Ackerfuchsschwanz werden optimal bekämpft.

Vorteile von Lasso

Die Verträglichkeit von Lasso:

- Lasso ist sehr rapsverträglich und läßt die Saat zügig aufgehen.
- Lasso kann bei allen Rapssorten eingesetzt werden.
- Lasso hat keine nachteilige Wirkung auf Folgekulturen.
- Selbst bei vorzeitigem Umbruch des Winterrapses kann im Frühjahr jede gewünschte Kultur nachgebaut werden.

Die Wirtschaftlichkeit von Lasso:

- Rapsfelder sollte man nur mit dem Herbizid behandeln, das für den Unkrautbesatz erforderlich ist. Alles andere wäre Verschwendung.
- für Rapsfelder ohne Problemunkräuter gibt es kein wirtschaftlicheres Herbizid als Lasso.

- Lasso ist ein Vorauflauf-Herbizid und schaltet die Ungras- bzw. Unkrautkonkurrenz schon im Keimstadium aus.
- Bei Ackerfuchsschwanz, Vogelmiere, Klettenlabkraut ist die Kombination mit Elancolan optimal.

Erkenntnis:
Lasso allein oder Lasso kombiniert – erst denken, damit Sie kein Geld verschenken.

stoffs ergeben eine lange Liste. Die chronischen Wirkungen lesen sich wie die Aufzählung moderner Zivilisationskrankheiten. Lindan reichert sich im menschlichen Fettgewebe und in der Muttermilch an,[23] steht unter dem Verdacht, Krebs zu erzeugen und den Embryo zu schädigen, beeinträchtigt die Leber, Nieren[24] und das Nervensystem und baut sich so langsam ab, daß es in der gesamten Umwelt zu finden ist.
Rund 178 Tonnen chlorierte Kohlenwasserstoffe wurden 1981 in der Bundesrepublik als Insektenvernichtungsmittel verkauft,[25] obwohl internationale Organisationen von der Verwendung dieser Substanzgruppe in der Landwirtschaft prinzipiell abraten.
In Ungarn ist Lindan bereits gänzlich verboten. In der Bundesrepublik wird damit ebenso wie in Österreich kräftig auf Drahtwürmer, Fritfliegen, Moosknopfkäfer und Erdflöhe geschossen. Und zwar auch im Bereich der menschlichen Nahrungsmittelproduktion, so wie im Getreidebau, in den Zuckerrüben und Kartoffeln. Über 20 verschiedene Lindan-Präparate sind im Handel erhältlich.[26]

Auch wer diese langlebige Substanz nicht käuflich erwerben oder gar anwenden will, bekommt sie über die Umwelt frei Haus geliefert.
Beispielsweise im Regen. Im bayrischen Fichtelgebirge konnten 1984 im Regenwasser fast 120 Nanogramm Lindan pro Liter gemessen werden. Im Wonnemonat Mai war die Pestizidebelastung im Regen am höchsten, im Juni sank der Wert auf rund 65 Nanogramm je Liter. Auch in Kreuth konnte Lindan im Niederschlag nachgewiesen werden.[27]
Daß es Pestizide im wahrsten Sinne des Wortes »regnet«, führt Dr. Braun von der Bayerischen Landesanstalt für Wasserforschung auf die hohen Mengen der Substanzen zurück, die verdunsten und verdampfen: »Die Stoffe sind an winzige Staubteilchen gebunden und wandern mit den Wolken. Die können abdriften und sind damit in den ganz normalen Kreislauf des

Wassers eingebunden. Lindan ist in der gesamten Atmosphäre zu finden.«[27a]

Bei einer 1979 durchgeführten Untersuchung[28] wurde festgestellt, daß allein in Bayern rund 25000 Kilogramm des Wirkstoffs eingesetzt wurden – hauptsächlich im Zuckerrübenbau und beim Mais. Dabei gab es aber auch noch besondere Konzentrationen im Hügelland um München, Augsburg und Landshut.

Der Wissenschaftler Dr. F. Braun sieht die Gewässer massiv bedroht: »Bei chlorierten Kohlenwasserstoffen nützen keine Kläranlagen. Sie verdunsten oder werden auf den Feldern ausgewaschen. Damit kommen sie in die Flüsse.«[29]

In einer Landzeituntersuchung wurden neun bayrische Gewässer auf ihren Lindangehalt untersucht. In Inn und Donau konnten dabei Rückstände bis zu 40 Mikrogramm pro Kilogramm Ufernährboden nachgewiesen werden. Diesen Wert übertraf nur noch die Abens bei Abensberg mit bis zu 150 Mikrogramm Lindan in Proben aus dem Uferboden.[30]

Nach den 1980 von der Europäischen Gemeinschaft beschlossenen Richtwerten sollte allenfalls 0,1 Mikrogramm Lindan pro Liter Wasser erlaubt sein. Damit ist eine Reihe von bundesrepublikanischen Gewässern schon über der vertretbaren Grenze belastet.

Nach den schärferen Qualitätskriterien für Wasser in den USA sieht die Lage noch trister aus. Dort wird durch kleinere Maßeinheiten die menschliche Gesundheit höher geschätzt. Nur ein Zehntel des EG-Werts, nämlich 0,01 Mikrogramm Lindan, sind pro Liter Wasser gestattet. Mit gutem Grund, meint der Wasserexperte Dr. F. Braun: »Diese härteren Werte haben eine bessere Schutzfunktion, denn sie berücksichtigen den Belastungspfad vom Wasser zum Menschen und die damit verbundenen Anreicherungen. Will man die Fische in unseren Flüssen wirklich essen, dann müßten die Kriterien viel strenger sein«, führt der Wasserbiologe Dr. Braun aus. »Die hohen Konzentrationen, die in der Leber des Rotaugen gefunden worden

sind, weisen auf Anreicherungen bis zum 10000fachen in Fischen hin.«[31]
Die Werte, die von der Europäischen Gemeinschaft festgelegt wurden, sind lediglich Richtwerte. Dazu haben laut Berichten des Nachrichtenmagazins »Spiegel« massive Interventionen von Wasserversorgungsunternehmen geführt. Die nationalen Regierungen können diesen Wert übernehmen oder sie lassen es.
Die Deutsche Bundesregierung läßt es lieber. Sie hat für chlorierte Kohlenwasserstoffe im Wasser gleich einen um das 25fache höheren Grenzwert festgelegt.[32]

Schmuggel mit Dioxin

Nicht nur der Mais, auch das für die Kraftfuttermischungen der Milchkühe benötigte Getreide wird längst mit massivem Chemieeinsatz produziert. Weizen, Gerste und Hafer – meist sind es hochgezüchtete Sorten mit hohem Ertrag, aber geringer Widerstandskraft – müssen ebenfalls gegen Unkräuter geschützt werden.

Eines der dabei am häufigsten verwendeten Mittel im Getreidebau war und ist 2,4,5-T. Sein Ruf wurde durch die Giftkatastrophe im kleinen italienischen Ort Seveso schwer angeschlagen. Dort verseuchte das Supergift TCDD (Tetrachlordibenzo-p-dioxin), allgemein als »Dioxin« bekannt, am 10. Juli 1976 nicht nur den Ort Seveso, sondern auch die weitere Umgebung. Die Bevölkerung mußte evakuiert werden. Schwere Hautschäden, Nervenschäden und Mißbildungen bei Kleinkindern waren die Folge.[33]
In der Diskussion um das Supergift Dioxin wurde bekannt, daß TCDD auch in Pflanzenschutzmitteln zu finden ist, und zwar in allen 2,4,5-T-Präparaten. Dort hinein gerät es als produktionsbedingte »Verunreinigung«. Eine weltweite Kampagne gegen alle 2,4,5-T-Produkte setzte ein, als eine Reihe spektakulärer

Unfälle und Erkrankungen in der chemischen Industrie die Öffentlichkeit schockten. In Schweden wurde das Pestizid 1977 verboten, in den Niederlanden 1978.[34]
In der Bundesrepublik konnte es trotz massiver Proteste noch volle fünf Jahre weiterverkauft werden. Erst am 23. Juli 1981 widerrief das Bundesgesundheitsamt die »Einvernehmenserklärung« mit der Industrie für alle 2,4,5-T-haltigen Präparate. Gegen diese Maßnahme erhoben die Großhersteller und Vertriebsfirmen Beschwerde. Ein Jahr später war es wieder so weit: Am 20.8.1982 gab das Bundesgesundheitsamt nach und erklärte neuerlich sein »Einvernehmen«. 2,4,5-T-haltige Präparate wurden trotz der Dioxin-Verunreinigung auf weitere drei Jahre zugelassen. Noch 1982 wurden 17 Prozent der Winterweizenanbaufläche Bayerns mit 2,4,5-T und damit auch mit Dioxin behandelt.[35]
»Am 31. Oktober 1985 ist die Zulassung jetzt endgültig ausgelaufen«, erklärt Dr. Günter Krumrey von der Landesanstalt für Bodenkultur in Rosenheim die derzeitige Lage. »Das bedeutet aber nicht, daß der Wirkstoff verboten ist. Das heißt nur, er darf nicht mehr als Pflanzenschutzmittel in den Handel kommen. Die Bauern können es weiter anwenden. Es gibt davon sicher große Vorräte.«

Was nicht ausdrücklich verboten ist, ist erlaubt. Die Zulassung oder Nicht-Zulassung von Pflanzenschutzmitteln in der BRD bezieht sich lediglich auf den Verkauf dieser Mittel. Wollte man erreichen, daß die Bauern eine Chemikalie überhaupt nicht verspritzen dürfen, dann müßte die Bundesregierung ein eigenes Anwendungsverbot erlassen.

Die Firmen halten sich an das Verkaufsverbot. Was allerdings nicht bedeutet, daß sie auf den Verkauf von 2,4,5-T verzichten müssen. Denn im Nachbarland Österreich, ein paar Kilometer über der Grenze, gehen die Uhren überhaupt anders. Hier hemmt kein Verkaufsverbot das Geschäft mit der Dioxin-verseuchten Substanz.

»Die 2,4,5-T-Präparate sind billig. Das ist sicher der Grund, warum solche Präparate von den Bauern jetzt aus Österreich geholt werden. Wir haben schon einen Schmuggelfall. Da hat ein Bauer in Kufstein, knapp nach der Grenze, das Mittel für den Getreidebau gekauft«, schildert Dr. Krumrey die Situation im November 1985,[36] »die Nachfolgepräparate kosten schließlich doppelt so viel.« Der Bauer, der 2,4,5-T heute noch auf bundesdeutsche Felder versprüht, macht sich nicht strafbar. Nur an der Grenze darf er sich nicht erwischen lassen.

Professor Wolfgang Lingk, oberster Pflanzenschützer im Berliner Bundesgesundheitsamt, kann das nicht fassen: »Das kann ich mir nicht vorstellen. Wenn das stimmt, dann müßte man auch an ein Anwendungsverbot denken. Ich würde das jetzt unabhängig von der Diffizilität der Rechtslage schlichtweg als kriminelles Handeln erachten.«[37]

Mittlerweile mußten in Europa alle Chemiefirmen wegen des Dioxin-Risikos die Produktion von 2,4,5-T einstellen. Dennoch brauchen sich die österreichischen Lagerhäuser, die immer noch mit fast zwei Dutzend 2,4,5-T-Präparaten in den unterschiedlichsten Zusammensetzungen handeln, keine Sorgen zu machen. Längst stehen außerhalb Europas Produktionsanlagen. Die Ivan Watkin's-Dow Ltd in Neuseeland und die Firma C. I. K. in Australien stellen weiter ungehindert das dioxinbelastete Unkrautvernichtungsmittel her.[38]

Die Möglichkeit, sich aus den Nachbarländern der BRD zweifelhafte Produkte zu holen, nützen die Landwirte auch aus anderen Gründen. Oft sind Preisvorteile ausschlaggebend: »Ciba-Geigy beispielsweise bot sein Atrazin-Präparat *Gesaprim* in Italien um nur acht DM an, in der BRD mußte der Bauer ein Vielfaches davon bezahlen«, erzählt Krumrey aus der Grenzgängerszene. »Belebt wird dieser illegale Präparateverkehr, wenn ein Wirkstoff in der BRD verboten ist oder ausläuft. Beispiele dafür sind auch das verbotene Hexachlorbenzol und die Quecksilberbeizen.«

Vor mehr als drei Jahren wurden Quecksilberbeizen in der BRD verboten. Das hochgiftige Schwermetall ist in Österreich problemlos zu erwerben. Schering, Bayer und die Chemie Linz können hier ihre Produkte *Abavit Universal, Ceresan-Trockenbeize UT11975* und *Alentisan* ungehindert absetzen, alles Quecksilber-haltige Mischungen gegen Pilze im Saatgut.[39] Der Landwirt, der diese heiße Ware im Kofferraum über die Grenze nimmt, macht sich allerdings in doppeltem Sinne strafbar. Das Schmuggeln ist da noch das geringere Vergehen. Denn für Quecksilber wurde in der BRD sogar ein Anwendungsverbot verfügt.

Die jährlich versprühten Mengen an Herbiziden werden insgesamt durch ausgelaufene Zulassungen kaum sinken. Denn Präparate, die langsam vom Markt verschwinden, bekommen stets »Nachfolger«. Fast 20000 Tonnen Unkrautvernichtungsmittel gehen jedes Jahr auf bundesdeutsche Böden nieder. Das wird sich kaum ändern, solange die Agrarpolitik Überproduktionen massiv unterstützt. Das radikale Wegspritzen von unerwünschten Pflanzen hat jedoch nicht nur eine verheerende Wirkung auf den Menschen, sondern es beeinträchtigt auch nachhaltig unser Ökosystem. Tierische Schädlinge können dadurch größeren Schaden anrichten, als in Feldern ohne Unkrautbekämpfung. Der Insektenbefall an den Kulturpflanzen wird höher und dichter, obwohl die Schädlingszahl gleich bleibt. Die Tiere verteilen sich bei weniger Unkraut einfach auf mehr Kulturpflanzen. So konnte durch Untersuchungen in Großbritannien nachgewiesen werden, daß beispielsweise in Getreide mit Unkraut wesentlich weniger Blattläuse zu finden waren als in Getreide ohne Unkraut.[40] Die Wissenschaftler stellen dem Herbizideeinsatz damit kein gutes Zeugnis aus: »Ein mäßiger Unkrautbesatz kann daher in einer Kultur gelegentlich mehr nutzen, als eine gewisse Konkurrenz den Kulturpflanzen schadet.«[41] Zu deutsch: Die radikale chemische Vernichtung von Pflanzen führt meist nicht zu den gepriesenen ökonomischen

Was Pestizide wirklich kosten

Ein amerikanisches Wissenschaftler-Team hat 1980 errechnet, wieviel der Einsatz der Schädlingsbekämpfungsmittel in den USA wirklich kostet[42]. Die simple Rechnung: Die Ertragssteigerung minus Kosten für den Einsatz von Pestiziden wird als fataler Irrtum entlarvt. Nach einer minutiösen Sammlung aller Daten über die Folgen des Gifteinsatzes ergibt sich für die US-Forscher folgendes Bild:

Vergiftungen von Menschen	**in Dollar**
Folgekosten von Krebserkrankungen (0,5 Prozent aller Krebsfälle sind auf Pestizide zurückzuführen):	125 000 000
Kosten für die Behandlung von akuten Vergiftungen (Arbeitsausfall, Krankenhausaufenthalt von 45 000 Vergiftungsopfern):	6 770 000
Kosten für Todesfälle, die nachweislich auf Pestizide zurückzuführen sind:	52 000 000
Kosten für durch Agrargifte erkrankte oder getötete Nutztiere:	12 000 000
Folgekosten des Verlustes an natürlichen Gegnern der Schädlinge und durch Resistenzen:	287 000 000
Folgekosten der Vernichtung von Honig-Bienen und der daraus folgenden verringerten Befruchtung von Blüten:	135 000 000
Kosten durch Vernichtung von Früchten und Getreide und von Bäumen:	70 000 000

Kosten durch die Vergiftung von Fischen und Wildtieren:	11 000 000
Kosten des Behördenapparates für die Registrierung und Überwachung der Pestizid-Verwendung:	140 000 000
Gesamt	839 000 000

Diese Kosten von 839 Millionen Dollar, die von der Allgemeinheit oder den Bauern zusätzlich getragen werden müssen, sind laut Forscherteam nur ein »kleiner Teil der tatsächlichen Folgekosten«. Eine umfassende Erhebung mit genaueren Daten würde wahrscheinlich ein Vielfaches dieses Betrages ergeben.

Vorteilen, sondern zu noch mehr Schädlingsbefall. Aber dagegen gibt es ja wieder Insektenvernichtungsmittel. Mit der Beschleunigung dieser Spirale des Chemieeinsatzes wird freilich nicht nur der Natur, sondern auch den Bauern geschadet.

Die Chemie-Industrie hingegen braucht sich kaum Sorgen zu machen. Sie arbeitet bereits mit den Methoden der Gen-Technologie an neuen Varianten des Gift-Krieges. Ziel der Forschung: Die Entwicklung von Pflanzensorten, die gegen Unkrautvernichtungsmittel völlig unempfindlich sind. Die »letzte große technologische Revolution dieses Jahrhunderts« (»The Sunday Times«) hat folgenden Sinn: Man kann dann mit Total-Herbiziden sämtliches pflanzliche Leben auf einem Ackerboden vernichten und anschließend die gewünschte Frucht anbauen. Die ist als einzige der Gift-Verseuchung gewachsen. Die ersten Mais- und Kornsaaten, denen Unkrautvernichtungsmittel nichts anhaben können, sollen nach Angaben der kalifornischen Gentechnik-Firma Calgene ab 1991 im Handel sein.[43]

9. Nelken mit dem Duft des Todes

Blumenarbeiterinnen in Kolumbien

»Zum Muttertag – Laßt Blumen sprechen.« Schon Wochen vorher erinnern Plakate, Inserate und Werbesendungen daran, daß dieser Tag nicht nur den Müttern, sondern vor allem den Blumenhändlern gewidmet ist. Sie machen in dieser Zeit ihren größten Umsatz. Die Muttertags-Idee war eine amerikanische Erfindung. 1922 wurde sie von Dr. Rudolf Knauer in den deutschsprachigen Raum importiert. Der Muttertag sollte nicht nur Emotionen, sondern auch Geld in Bewegung setzen. Knauer war zu dieser Zeit Geschäftsführer des »Verbandes Deutscher Blumengeschäftsinhaber«.[1]

Diese Idee wurde ein Bombenerfolg, besonders während der NS-Ära. Zwar regt sich in den letzten Jahren zunehmend Kritik an der Einmal-im-Jahr-Mütter-Ehrung, doch das Geschäft mit den Blumen ist geblieben.

Wenn sich alljährlich Anfang Mai die Läden mit der bunten Pracht zu füllen beginnen, kommen nicht nur die einheimischen Gärtner auf hohe Umsätze, sondern auch ausländische Importeure.

Die Kolumbianer halten zum Beispiel einen großen Anteil am österreichischen Markt. Allein 1983 kamen Schnittblumen im Wert von rund 42 Millionen Schillingen (DM 6 Millionen) über die Grenze. Damit liegt Kolumbien nach den Niederlanden, Israel und Italien an der vierten Stelle der wichtigsten Importeure.[2]

Den weiten Weg über den Atlantik finden die Pflanzen in den

Frachträumen von Flugzeugen; tonnenweise werden diese Tag für Tag am Flughafen von Bogotá abgefertigt. Wer in der Nacht dort landet, kann von weitem die gespenstisch erleuchteten Gewächshäuser in der Dunkelheit sehen.

Der Blumenexport ist für den kolumbianischen Staat zu einer wichtigen Einnahmequelle geworden. 1980 lag die Produktion bei einem Gesamtwert von rund 100 Millionen Dollar.[3] Hauptabnehmer in diesem Geschäft sind die Vereinigten Staaten. Rund drei Viertel der rasant gewachsenen Produktion gehen über Miami in die USA, rund zehn Prozent in die Bundesrepublik Deutschland.

Die Geschichte der kolumbianischen Blumenindustrie ist jung. Vor rund 20 Jahren begannen inländische Unternehmer in Kooperation mit US-Firmen weite Teile der fruchtbaren, »Sabana« genannten Ebene um Bogotá aufzukaufen und umzuwidmen. Früher hat in diesem Gebiet die ansässige Bevölkerung auf kleinen Flächen Mais und Kartoffeln angebaut. Sie wurden von den Großgrundbesitzern vertrieben, die aus den Feldern Weideflächen für ihre riesigen Rinderherden gemacht hatten. Aber als sich herausstellte, daß aus der Blumenindustrie mehr Geld zu holen war, wurden Teile der Haciendas zu Blumenfeldern umgewandelt.[5]

Die Entwicklung explodierte. 1965 waren sieben Hektar für den Zierpflanzenbau kultiviert, zehn Jahre später waren es bereits 360 Hektar und 1985 2000 Hektar, die den Blumen zur Verfügung standen.[6] Die Bevölkerung wurde in den Sog der Entwicklung hineingerissen. Die Männer gingen als Lohnarbeiter in die Milchwirtschaftsbetriebe und ins Transportwesen; die Frauen in die Blumenproduktion. Frauen gelten hier – wie überall, wo billige Arbeitskräfte gefragt sind – als besonders geschickt, flink, geduldig und ausdauernd.

Den ehemaligen Bauernfamilien blieben nur kleine Flächen, auf denen sie etwas Mais anpflanzen oder ein Schwein halten können; zum Leben reicht der Anbau nicht, denn diese Landwirtschaft deckt nicht einmal den eigenen Bedarf.[7]

In der Sabana rund um Bogotá konzentrieren sich heute rund 200 Blumenbetriebe. Eines der Zentren ist die kleine Gemeinde Chia, ein typischer Vorort mit flachen Häusern und schnurgeraden Straßen, 45 Busminuten von der Hauptstadt entfernt. Chia lebt von und durch die Blumen. Die sechs Hauptbetriebe mit ihren Gewächshäusern bestimmen den Charakter des Ortes. Meterhohe Stangengerüste wurden mit Plastikfolien überzogen. Sie schützen die Blumenkulturen vor den Unbilden des Wetters und schaffen im Inneren das Treibhausklima von Gewächshäusern. An warmen Tagen steigt die Temperatur auf 35 Grad Celsius. Nichts wird hier dem Zufall überlassen, denn die Normen des europäischen und amerikanischen Geschmacks bestimmen, wie eine Nelke, Rose oder Chrysantheme auszusehen hat. »Naturwüchsigkeit« ist bei den Abnehmern in den USA, Deutschland oder Österreich nicht gefragt. Mit dem Einsatz modernster Technologien wird die Pflanze auf einen hohen Marktpreis »zurechtgestutzt«. Tröpfchenberegnung von oben oder künstliche Bewässerung von unten über die in die Erde verlegten Leitungsrohre, Beleuchtung und Temperaturregelung bestimmen das Aussehen. Nelken müssen gerade und langstielig wachsen. Um dies zu erreichen, werden über die Beete feine rasterförmige Drahtnetze gespannt. Für jede Pflanze bleibt eine Öffnung. Je nach Stadium des Wachstums werden die Drähte höher gestellt. Triebe, die »ausreißen« wollen, werden auf diese Art zum geradlinigen Wachstum gezwungen. Da Nelken und Rosen mit nur einer Knospe auf den Markt kommen, müssen die zusätzlichen Triebe laufend abgezwickt werden.

Für die Bevölkerung der Sabana hat die intensive Blumenwirtschaft verheerende Folgen. Das ehemals fruchtbare Land vertrocknet langsam. Die großen Wassermengen, die zur Produktion der Zierpflanzen notwendig sind, lassen den Grundwasserspiegel sinken. Bis zu 800 Liter des kostbaren Nasses kann ein einzelnes Blumenbeet pro Woche für 4800 Pflanzen verschlingen. Das Land versteppt. Der Rechtsanwalt Juan Manuel Pena Davila beschreibt die Situation dramatisch: »Wir exportieren das Wasser, das in Wirklichkeit den kommenden Generationen von Kolumbianern gehört.«[8] Die beiden Ökologen Magdalena Baron Azuero und Hernan Carmona sehen die Lage noch trister. Nicht nur Wassermangel, sondern auch schlechte Wasser- und Bodenqualität bedrohen die Lebensgrundlage der Bevölkerung. »Der Boden und das Wasser sind durch Pestizide und Düngemittel verseucht. Hier könnte gar kein Gemüse mehr für den Export angebaut werden, weil es längst nicht mehr die Güteklasse A erreichen kann.«[9] Die Zerstörung des Gebietes schwebt wie ein Damoklesschwert über den dort lebenden Menschen.

Rund 100000 Kilo Pflanzenschutzmittel werden jährlich in der Blumenproduktion verwendet.[10] Auf den relativ kleinen Betriebsflächen toben regelrechte chemische Kriege. Die Unternehmer fürchten die Pilze in ihren Gewächshäusern wie die Pest. Die Chemiefirmen profitieren davon. Auch die großen deutschen Multis wie Bayer, Hoechst, Schering und Celamerck können so am Blumengeschäft mitnaschen. Nicht nur das mittlerweile in der Bundesrepublik nicht mehr zugelassene, unter Krebsverdacht stehende Captan fand 1982 mit 23550 Kilo seine Abnehmer, auch mit Mancozeb (10760 kg) und Propineb (8490 kg) wurden die Blumenbeete bedacht.[11] Propineb wird unter dem Handelsnamen *Antracol* von der Firma Bayer verkauft. Das Präparat gehört zu der Gruppe der Carbamate, und die Substanz steht unter dem Verdacht, die Hirnanhangdrüse (Hypophyse) zu vergrößern und die Krebsentstehung zu fördern.[12] In der deutschen Produktliste der Firma Bayer wird darauf hingewiesen, daß beim Umgang mit *Antracol* umfangreiche Sicherungsmaßnahmen zu befolgen sind: Das Präparat soll getrennt von Lebens- und Futtermitteln aufbewahrt werden; Schutzkleidung und Schutzhandschuhe sollen getragen werden; das Produkt soll nicht eingeatmet werden und nicht in Kontakt mit der Haut oder den Augen kommen.[13]

An der Einhaltung dieser Gebrauchsanweisungen ist den Blumenunternehmern im kolumbianischen Alltag noch nicht viel gelegen. Hinter der Farbenpracht der Nelken und dem Duft der Rosen verbirgt sich die triste Arbeits- und Lebenswirklichkeit der Blumenarbeiterinnen.

Schmerz im Leib

Rund 40000 Beschäftigte arbeiten derzeit in den Gewächshäusern der Blumenproduzenten. Acht von zehn Arbeitern sind Frauen.[14] Für sie gibt es aus dem dicht abgeschlossenen Treibhausklima kein Entkommen. Die schlechte Entlüftung führt zu hohen Giftkonzentrationen in der Luft. »Wir werden zwar während der Spritzzeit meist aus den Gewächshäusern geschickt«, schildert die 20jährige Blumenarbeiterin Christina F. die Situation, »aber wenn wir unsere Stückzahl noch nicht erreicht haben, müssen wir sofort wieder hinein. Trotz der vorgeschriebenen Wartezeit von jeweils mehreren Stunden oder gar Tagen.«[15]
Den Frauen werden keine Schutzanzüge zur Verfügung gestellt. Erst seit kurzem bekommen sie Handschuhe. »Bisher mußten wir die Blumen mit bloßen Händen schneiden, arrangieren und verpacken; Handschuhe waren wegen der Pilzübertragung nicht erlaubt« (Christina F.). Männer, die meist mit den qualifizierten Arbeiten betraut werden, erledigen die Sprüharbeiten in den schützenden Overalls; die Frauen haben meist nicht einmal eine eigene Arbeitskleidung zur Verfügung. Der Streß, die vorgegebenen Stückzahlen zu erreichen, steigert die Gefahr. »Unser Mittagessen müssen wir uns mitnehmen. Wir essen auch am Arbeitsplatz. Nur selten können wir uns die Hände waschen, denn die Waschanlagen sind weit entfernt. Das Wasser im Gewächshaus ist sowieso verseucht«, erzählt Magdalena M. »Wir werden krank von dieser Arbeit, aber was sollen wir machen?«[16]

Rund 65 Prozent der Frauen leiden an schweren Gesundheitsschäden.[17] Übelkeit, Kopfschmerzen, Allergien und Stirnhöhlenentzündungen gehören zum Alltag. »Eines Tages wurde ich krank, aber ich ging weiter zur Arbeit, weil ich wußte, daß ich den Lohn zum Leben brauche. Ich fühlte mich sehr elend. Ich bekam einen Ausschlag, das war, als ob mein ganzer Körper brannte. Nachts konnte ich nicht schlafen, bis zum Morgengrauen saß ich aufrecht im Bett. Das war ein Schmerz im Leib, ganz so, als ob ich wirklich verbrennen würde« (Beatrice E., 18 Jahre alt).[18]

Doch nicht nur die akuten Vergiftungen belasten die Arbeiterinnen von Chia. Die chronischen Folgen des Pestizideeinsatzes schlagen sich in Menstruationsstörungen, Fehl- und Frühgeburten nieder. Die Blumenarbeiterinnen selbst sehen einen Zusammenhang zur Säuglingssterblichkeit: »Als mein Baby 20 Tage alt war, haben sich an seiner Haut Blasen gezeigt. Jeden Tag mehr Bläschen. Zuerst gab ich mir die Schuld, aber ich glaube, daß daran die Spritzmittel schuld sind. Ich habe an meinem Arbeitsplatz gegessen und ihn auch nicht verlassen dürfen, wenn gerade gespritzt wurde. Obwohl ich schwanger war.« Einen Monat später war das Kind tot.[19]

In Kolumbien werden nicht nur hochgiftige Carbamate und Phosphorsäurester verwendet, sondern auch chlorierte Kohlenwasserstoffe. So wurde beispielsweise Endosulfan unter dem Handelsnamen *Thiodan* von der Firma Hoechst angeboten und verkauft: 3830 Kilogramm im Jahre 1980.[20] Endosulfan steht nicht nur im Verdacht, Leber und Nieren zu schädigen;[21] die internationale Organisation der Konsumentenvereinigungen IOCU spricht für Endosulfan auch den Verdacht auf Krebsentstehung, Mißbildungen und Embryoschädigungen aus.[22]

Auch Aldrin – in der BRD und in vielen anderen Ländern verboten – wurde in Kolumbien verwendet. Die Pestizide vergiften die gesamte Umgebung der Gewächshäuser.

Offene Kanäle fließen durch die wilden Siedlungen, die von der

Bevölkerung aus Steinen, Blech und Plastikfolien rund um ihren Arbeitsplatz errichtet wurden. Aguas negras – Schwarze Wasser – nennen die Frauen den Abfluß, der vor ihrem Haus vorbeifließt und in dem ihre Kinder spielen. Bei Regen versinkt alles im Schlamm. Alte, ausgediente Pestizidebehälter dienen als Trinkwasserbehälter. Die Tiere werden mit verseuchten Pflanzenabfällen gefüttert.

»Niemand bleibt hier länger als ein Jahr«

Die dramatischen Gesundheitsfolgen und das rasante Ansteigen der Früh- und Totgeburten ließen 1982 auch die kolumbianische Regierung aufhorchen. Ein von der österreichischen Regierung unterstütztes Projekt hatte in Zusammenarbeit mit kolumbianischen Anthropologen die Lebens- und Arbeitssituation der Frauen an die Öffentlichkeit gebracht.
Die Mehrheit der rund 30000 in der Blumenindustrie beschäftigten Frauen waren vorher als Hausfrauen oder Hausmädchen angestellt. Damit arbeiteten sie in einem gesetzlich völlig ungeschützten Bereich mit niedrigsten Gehältern ohne jegliche soziale Sicherheit.
Ein Arbeitsplatz in den Gewächshäusern sichert zumindest ein Minimaleinkommen und eine Sozialversicherung. Rund 285 Mark (2000,– öS) verdienen die Frauen im Monat. »Aber niemand bleibt hier länger als ein Jahr. Denn oft werden wir hier nur mit Werkverträgen oder ›Probezeiten‹ angestellt«, berichtet die 25jährige Blumenarbeiterin Livia L. den Besucherinnen der österreichischen Projekt-Trägerorganisation »Frauensolidarität«.[23] »Ich stehe um vier Uhr in der Früh auf und muß meine Kinder versorgen. Dann gehe ich fast zwei Stunden zur Arbeit. Wenn es regnet, bin ich völlig naß, bis ich dort ankomme. In der Verpackungs-Abteilung hat es null Grad. Ich bin immer krank.« Wer krank wird, wird meist gekündigt oder versetzt: »Eine von uns hat bei der Pflückarbeit

immer Hautausschläge bekommen. Daraufhin hat man sie zu den Stecklingen gegeben. Dort konnte sie aber auch nicht lange bleiben, sie mußte zu oft zum Arzt«, erzählt die Mutter zweier Kinder weiter. »Eigentlich sollten wir nur von sechs bis zwei Uhr arbeiten. Aber vor Muttertagen, Valentinstagen, Weihnachten oder Ostern sind es bis zu 70 Stunden in der Woche. Die Kinder müssen wir dann zu Hause einsperren.«

An sich sollte eines der fortschrittlichsten Arbeitsgesetze Lateinamerikas, das »Estatuto des Seguridad Industrial«,[24] die Blumenarbeiterinnen vor Ausbeutung schützen. Gesetze zur Gesundheit am Arbeitsplatz verpflichten die Unternehmer zur Bereitstellung von Spezialausrüstungen beim Umgang mit Pflanzenschutzmitteln, zu Aufklärungskampagnen für das Personal und zum Schutz der schwangeren Frauen. Doch weder das Gesundheits- noch das Arbeitsministerium kümmerten sich bis vor kurzem darum.
Durch die österreichisch-kolumbianische Projektarbeit kam es 1984 zur Gründung eines Komitees (Comité Operativo de Flores), in dem erstmals Vertreter der Gesundheitsbehörden, des Arbeitsministeriums und die Betroffenen als Gewerkschafterinnen an einem Tisch zusammenkamen.

Auf sozialpartnerschaftlicher Ebene wurden rund 50 Betriebe kontrolliert. Das Ergebnis: Die Gesundheitsvorschriften sollen nun mehr Beachtung finden. Der prinzipielle tonnenweise Einsatz von Pestiziden wird nicht in Frage gestellt. Rodrigo Villar, ein Vertreter des Projekts »Comité Operativo de Flores« sieht keine wirkliche Veränderung bei der Verwendung der Chemikalien: »Meist ist es so, daß bei Mitteln, die in anderen Ländern sogar verboten sind, gesagt wird: Na, diese Giftigkeit muß für Kolumbien erst getestet werden.«[25]
Die Blumenproduktion läuft währenddessen ungebrochen weiter. Die amerikanisch-kolumbianischen Unternehmer planen sogar – nicht zuletzt wegen der zunehmenden Kritik – die Aus-

weitung bzw. Verlagerung des einträglichen Geschäfts. Denn billige, jederzeit auswechselbare Arbeitskräfte hoffen sie auch in Costa Rica, Mexico, Peru, Guatemala und Ecuador zu finden.

Bis dahin werden weiterhin täglich am frühen Nachmittag die Flugzeuge mit den frisch geernteten Nelken aus Bogotá starten. Die Pflanzen sind durch Maschinen in Manschetten gezwängt und auf Normlängen zugeschnitten worden; in Kisten gepreßt, erreichen sie den Großhändler. Dort erst werden die Manschetten abgenommen, und die Knospe wird zur Blüte.

Zwischenfälle sind durch die mitverpackten Pestizide dabei nicht ausgeschlossen. Das bekamen auch die amerikanischen Blumenhändler zu spüren. Schnittblumen, die aus Kolumbien eingeflogen wurden, verursachten bei ihnen Hautausschläge. Ursache: Rückstände von Phosphorsäureestern.[26]

Von all dem wissen jene, die am 1. Mai, dem Tag der Arbeit, eine Nelke als Zeichen der internationalen Solidarität in ihr Knopfloch stecken, nichts. Die wenigen Funktionäre, die daran denken, schweigen.

10. Österreich – Abfallkübel der Chemiemultis

Die Chemiekonzerne sind mit dem aus dem Jahr 1948 stammenden Pflanzenschutzgesetz in Österreich hochzufrieden. In der Bundesrepublik muß jedes Präparat nach zehn Jahren einer erneuten Registrierung unterworfen werden. In anderen Staaten wie etwa den USA besteht die Möglichkeit, bei Auftreten neuer Erkenntnisse über Gesundheits- oder Umweltgefahren jederzeit die Zulassung zu widerrufen oder die Anwendung einzuschränken.

In Österreich bleibt ein einmal zugelassenes Schädlingsbekämpfungsmittel – nach dem Prinzip »einmal gut – immer gut« – praktisch für unbegrenzte Zeit auf dem Markt. Es zählt zu den alljährlichen Pflichtübungen der verantwortlichen Landwirtschafts- und Gesundheitsminister, eine Reform dieses veralteten Paragraphenwerkes anzukündigen. Geschehen ist bisher nichts.

Die Folge: Österreichs Pestizid-Markt ähnelt dem eines Dritte-Welt-Landes. Manche Produkte, die sogar in Brasilien, Malaysia und Indien wegen ihrer Gefährlichkeit verboten sind, können von jedem österreichischen Landwirt oder Hobbygärtner ohne Schwierigkeiten gekauft und verwendet werden. Unter den 1800 in der Alpenrepublik zugelassenen Pflanzenschutzmitteln findet sich alles, was im Laufe der letzten 20 Jahre für Skandale gesorgt und für tausende Vergiftete verantwortlich war.[1]

Aldrin
Diese Substanz wird in Österreich vom holländischen Konzern Shell unter dem Namen *Aldrex* vertrieben. Shell empfiehlt, *Aldrex* in Mengen von 60 bis 200 Kilogramm pro Hektar »gegen Drahtwürmer, Engerlinge und Erdraupen« auf den Ackerboden zu streuen.[2]
Aldrin ist in der Bundesrepublik wie in den meisten anderen Industriestaaten verboten. Der Wiener Umweltexperte Dozent Bernd Lötsch beschreibt, warum: »Bei Hunden liegt die tödliche Dosis von Aldrin bei 60 bis 90 Milligramm pro Kilo Körpergewicht. Verfüttert man nur einen Bruchteil dieser Menge, nämlich 0,2 Milligramm, täglich an tragende Hündinnen, führt das zu keinerlei erkennbaren Symptomen. Alle gesäugten Hundebabys starben jedoch während der Säugezeit.« Die Menge von nur 0,5 Milligramm pro Tag führte bei den Versuchstieren zu Leberschäden.[3]

Endrin
Endrin führte 1982 am Bodensee zu einer ökologischen Katastrophe. Hunderte Vögel starben an den Folgen des Endrin-Einsatzes. Diese Substanz ist für Menschen und Tiere hochgiftig, steht unter Krebsverdacht und schädigt das Nervensystem. Das löst einen Dauererregungszustand der Muskulatur aus, der zu einem besonders qualvollen Tod des Opfers führt. In der Schweiz ist das Mittel wegen seiner Breitenwirkung auf Insekten, Fische, Vögel und Säugetiere bereits seit 1972 verboten. Auch in der Bundesrepublik, in Dänemark und Finnland darf Endrin mittlerweile nicht mehr verkauft werden.[4]
In Österreich wird Endrin als *Endrotox* von der Firma Kwizda gegen Wühlmäuse (Firmenslogan: »Sichere Wirkung, einfach anwendbar, arbeitssparend«)[5] und von Shell als *Endrex* für den Einsatz im Zuckerrübenanbau angeboten.[6]

Technisches Hexachlorcyklohexan (HCH)
Diese Substanz enthält neben Lindan auch noch hohe Anteile

an Alpha- und Beta-HCH, die gar nicht als Insektizid wirken, dafür aber noch gefährlicher sind als Lindan. Deshalb ist der Einsatz von technischem HCH in den meisten Industriestaaten längst verboten.
In Österreich ist diese hochgefährliche Substanz nach wie vor erlaubt. Avenarius darf sie als *Monacol* zum Schutz gegen Wildverbiß und Insekten im Obst-und Weinbau und in Erdbeerkulturen anpreisen. Die Firma Stähler-Agrochemie hat die behördliche Erlaubnis, es als *Arcotin* für den Einsatz im Forst zu verkaufen.[7]

DDT
Diese Substanz war eines der ersten Insektenvernichtungsmittel, das weltweit vermarktet wurde. Sie wird praktisch überhaupt nicht abgebaut und speichert sich im Fettgewebe von Tier und Mensch. Verkaufsverbote in der Bundesrepublik haben erst nach zehn Jahren zu einem Rückgang des Giftgehaltes in der Muttermilch geführt.
Österreichs Bürger können DDT weiter in Form von *Insektenil-Di* zum Einsatz gegen Stubenfliegen, Mücken, Schaben und Ameisen kaufen. Auch *Cit-Thermosol,* das Lagerräume von Kornkäfern befreien soll, enthält DDT.[8] Noch 1984 wurden rund 3800 Kilo dieser Substanz verkauft.[9]

2,4,5-T
Bei der Herstellung dieses Unkrautvernichtungsmittels entsteht das Ultragift Dioxin. Es ist auch als Verunreinigung in 2,4,5-T-Mitteln enthalten. Seit 1985 darf diese Substanz deshalb in der BRD nicht mehr verkauft werden. Auch in Schweden, Italien, Norwegen, Dänemark und den Niederlanden ist sie verboten. In Österreich sind immer noch mehr als zwei Dutzend Agrargifte im Handel, die 2,4,5-T enthalten (siehe auch Seite 283).[10] 1984 regnete es 35000 Kilogramm dieses Problemmittels auf Österreichs Felder.[11]

Quecksilber

Quecksilber wirkt schon in geringen Mengen als Pilzmittel. Diese Eigenschaft hat man sich bei der Beizung von Saatgut zunutze gemacht. In Österreich werden pro Jahr immer noch 3600 Kilo Quecksilberverbindungen für solche Zwecke verwendet.[12] Quecksilberhaltige Mittel werden von Bayer als *Ceresan,* von Schering als *Abavit,* von der österreichischen Chemie Linz unter dem Markennamen *Alentisan* und von der Firma Kwizda als *Panogen* unter die Bauern gebracht.[13]

Quecksilber ist ein Enzymgift, das den Stoffwechsel und die Fruchtbarkeit beeinträchtigt. Im bundesdeutschen Vergiftungsregister sind zahlreiche schwere Nebenwirkungen beschrieben:

»Wiederholter Kontakt auch mit sehr kleinen Mengen kann zu Hauterscheinungen (z. B. Nesselausschlägen) sowie zum sogenannten Merkurialismus führen: Kopfschmerzen, Schwindel, Metallgeschmack, Lockerung der Zähne, Schleimhautentzündung, Schnupfen, Eiterung der Nebenhöhlen, Blutarmut, Appetitlosigkeit, Nierenschäden, Reizbarkeit, Wutanfälle, Depressionen, Halluzinationen und Delirium.«[14]

Am Wiener Forschungsinstitut für Wildtierkunde wurde nachgewiesen, daß das Quecksilber vom Saatgut in die Pflanzen übergeht, von Feldhasen gefressen wird und sich dort im Muskelgewebe und Innereien anreichert. Frau Dr. Frieda Tataruch warnt: »Haseninnereien sind deshalb für den menschlichen Genuß nicht mehr geeignet.«[15]

Wegen der gesundheitlichen Gefahren von Quecksilber fordert der Wiener Umweltfachmann Dr. Günther Kittel ein generelles Verwendungsverbot: »In der Bundesrepublik Deutschland und in Großbritannien dürfen solche Mittel nicht mehr verwendet werden.«[16]

Hexachlorbenzol (HCB)
ist ein Pilzmittel, das von der Weltgesundheitsorganisation als »extrem gefährlich« eingestuft wurde. Es steht im Verdacht, das Erbgut zu verändern und Mißbildungen zu verursachen. Diese Substanz wurde in der BRD 1981 als Pflanzenschutzmittel verboten. In den in Österreich amtlich zugelassenen Saatgutbeizmitteln *Ceresan Trockenbeize* und *-Schlämmbeize* (Bayer), *Abavit Trockenbeize* (Schering) und *Tritifor Spritzpulver* (Kwizda) ist Hexachlorbenzol immer noch enthalten.[17]

Heptachlor
Das Insektizid Heptachlor ist ebenfalls hochgefährlich (Anreicherung in der Umwelt, Möglichkeit der Verursachung von Leberschäden, Verdacht auf Krebserregung). Es ist in der BRD nicht mehr im Handel. In den USA ist es nur mehr zur Termitenbekämpfung zugelassen. In Österreich darf man mit *Agronex-Hepta* der Firma Epro weiterhin Rübensamen behandeln.[18]

Captan, Captafol, Folpet
Bei diesen Pilzmitteln hat sich herausgestellt, daß die Daten der Unterlagen, aufgrund derer ihre Registrierung in der Bundesrepublik erfolgt ist, nicht den tatsächlichen Wirkungen entsprachen. 1985 entschied das Bundesgesundheitsamt in Berlin, Captan, Captafol und Folpet ab März 1986 wegen Verdachts der Krebserregung mit wenigen Ausnahmen zu verbieten.
Österreichs Behörden konnten sich bis jetzt – Krebsverdacht hin, unrichtige Registrierungsunterlagen her – zu einem solchen Schritt nicht entschließen. In der Alpenrepublik sind immer noch mehr als zwei Dutzend Mittel im Handel, die die gefährlichen Pilzmittel enthalten (siehe auch Seite 268–270).

Illegale Firmenpraktiken

Der hoffnungslose Mangel an Personal und technischer Ausstattung der Österreichischen Bundesanstalt für Pflanzenschutz und der Abteilungen des Gesundheitsministeriums, die für die Beurteilung der Gesundheitsgefahren von Schädlingsbekämpfungsmitteln zuständig sind, hat auch seine Vorteile: Es dauert oft jahrelang, bis das Registrierungsverfahren eines neuen Mittels abgeschlossen ist. Oft Zeit genug, um nach den Erfahrungen des Einsatzes des neuen Giftes in anderen Ländern Risiken zu entdecken, die von den Herstellern überhaupt nicht angegeben wurden.
Manche Firmen haben aber nicht einmal davor zurückgeschreckt, ihre Mittel in Österreich auch dann schon zu bewerben und zu verkaufen, wenn sie überhaupt noch nicht zugelassen sind. Daß vor allem die Prüfung der Gefährlichkeit für die menschliche Gesundheit besonders lange dauert und meist noch nicht abgeschlossen war, hat die Firmen dabei offenbar nicht gestört.

Auch mit den gesetzlich vorgeschriebenen Wartefristen zwischen Anwendung der Mittel und Ernte, die den Konsumenten vor Giftrückständen schützen sollen, nehmen es die Hersteller nicht immer so genau. »*Ronilan* – das hochwirksame Spezialfungizid im Wein- und Erdbeeranbau« (Werbung der Chemie Linz AG) – hat laut Gesetz bei Chinakohl eine vorgeschriebene Wartefrist von drei Wochen. In der Werbebroschüre stand: »Vorgeschlagene Wartefrist 14 Tage.«
Dazu meinte der Pressesprecher der Chemie Linz AG: »Da muß es sich um eine alte Werbung handeln. Auf jeder Packung steht ordnungsgemäß drei Wochen.«[20]
Auch die mit der Registrierung vorgeschriebenen Konzentrationen der Spritzmittel gelten bei manchen Firmen offenbar nur als unverbindliche Anregung: *Cunitex* von Kwizda ist ein Mittel »gegen Wildverbiß – verdirbt Hasen, Rehen, Kanin-

Diese Mittel waren in Österreich nicht zugelassen. Trotz dieses Verkaufsverbotes wurden sie von den Firmen in Werbebroschüren beworben und teilweise auch vermarktet.[19]

Name	*Hersteller bzw. Vertrieb*	*Anwendung gegen*
Lanray L	Kwizda	Unkraut im Getreide
Impact	Kwizda	Pilze im Getreide
Belgran	Kwizda	Unkraut im Getreide
Synergon 11 E	Kwizda	Unkraut im Obst- und Rübenbau
Vydate L	Kwizda	Würmer im Rübenbau
Racer	Kwizda	Unkraut in Kartoffeln
Horti Rasenfreund	Kwizda	Unkraut im Rasen
Rasen Rumexan	Kwizda	Unkraut im Rasen
Bravo-carb	Kwizda	Pilze im Getreide- und Weinbau
Epigon spezial	Kwizda	Insekten
Weedex	Epro	Unkraut im Rasen
Terpal	Chemie Linz	Wachstumsregler bei Gerste
Reldan	Kwizda	Insekten im Obstbau

chen, Gimpel, Dompfaff u. a. den Appetit durch seine schleimhautreizende Wirkung« (Werbung der Firma Kwizda). Die Firma empfiehlt während der Vegetationsperiode eine 10 %ige Konzentration. Vorgeschriebene Konzentration in der Zulassung: 2,5 Prozent.[21]
Kommentar von Professor Karl Hilmbauer (Kwizda): »Es bleibt der Firma überlassen, die Konzentration festzulegen. Die Bundesanstalt kann sich nicht um alles kümmern.«[22]
Auch für Menschen ist *Cunitex* nicht ungefährlich: Wer einen mit *Cunitex* behandelten Baum angreift, läuft Gefahr, daß er

danach unter starken Haut- und Schleimhautreizungen leidet.
Österreich wird durch die Vielzahl der ohne Registrierung vermarkteten Mittel schon zu einer Art Versuchsfeld für die Chemie-Industrie.
Testeinkäufe der österreichischen TV-Sendung »Inlandreport« zeigten das deutlich auf. Einige Auszüge aus der Sendung,[23] die mit dem Bericht eines Mitarbeiters beginnen:
»In einer Baustoffhandlung konnten wir *Gesal* kaufen – ein Insektizid, das dort zwischen Mäusefallen und Dünger zu finden war. Das Mittel enthält einen Phosphorsäureester, der als Nervengift wirkt. Ein Gesetz sieht zwar vor, daß man beim Einkauf solcher Mittel genauestens über die richtige Verwendung informiert werden muß. Doch die TV-Tester wurden mit keiner Silbe informiert. Auf die gleiche Art konnten auch Mittel wie *Hortex,* die chlorierte Kohlenwasserstoffe enthalten, mühelos besorgt werden.
Dr. Karl Hilmbacher, Direktor der Firma ›Kwizda‹, behauptete zwar: »Durch die Gesetze ist sichergestellt, daß nur derjenige die Produkte bekommt, der sie wirklich braucht.« Es gibt tatsächlich Bestimmungen, die sicherstellen sollen, daß Pflanzengifte nur in befugte Hände kommen. Die Wirklichkeit sieht auch hier anders aus: In Raiffeisen-Lagerhäusern konnte problemlos etwa *Folidol-Öl* und *Folimat* eingekauft werden – beides Mittel, die so giftig sind, daß sie nur an hauptberufliche Gärtner und Landwirte verkauft werden dürfen und nur gegen Vorlage eines Giftbewilligungsscheines abgegeben werden dürfen.
In der Kwizda-Drogerie im ersten Wiener Gemeindebezirk schließlich konnte sogar *Reldan* eingekauft werden – ein Mittel, das in Österreich nicht registriert war, dessen Verkauf also streng verboten war. Dr. Hilmbauer, darauf angesprochen, rechtfertigte sich im Film: »Solche Produkte werden nur für Versuchszwecke freigegeben, nicht verkauft.« Zur Erprobung dürfen solche Mittel ausschließlich auf behördlich kontrollier-

ten Flächen verwendet werden. Pflanzen, die mit diesen Versuchsgiften behandelt wurden, dürfen auch nicht als Lebensmittel verkauft werden.
Frage des Reporters: »Warum haben wir das Mittel in ihrer eigenen Drogerie problemlos kaufen können? Sind wir Teil eines Versuchs?« Antwort des Kwizda-Managers: »So betrachtet ja.«

11. Giftkrieg im Haushalt

Randscharf und glänzend
Chemie im Hausgarten

Gänseblümchen, Klee, Löwenzahn, Kleine Brunelle, Hirtentäschel, Hahnenfußarten, Herbstmilchkraut – alle diese Pflanzenarten werden auf der Packung von *Scotts Rasenunkrautvernichter* als Unkraut bezeichnet, das vernichtet werden muß.[1]
Gefragt sind in unseren Gärten »glänzende Blätter« (Werbung *Compo Blattglanzspray* vom bundesdeutschen Chemie-Konzern BASF), »nachhaltige Vernichtung von unerwünschtem Pflanzenwuchs« *(Grünsiedls Golf Totalspray* von der österreichischen Chemie Linz AG), »Vernichtung von Schnecken« *(Helarion Schneckenkorn* – Chemie Linz AG) und genormtes Obst und Gemüse, das zwar schön aussieht, aber fad schmeckt.
Nicht zufällig werben die Firmen für ihre »Pflanzenschutzmittel« auch mit der »kosmetischen Wirkung« auf Obst *(Netzschwefel* vom österreichischen Hersteller Kwizda).[2]
Der Appell an den Ordnungs- und Sauberkeitswahn zahlt sich für die Hersteller chemischer Gartenpflege-Mittel offenbar aus. In der Bundesrepublik Deutschland werden jedes Jahr rund 2,5 Millionen Kilogramm »Pflanzenschutzmittel« in Klein- und Hausgärten versprüht. In Österreich sind es jährlich etwa 480000 Kilogramm.[3]

»Hilfestellung für die Natur« nennt Chemie-Multi Bayer das in der »Gartenfibel«, die kostenlos an Hausgärtner verteilt wird.[4]

Autoren des Ratgebers »Chemie im Haushalt« haben 1984 durch den Besuch von Gartenfachgeschäften, Kaufhäusern und durch das Studium von Gartenprogrammen erhoben, welche Pflanzenschutzmittel jeder Bundesbürger zur Pflege seines Gartens erwerben kann.[5]
In der Zusammenstellung findet man fast alle Gifte, die auch von Landwirten verwendet werden. Oft verbergen sie sich allerdings hinter harmlos klingenden Präparate-Namen. Bei *Gärtners Saft und Kraft* (von der Aerosol Service GmbH) vermutet man eher einen Gesundheits-Schnaps für den Gärtner als einen Gift-Trunk für Insekten. Der Inhaltsstoff dieses Mittels – Dimethoate – wird in einem Nachschlagewerk über Pflanzenschutzmittel so beschrieben: »Verdacht auf krebserregende, erbgutverändernde und embryoschädigende Wirkung«.[6]
Hausgärtner können in der Bundesrepublik sogar *Gramoxone* vom englischen Konzern ICI erwerben.[7] Es enthält Paraquat, eines der gefährlichsten Unkrautvernichtungsmittel, verantwortlich für jährlich hunderte Tote auf der ganzen Welt.
Die BASF-Tochterfirma Compo bewirbt ihr Unkrautvernichtungsmittel in Österreich mit dem Versprechen: »Vernichtet jeden Pflanzenwuchs. Wirkt randscharf. Zum Gießen oder Spritzen.« – Englischer Rasen ist zwar schön für militärisch geschulte Augen und für Fußballer, aber ökologischer Unsinn. Denn die Vernichtung der Pflanzenvielfalt bewirkt auch die Vernichtung von unzähligen Kleintieren. Schmetterlinge und Vögel werden sich kaum in chemisch gesäuberten Gärten aufhalten.

Manche Firmen empfehlen Hausgärtnern die Verwendung von Spritzmitteln sogar dann, wenn weit und breit keine Schädlinge in Sicht sind. Rosen »am besten vorbeugend spritzen«, heißt es in einer Werbebroschüre der österreichischen Firma Kwizda.
Womit? – Natürlich »mit *Gesal-Rosenspritzmittel* – es gibt

nichts besseres«. Mit keinem einzigen Wort erwähnt die Firma Kwizda in ihrer Broschüre (»Wie pflege ich meinen Garten richtig?«) Gefährdungen von Menschen bei der Anwendung. Auch Umweltprobleme existieren in dieser heilen Gartenwelt nicht. Einer der Inhaltsstoffe von *Gesal-Rosenspritzmittel* ist die Chemikalie Monocrotophos, eine für Menschen hochgiftige Substanz.[9] Bei wiederholten, häufigen Anwendungen sind Stirnlappenschäden und Nervenstörungen möglich.[10]
Auch für Gemüse im Hausgarten gibt Kwizda einen vorbeugenden »Pflege-Tip«: Sofort nach dem Anpflanzen mit *Gesal-Insektizid* begießen.[11] In diesem Mittel ist Diazinon enthalten, das im Verdacht steht, das Fortpflanzungssystem und den Embryo zu schädigen.[12]

Bezogen auf die Fläche, klagt der Professor für alternativen Landbau, Hartmut Vogtmann, in der Zeitschrift DM, würden in Hausgärten mehr chemische Mittel verwendet als in der Landwirtschaft.[13]
Das ist wohl auch eine Folge fehlender gesetzlicher Kontrollen. Eine Konsumentenorganisation in Salzburg hat im Jahr 1983 134 Testkäufe von Pflanzenschutzmitteln für Hausgärten durchgeführt.[14] Die Konsumentenschützer listeten auf, welche Bräuche sich auf diesem Markt eingebürgert haben:[15]

- Fast die Hälfte aller Mittel hatte auf der Packung keine amtliche Pflanzenschutz-Registriernummer. Diese Nummer ist ein gesetzlich vorgeschriebener Beleg dafür, daß das Mittel in Österreich geprüft und zugelassen ist.
- Ein Fünftel aller gekauften Mittel enthielt keinerlei Angaben über den Wirkstoff. Das kann lebensgefährlich sein, wenn beim Gebrauch Vergiftungserscheinungen auftreten und der behandelnde Arzt nicht weiß, welcher Stoff es ist.
- Beim Kauf einiger sehr gefährlicher Gifte ist von der Behörde eine spezielle Bewilligung erforderlich. Die Testkäufer erhielten solche Gifte ohne weiteres ohne Bewilligung.

- Fast die Hälfte der gekauften Mittel war sehr mangelhaft verpackt. »Betrachtet man die Giftigkeit dieser Produkte, so stellt dies einen Skandal dar«, schrieben die Testkäufer.
- Das Giftgesetz verlangt, daß der Käufer auf die Giftigkeit des Mittels und auf die besonderen Gebrauchsanleitungen hingewiesen werden muß. Nur in einem einzigen von 83 Fällen passierte das auch.

Die Reaktion des damals zuständigen Umweltschutzministers Dr. Kurt Steyrer auf diese Mißstände war typisch österreichisch: er schickte ein höfliches Ersuchen an die »sehr geehrten Damen und Herren« des Fachverbandes der Chemischen Industrie, »soweit dies ... möglich ist, im Sinne einer Selbstbeschränkung darauf hinzuwirken, daß ... den oben angeführten Mißständen abgeholfen werden kann«.[16]

Ob sich die Damen und Herren der Industrie wohl selbst beschränkt haben?

Gartenpflege ohne Chemie[17]

- Machen Sie aus Ihrem grünen Rasenteppich einen bunten Blumenrasen! Mähen Sie seltener, benutzen Sie keine Kantenschneider und keinen Unkrautstecher; verzichten Sie auf Rasendünger und Unkrautvernichtungsmittel! Schmetterlinge und seltene Vögel werden sich als Gäste auf Ihrem Rasen einfinden.

- Verbannen Sie nicht radikal Wildkräuter aus Ihrem Garten! Viele Wildkräuter begünstigen die Artenvielfalt, weil sie Insekten anziehen oder abwehren.

- Beschränken Sie sich im Garten auf einheimische Pflanzen, die ihren Umweltverhältnissen angepaßt sind. Exoten sind teuer und brauchen viel Pflege; außerdem sind sie besonders empfindlich gegen Schädlingsbefall.

- Legen Sie Pflanzengemeinschaften an, pflanzen Sie zum Beispiel Obst und Gemüse neben Kräuter und Hecken! Mit dieser Methode, sich die Feinde vom Leib zu halten, arbeitet die Natur.

- Seien Sie nicht gleich beunruhigt, wenn Sie an Ihren Pflanzen ein paar »Mitesser« entdecken. Nicht jeder Befall muß bekämpft werden.

- Für Zimmerpflanzen sind Pflanzenschutzmittel völlig überflüssig. Ein Spritzer Spülmittel kann gegen Blattläuse oder Springschwänze Wunder wirken.

Sprayer und Stripper
Mit der chemischen Keule gegen Fliegen und Mücken

»Wirkt zuverlässig gegen Fliegen, Mücken, Wespen, Motten, Ameisen, Schaben, Spinnen und viele andere Insekten«, verspricht der *Vapona Insektenstrip* (Hersteller Temana).
Für Menschen ist das Ding ebenfalls nicht ungefährlich. Nicht ohne Grund steht in der Gebrauchsanweisung: »Nicht in Kranken-, Schlaf-, Säuglings- und Kleinkinderzimmern oder in Campingwagen oder -zelten anbringen.«[18]
Der Wirkstoff von *Vapona Insektenstrip* – Dichlorvos (DDVP) – ist in fast allen Insektenstrips enthalten und gehört zur Gruppe der sogenannten Phosphorsäure-Ester. Dichlorvos kann beim Menschen Kopfschmerzen, Sehstörungen, Schwächegefühl, Schwitzen, Übelkeit und Erbrechen verursachen.[19]
Daß chemische Insektenvernichtung im Haushalt die Gesundheit vieler Menschen beeinträchtigt, hat eine Umfrage in der Bundesrepublik Deutschland ergeben. In jedem zweiten Haushalt werden regelmäßig Insektenvernichtungsmittel verwendet.[20] Sieben Prozent der Benützer klagten über Nebenwirkun-

gen:[21] Atembeschwerden, Unwohlsein, Übelkeit und Kopfschmerzen.
Gegen Insekten greifen Bundesbürger laut einer Infra-Test-Umfrage im Jahre 1978 am liebsten zur Spraydose.[22] Sprays haben – außer möglichen Nebenwirkungen für den Menschen – den Nachteil, nicht nur schädliche Insekten, sondern auch Nützlinge wie den Marienkäfer zu vernichten. Das gilt auch für Sprays, die als »biologische« Lösung angepriesen werden und Pyrethrum enthalten. Noch gefährlicher als Sprayen ist die Daueranwendung von Insektenvernichtungsmitteln: Elektroverdampfer oder Insektenstrips setzen nicht nur Insekten, sondern auch Menschen einer ständigen Giftdusche aus. Der Leiter der Vergiftungszentrale an der Wiener Universitätsklinik, Dr. Karl Hruby, warnt vor der Verwendung solcher Mittel: »Ich halte die ständige Abgabe von Giftstoffen an die Luft für sehr bedenklich. Von einer Verwendung würde ich abraten.«[23]
Auch das Bundesgesundheitsamt in Berlin äußert Bedenken.[24]
Wer sich im Freien aufhält, ist den kleinen Quälgeistern besonders ausgesetzt. Da helfen lediglich insektenabwehrende Präparate (Repellants), die auf die Haut aufgetragen werden. Diese Mittel enthalten Wirkstoffe, welche die Riechorgane der Insekten in die Irre führen (Diäthyltholuamid oder Dimethylphthalat).[25]
Die deutsche »Stiftung Warentest« hat festgestellt, daß sie etwa 6–8 Stunden wirksam sind.[26] Bis jetzt gibt es keine Hinweise auf gesundheitsschädigende Wirkungen dieser insektenabwehrenden Stoffe. Im Buch »Umweltschutz zu Hause« wird allerdings vor dem ständigen Gebrauch gewarnt: »In den USA mehren sich die Hinweise, daß Repellants bei weitem nicht so ungefährlich sind wie angenommen.«[27]

Als Alternative zur chemischen Insektenbekämpfung bietet die Industrie sogenannte »Mücken-Piepser« an. Diese Geräte senden Ultraschall-Wellen aus, die zwar völlig unschädlich für

den Menschen sind, aber auch unwirksam gegen Mücken.[28] Das wurde nicht nur vom deutschen »Test-Magazin« festgestellt, sondern auch von einem Gericht in England: »Der Londoner Court oft Justice kam 1983 in einem Rechtsstreit zu dem Ergebnis, solche Geräte seien Beutelschneiderei«, berichtet der Fachautor Egmont R. Koch in seinem Buch »Umweltschutz zu Hause«.[29]
Auch UV-Insektenfallen werden von den Herstellern als Wunderwaffen gegen Insekten beworben. Mit Hilfe von UV-Lampen werden die Insekten angelockt und durch ein unter Hochspannung stehendes Gitter vor der Lampe getötet. UV-Lampen haben zwei entscheidende Nachteile:[30]

- Die sogenannten Stechmücken werden von UV-Wellen kaum angezogen.
- Angelockt werden auch zahlreiche nützliche Insekten, die eine wichtige Rolle in der Tier- und Pflanzenwelt spielen.

In einigen deutschen Bundesländern ist deshalb die Anwendung solcher Fallen verboten.

Mottenschutz – Geschäfte mit der Ahnungslosigkeit

Duftete die Wäsche zu Großmutters Zeiten nach Lavendel, stinkt sie heute oft nach Mottenkugeln. Meist weiß der Käufer gar nicht, welche hochgiftigen Substanzen er zwischen die Wäsche legt.
In der Regel ist es Paradichlorbenzol. Das ist dieselbe Substanz, die in WC-Kugeln enthalten ist und die bei der Produktion anderer Chemikalien als Sondermüll anfällt. Statt für die Entsorgung dieses Mülls zu bezahlen, verkaufen ihn die Firmen in kleinen Portionen in Form von WC-Duftkugeln oder Mottenmitteln an die Konsumenten. Die Schweizer Konsumentenzeitschrift »Prüf mit« hat festgestellt, daß diese Kugeln keinen längerfristigen Schutz gegen Motten bieten, denn diese gewöhnen sich an den Geruch.[31]

Und die Dämpfe von Paradichlorbenzol können laut »Vergiftungsregister« folgende unangenehme Wirkungen verursachen:[32] »Haut- und Schleimhautreizungen, Kopfschmerzen, Schwindel.« Bei höheren Dosierungen wurden außerdem Nieren- und Augenschäden beobachtet. Auch andere Mottenmittel – etwa in Form von Papierstreifen – enthalten gefährliche Substanzen, die auf der Packung meist nicht angegeben sind. Festgestellt wurde dies vom Österreichischen Ministerium für Konsumentenschutz, das im Sommer 1985 Testkäufe durchführte.[33] Gekauft wurden *Vandal Mottenhänger* von der Fa. Niernsee, *Nexa-Lotte* von der Firma Bender (einer Tochterfirma von Boehringer Ingelheim) und *Celamerck* von der gleichnamigen Firma (ebenfalls eine Tochterfirma von Boehringer Ingelheim). Bei allen Packungen fehlten Informationen über die Wirkstoffe. Alle enthielten jedoch Lindan. Dieser Stoff kann, falls er irrtümlich geschluckt wird oder über Hautkontakt in den Körper gelangt, folgende Vergiftungserscheinungen auslösen:[34]

»Erbrechen, Durchfall, Benommenheit, Schwindel, Kopfschmerzen, Übererregbarkeit. In schweren Fällen Bewußtlosigkeit und Tod.

Ein Testkäufer des Konsumentenschutz-Ministeriums beschreibt, wie er über diese Wirkungen informiert wurde:[35]

»Warnhinweise des Verkaufspersonals: spontan keine. Auf die konkrete Frage, was die Warnaufschrift ›Mißbrauch verursacht Gesundheitsschäden‹ bedeute, antwortete die Verkäuferin: »Das kann ich Ihnen nicht sagen – ich krieg vom Lieferanten selbst darüber keine Auskunft.«

Als der Testkäufer fragt, ob das Produkt giftig sei, bekommt er zur Antwort: »Nein, giftig ist es nicht. Es ist sogar irgendwo geschrieben worden, daß das auch Kindern nichts macht.«

Wegen dieser Art von »Information« fordert das Ministerium ein Verbot solcher Mittel in Selbstbedienungsläden. Geschehen ist bis jetzt allerdings nichts.

12. Was Pestizide alles können

Übersicht über die wichtigsten Substanzen, Präparate und ihre Wirkung

Der massenhafte Einsatz von Pestiziden geschieht weitgehend unter Ausschluß der Öffentlichkeit. Nur selten, wie im Falle der Bhopal-Katastrophe in Indien, wo 1984 entweichendes Giftgas Tausende von Toten zurückgelassen hat, dringt es ins Bewußtsein: Pflanzen»schutz«-mittel sind alles andere als harmlos. Der Begriff Schutzmittel führt in die Irre. Die wenigsten wissen, um welch gefährliche Chemikalien es sich dabei handelt.

Die folgende Übersicht stellt den Versuch dar, über einige der am häufigsten verwendeten und/oder gefährlichsten Pestizide Auskunft zu geben. Insgesamt wurden hier 49 Wirkstoffe erfaßt.

Das ist nur ein Bruchteil der insgesamt in Verwendung stehenden Substanzen. In der Bundesrepublik waren 1981 genau 282 verschiedene Wirkstoffe zugelassen[1]; in Österreich scheinen 1984 über 260 Substanzen im Pflanzenschutzregister auf.[2]

Trotz dieser großen Zahl unterschiedlichster chemischer Verbindungen – die in der Regel kaum Verwandtschaft zu Naturstoffen besitzen, gibt es bis heute keine umfassende lexikalische Zusammenstellung, die über die Folgen dieser Umweltbelastung informiert. Daher war die nachfolgende Übersicht auf weit verstreute Quellen und Publikationen von teilweise uneinheitlicher Struktur angewiesen.
Die Auswahl erfolgte nach den Kriterien:
- hohe akute Gefährdung (für den Bauern, Gärtner etc.) und/oder
- mögliche chronische Folgen (wie Krebserregung, Erbgutveränderungen etc.) und/oder

- Umweltbelastungen (wie Boden, Gewässer, Lebensmittel etc.) und/oder
- große Häufigkeit und Menge der Anwendung in Österreich und/ oder in der Bundesrepublik.

Für die nicht besprochenen Wirkstoffe darf jedoch keineswegs Harmlosigkeit vorausgesetzt werden. Im Gegenteil, kein synthetisch erzeugter Stoff bleibt ohne Einfluß auf das Ökosystem; aus Platzgründen mußte die drastische Einschränkung auf 49 grob besprochene Einzelsubstanzen jedoch leider beibehalten bleiben. Sie soll dem interessierten Laien, engagierten Konsumentenschützer oder kritischen Bauern einen ersten Einblick in die Welt der Agrarchemie und ihre Folgen geben.

Unerwähnt blieben – bis auf wenige Ausnahmen – auch die sogenannten synergistischen Effekte. Dieser Fachausdruck bedeutet, daß es beim Zusammenspiel mehrerer Pestizide miteinander oder aber auch mit anderen Chemikalien zu bisher unbekannten Reaktionen kommen kann, die für den Menschen noch gefährlicher sind.
Diese Kombinationswirkungen stellen im gesamten Pestizideeinsatz eine noch – über weite Strecken – unbekannte Gefahr dar. Dasselbe gilt für die diversen Abbauprodukte (Metaboliten) der Substanzen und möglichen Wechselwirkungen miteinander. Hier herrscht auch im Reich der Wissenschaft noch Unklarheit, denn die Industriedaten in diesem Bereich gehören zu den bestgehüteten Produktionsgeheimnissen.
Ebenso konnte auch nur in Ausnahmefällen auf die »Außeneinflüsse« einer Pestizide-Wirkung eingegangen werden. All diese Chemikalien verhalten sich je nach Temperatur (Wärme oder Kälte), Feuchtigkeit (Regen oder Trockenheit), Konzentration (Menge) und Luftverschmutzung verschieden. Die Wirkungen auf den Menschen und die Umwelt variieren durch die physikalische Form (Stäubemittel, Körner, Flüssigkeit) der jeweiligen Präparate, durch die Dauer ihrer Einwirkung, die Intervalle zwischen den Einsätzen und die Ausbringungstechnik selbst.
Dasselbe gilt für die unterschiedlichen Möglichkeiten der »Giftaufnahme« – über die Haut, die Atmung oder den Mund: Die Wirkungen unterscheiden sich meist stark voneinander.

All diese Aspekte konnten bei der Zusammenstellung der Übersicht nur ansatzweise berücksichtigt werden: Da die Forschungen fast ausschließlich in Konzernhänden liegen, ist das der Öffentlichkeit zugängliche Datenmaterial äußerst dürftig.

Zur Methode:

Den Beschreibungen der Einzelsubstanzen wurde eine Zusammenfassung der jeweiligen Wirkstoffgruppe, der diese Substanzen zuzuzählen sind, vorangestellt. Sie enthält allgemeine Hinweise zur Geschichte der Pestizidegruppe, zu den jeweiligen Absatzmengen und zum Einsatzgebiet der Chemikalien sowie zu ihrer Wirkung auf Pflanzen, Tiere, Boden und die übrige Umwelt. Dieser Einführung sind die »häufigsten Wirkstoffe« der jeweiligen Gruppe beigefügt. Es folgen »ausgewählte Wirkstoff«-Beschreibungen, die sich in sieben Kategorien teilen:

LD_{50} (Ratte-oral):
Hier handelt es sich um die mittlere »Letale Dosis« eines Pestizides, die im Vergiftungsversuch 50% der Versuchstiere tötet; sie wird in Milligramm pro Kilogramm Körpergewicht des Tieres ausgedrückt und ist ein Hinweis für die »akute Giftigkeit« einer Substanz.

Dieser Wert kann nicht ohne weiteres auf den Menschen übertragen werden, da die Versuche am Tier unter »abgeschirmten« Laborbedingungen stattfinden. Der Mensch ist oft empfindlicher und obendrein täglich den unterschiedlichsten Umweltbelastungen ausgesetzt. Er kann daher auch auf geringere Mengen mit Vergiftungserscheinungen reagieren.

Akute Vergiftungssymptome:
Hier wurden schlagwortartig jene Wirkungen zusammengefaßt, mit denen der menschliche Organismus auf Vergiftungen reagiert. Es war nicht möglich, alle Phasen eines solchen Krankheitsverlaufs darzustellen, da dies den Rahmen dieser Übersicht gesprengt hätte. Aufgelistet wurden auch – wo möglich – die Todesursachen sowie die Wirkungsweise des Giftes im menschlichen Organismus.

Chronische Folgen:
Hier wurden einerseits die möglichen Wirkungen für den Anwender nach langjährigem und häufigem Kontakt mit dem Pestizid zusammengefaßt; andererseits jene Verdachtsmomente gesammelt, die laut der verwendeten Fachliteratur in Tierversuchen oder bei fragwürdig verlaufenden Krankheitsgeschichten von Patienten auftauchten und beobachtet wurden. Meist handelt es sich dabei um den Verdacht der Krebserregung, Erbgutveränderung und Schädigung von Fortpflanzungssystem und Embryo. Bei diesen Wirkungen ist es im allgemeinen schwierig, sie eindeutig auf einen Wirkstoff zurückzuführen. Trotzdem konnten aufgrund der vorliegenden Literatur begründete Verdachtsmomente für die erwähnten Folgewirkungen erfaßt werden.

Umwelt:
Hinweise zur Pestizidebelastung der Böden, Gewässer und Lebensmittel, sowie des weiteren Ökosystems, sind nur weit verstreut und oft lückenhaft in der Literatur zu finden. Hier wurde eine grobe Zusammenfassung dieser Unterlagen versucht.

Klassifikation:
Das ist eine zusammenfassende Bewertung der Gesundheitsgefährdung für den Menschen. Die Klassifikation umfaßt drei Stufen – *geringe Giftigkeit, mittlere Giftigkeit* und *hochgiftig* – und wurde übernommen aus dem US-Standardwerk »Dangerous Properties of Industrial Materials«.[3a]
Diese Bewertung umfaßt nicht nur die akute, sondern auch die chronische sowie die lokale und systemische Giftigkeit einer Chemikalie und ist daher wesentlich aussagekräftiger als der LD_{50}-Wert.

Geringe Giftigkeit bedeutet,
- daß diese Chemikalie bei einmaligem, direktem Hautkontakt (der Sekunden, Minuten oder auch Stunden dauern kann), nur geringfügige Schäden an der Haut, Schleimhaut oder an den Augen verursacht. Diese Wirkung ist unabhängig von der Größe der Hautfläche, die in Kontakt mit der Chemikalie gekommen ist. Und/ oder
- daß diese Chemikalie durch einmaliges Einatmen, Verschlucken

oder Hautkontakt nur geringfügige Schädigungen am ganzen Körper verursacht. Diese Wirkung ist unabhängig davon, wieviel von dieser Chemikalie in den Körperkreislauf gelangt. Und/oder

- daß diese Chemikalie bei wiederholtem oder ständigem Hautkontakt über Tage, Monate oder Jahre nur geringfügige Haut- oder Schleimhautschäden verursacht. Das Ausmaß der in Kontakt mit der Chemikalie kommenden Hautfläche spielt dabei keine Rolle. Und/oder
- daß diese Chemikalie bei wiederholtem oder ständigem Einatmen, Verschlucken oder Hautkontakt nur geringfügige Gesundheitsschäden am gesamten Körpersystem verursacht. Diese Schädigungen verschwinden wieder, sobald man dieser Chemikalie nicht mehr ausgesetzt ist.

Mittlere Giftigkeit bedeutet,

- daß diese Chemikalie bei einmaligem, direktem Hautkontakt (der Sekunden, Minuten oder auch Stunden dauern kann), mittelschwere Schäden an der Haut, Schleimhaut oder an den Augen verursacht. Diese Wirkung kann schon nach einmaligem, intensivem, nur Sekunden dauerndem oder weniger intensivem, aber Stunden dauerndem Kontakt mit der Chemikalie auftreten. Und/oder
- daß diese Chemikalie durch einmaliges Einatmen, Verschlucken oder durch Hautkontakt mittelschwere Schädigungen am ganzen Körper verursacht. Diese Wirkung kann auftreten nach einmaligem Hautkontakt, der Sekunden, Minuten oder Stunden dauert, oder nach einmaligem Verschlucken. Und/oder
- daß diese Chemikalie bei wiederholtem oder ständigem Hautkontakt über Tage, Monate oder Jahre mittelschwere Haut-, Schleimhaut- oder Augenschäden verursacht. Und/oder
- daß diese Chemikalie bei wiederholtem oder ständigem Einatmen, Verschlucken oder Hautkontakt mittelschwere Gesundheitsschäden am gesamten Körpersystem verursacht.
  Diese Wirkung kann nach tage-, monate- oder jahrelangem, ständigem oder wiederholtem Kontakt mit dieser Chemikalie auftreten.

Hochgiftig bedeutet,

- daß diese Chemikalie schon bei einmaligem, direktem Hautkontakt (der Sekunden, Minuten oder auch Stunden dauern kann), schwerwiegende und unter Umständen lebensbedrohliche Schäden an der Haut, Schleimhaut oder an den Augen verursachen kann. Und/oder

- daß diese Chemikalie schon durch einmaliges Einatmen, Verschlucken oder durch Hautkontakt schwerwiegende, unter Umständen lebensbedrohliche Schädigungen am ganzen Körper verursachen kann. Diese Wirkung kann auftreten nach einmaligem Hautkontakt, der Sekunden, Minuten oder Stunden dauert, oder nach einmaligem Verschlucken. Und/oder
- daß diese Chemikalie bei wiederholtem oder ständigem Hautkontakt über Tage, Monate oder Jahre schwerwiegende, unter Umständen lebensbedrohliche Haut-, Schleimhaut- oder Augenschäden verursachen kann. Und/oder
- daß diese Chemikalie bei wiederholtem oder ständigem Einatmen, Verschlucken oder Hautkontakt schwerwiegende, unter Umständen lebensbedrohliche Gesundheitsschäden am gesamten Körpersystem verursachen kann. Diese Wirkung kann schon bei geringen Mengen und tage-, monate- oder jahrelangen Kontakt mit dieser Chemikalie auftreten.

Beschränkungen:
Hier wurden jene Hinweise gesammelt, die auf drastische Einschränkungen oder Verbote im internationalen Rahmen Bezug nehmen.

Wirkstoffe-Vorkommen in:

In alphabetischer Reihenfolge wurden jene Präparate aufgelistet, die den jeweiligen Wirkstoff enthalten. Als Grundlage diente das

- Pflanzenschutzmittelverzeichnis 1985 der Biologischen Bundesanstalt für Land- und Forstwirtschaft, 33. Auflage 1985, Braunschweig (BRD) und die
- offizielle Veröffentlichung der Bundesanstalt für Pflanzenschutz: Amtliches Pflanzenschutzmittelverzeichnis und Pflanzenschutzgeräteverzeichnis der Bundesanstalt für Pflanzenschutz, Wien, Februar 1985 (Ö).

12.1. Chlorierte Kohlenwasserstoffe

(Mittel gegen Insekten, Milben, Würmer und Nagetiere)

Diese Wirkstoffgruppe löste noch vor den Phosphorsäurestern Ende der 40er Jahre die bis dahin im Gebrauch stehenden Arsen- und Nikotinmittel ab.[4]
Seit damals gehören sie zu einer großen Gruppe häufig verwendeter Pestizide, die gegen Insekten, Milben, Fadenwürmer und Nagetiere eingesetzt werden. In einigen europäischen Ländern und in den Vereinigten Staaten unterliegen sie starken Beschränkungen oder sind überhaupt verboten. In zahlreichen afrikanischen, asiatischen und lateinamerikanischen Staaten – aber auch in Österreich – werden sie nach wie vor verwendet und massenhaft eingesetzt.
Der Begriff chlorierte Kohlenwasserstoffe ist ein Sammelname für eine große Klasse organisch-chemischer Verbindungen, die außer Kohlenstoff und Wasserstoff auch Chlor enthalten. Sie kommen nicht nur im Agrarbereich zur Anwendung, sondern auch in Haushalt, Industrie und Medizin.
Alle chlorierten Kohlenwasserstoffe sind wenig wasserlöslich, aber sehr gut fettlöslich. Diese Fettlöslichkeit bewirkt die Anreicherung in Pflanzen und im Körper von Tier und Mensch sowie die Speicherung im Fettgewebe der Organe.[5]
Chlorierte Kohlenwasserstoffe sind heute im Gehirn, in Leber, Nieren, Herz und Keimdrüsen des menschlichen Organismus zu finden. Bei dauerndem Kontakt mit chlorierten Kohlenwasserstoffen kommt es zu chronischen Schäden; dazu zählen unter anderem: Leber-, Nieren- und Milzschäden, Nervenleiden, Hormonstörungen, sowie Herzmuskelreizungen, zusätzlich zu Gewichtsverlust, Schlafstörungen und Lähmungen.[6]
Ebenso wird in der Literatur auf die erbgutschädigende Wirkung von chlorierten Kohlenwasserstoffen hingewiesen. Die Stoffgruppe wird für die Zunahme der tödlich verlaufenden Darmkrebs-Erkrankungen in Industrieländern mit hohem Nahrungsanteil an tierischen Fetten verantwortlich gemacht.[7]
Die hohe Stabilität – der langjährige Abbauprozeß – führt dazu, daß sie heute überall in der Umwelt, in Trinkwasser, Nahrung und Luft

vorkommen.[8] Sie reichern sich in der Nahrungskette an, beispielsweise über das Wasser in den Fischen und kehren multipliziert bis zum 10000fachen zum Menschen zurück. Sie können aber auch durch den Einsatz auf Futterpflanzen oder im Stall gegen die Fliegen über die Milch und das Fleisch wieder zum Menschen gelangen.[9]
Bei akuten Vergiftungen wirkt diese chemische Stoffgruppe in erster Linie auf das Nervensystem. Auf dem Blutweg erreicht sie das Zentralnervensystem und löst dort Erregungszustände und schwere Krämpfe aus.[10] Die akute Giftigkeit (Toxizität) der einzelnen Wirkstoffe ist sehr unterschiedlich, die Vergiftungsbilder allerdings ähnlich.

Häufigste Wirkstoffe:
Aldrin, Camphechlor = Toxaphen, Dicofol, DDT, Dieldrin, Endosulfan, Endrin, Heptachlor, Hexachlorbenzol (HCB), Hexachlorcyclohexan (HCH), Lindan, Methoxychlor.

12.1.1. Aldrin – Mittel gegen Insekten (Insektizid)

LD_{50} (Ratte): 39 mg/kg (oral)

Akute Vergiftungssymptome:
Akute tödliche Dosis beim Menschen: 3–7 g oral; ernste Vergiftungsgefahr beim Einatmen, Verschlucken oder bei längerem Einwirken auf die Haut; zentrales Krampfgift; Leber-, Nieren- und Nervenschäden bei häufigem Kontakt, auch mit geringen Mengen möglich. Aldrin wird im Organismus zu Dieldrin umgewandelt.[11]

Chronische Folgen:
Aldrin steht unter dem Verdacht, krebserregend zu sein und auf das Fortpflanzungssystem schädigend zu wirken.[12]

Umwelt:
Der Wirkstoff ist giftig für Vögel, Fische und Säugetiere; er reichert sich in der Umwelt und in Lebewesen an und hat eine extrem lange Beständigkeit in der Umwelt; gelangt eine bestimmte Menge Aldrin ins Wasser, so kann es sich so langsam abbauen, daß auch noch nach sechs Wochen die Hälfte davon nachweisbar ist.[13]

Klassifikation: hochgiftig

Beschränkungen:
Die Weltbank empfiehlt, dieses Pestizid nicht zu verwenden[14]; die amerikanische Umweltschutzbehörde (EPA) hat die Anwendung von Aldrin in der Landwirtschaft weitgehend, außer zur Termitenkontrolle, untersagt.[15] In der BRD sowie in zahlreichen anderen europäischen Staaten ist Aldrin verboten.

Aldrin-Vorkommen in:
Aldrex 2 (Ö), Aldrex-Streu und Stäubemittel (Ö)

12.1.2. DDT – Mittel gegen Insekten (Insektizid)

LD_{50} (Ratte): 113 mg/kg (oral)

Akute Vergiftungssymptome:
Kopfschmerzen, Übelkeit, Gleichgewichtsstörungen, Verwirrtheit, Zittern. DDT kann auch durch die Haut und die Atmung aufgenommen werden. In Verbindung mit anderen Stoffen zeigen sich verstärkende Wirkungen.

Chronische Folgen:
Abmagern, Blutarmut (Anämie), Muskelschwäche und sich allmählich verstärkendes Zittern – diese Krankheitszeichen sind immer wieder in Zusammenhang mit chronischen DDT-Vergiftungen gebracht worden. DDT verursacht eine erhöhte Freisetzung von Fettsäuren und kumuliert im Fett (Leber, Niere, Gehirn). Es ist erbgutschädigend (mutagen) und steht im Verdacht, Krebs zu erzeugen.[16] Die Ausscheidung des gespeicherten DDT geht extrem langsam vor sich. Nach zwei Jahren ist noch immer ein Drittel des Wirkstoffes im Körper nachweisbar.[17]

Umwelt:
Äußerst stabile Substanz; wird in der Natur extrem langsam abgebaut. Ist heute in der gesamten Umwelt zu finden; die bisher im Boden angereicherte Menge wird auf 280000 Tonnen geschätzt.[18] Der Abbauprozeß im Boden kann dreißig Jahre dauern.[19]

Klassifikation: hochgiftig

Beschränkungen:
DDT ist in vielen industrialisierten Ländern verboten; wird aber weiter für den Export produziert. Seit 1977 in der BRD verboten; in Österreich wurden im Jahr 1984 noch immer 3839 kg DDT verkauft.[20]

DDT-Vorkommen in:
Cit Thermosol (Ö)

Insektenil-Di (Ö), Insektenil-flüssig-V (Ö)

12.1.3. Endosulfan – Mittel gegen Insekten und Milben (Insektizid, Akarizid)

LD_{50} (Ratte): 18 mg/kg (oral)

Akute Vergiftungssymptome:
Kopfschmerzen, Benommenheit, Desorientierung. Bei einer Vergiftung wird die Substanz schnell in den Verdauungstrakt aufgenommen und über die Nieren ausgeschieden. Der Mechanismus der Wirkung ist im Warmblütler noch nicht eindeutig geklärt[21];

Chronische Folgen:
Steht im Verdacht, krebserregend zu sein und das Fortpflanzungssystem sowie den Embryo zu schädigen[22];

Umwelt:
Anreicherungsfähigkeit wie andere chlorierte Kohlenwasserstoffe;

Klassifikation: hochgiftig

Beschränkungen: Nicht erfaßt

Endosulfan-Vorkommen in:
Aflix (BRD)

BASF Rosenspritzmittel universal (Ö), Beosit 35 flüssig (BRD), Beosit 35 Spritzpulver (BRD), Beosit Staub (BRD)

Compo Tannen-Schutz (BRD)

Insekten-Stäubemittel Hortex neu (BRD)

Parasitan Staub (BRD), Pirox neu (Ö)

Thiodan 35 flüssig (BRD), Thiodan 35 Spritzpulver (BRD), Thiodan emulgierbar (Ö), Thiodan Spritzpulver 35 (Ö), Thiodan-Staub (BRD)

12.1.4. Endrin – Mittel gegen Insekten und Nagetiere (Insektizid, Rodentizid)

LD_{50} (Ratte): 3 mg/kg (oral)

Akute Vergiftungssymptome:
Kopfschmerzen, Übelkeit, Erbrechen, Aggressivität, Krämpfe; chemisch die gleiche Zusammensetzung wie Dieldrin, es unterscheidet sich von ihm nur durch eine andere räumliche Struktur[23]; dürfte sich jedoch weniger stark anreichern als Dieldrin.[24]

Chronische Folgen:
Verdacht auf Erbgutschäden und Mißbildungen am Embryo.[25] Die amerikanische Umweltbehörde verlangt auf dem Etikett eine spezielle Warnung für Arbeiterinnen: Endrin verursacht Geburtsdefekte bei Labortieren, der Kontakt mit Endrin soll bei Schwangerschaft vermieden werden[26]

Umwelt:
Der Wirkstoff hat ähnliche Anreicherungsfähigkeiten wie Aldrin und Dieldrin; gelangt eine bestimmte Menge Endrin ins Wasser, so kann es sich so langsam abbauen, daß auch noch nach mehr als sechs Monaten die Hälfte davon nachweisbar ist.[26a]

Klassifikation: hochgiftig

Beschränkungen:
In Österreich wird die Substanz hauptsächlich gegen Nagetiere eingesetzt. In der BRD wurde das Mittel aus dem Verkehr gezogen, nachdem es 1982 ein massenhaftes Vogelsterben am Bodensee ausgelöst hatte.[27]

Endrin-Vorkommen in:
Endrex (Ö), Endrotox (Ö)

12.1.5. Heptachlor – Mittel gegen Insekten (Insektizid), Saatgutbehandlungsmittel (Ö)

LD_{50} (Ratte): 40 mg/kg (oral)

Akute Vergiftungssymptome:
Unruhe, Brechreiz, Erbrechen, Gleichgewichtsstörungen, Verwirrtheit, Sprachstörungen, Krämpfe, Leber-, Nierenschäden, Atembeschwerden; 1–3 Gramm können ernste Symptome hervorrufen[28];

Chronische Folgen:
Leberschäden möglich, Verdacht auf Krebserregung und Reflexsteigerung; im Tierversuch Augenschäden (Linsentrübung, grauer Star)[29];

Umwelt:
Anreicherungsfähigkeit und Stabilität wie andere chlorierte Kohlenwasserstoffe; gelangt eine bestimmte Menge Heptachlor ins Wasser, so kann es sich so langsam abbauen, daß auch noch nach sechs Monaten die Hälfte davon nachweisbar ist.[29a]

Klassifikation: hochgiftig

Beschränkungen:
In den USA nurmehr zur Termiten-Bekämpfung zugelassen; in der BRD ist kein Heptachlor-haltiges Präparat mehr im Handel.[30]

Heptachlor-Vorkommen in:
Agronex-Hepta (Ö)

12.1.6. Hexachlorbenzol – Mittel gegen Pilze (Fungizid)

LD_{50} (Ratte): 10000 mg/kg (oral)

Akute Vergiftungssymptome:
Schwere Vergiftungen betrafen Ende der 50er Jahre in der Türkei rund 3000 Personen. Sie hatten mit Hexachlorbenzol behandelten Weizen (Brot) gegessen. Spalt- und Blasenbildung an den Händen und im Gesicht mit starker Narbenbildung waren die Folge. Die Betroffenen wurden so verunstaltet, daß das Krankheitsbild »Affenkrankheit« genannt wurde. Gewichtsverlust, vergrößerte Leber bis zur Leberzirrhose waren Dauerschäden.[31]

Chronische Folgen:
Verdacht auf Krebserregung; Veränderungen des Erbgutes und die Entstehung von Mißbildungen sind möglich.[32]

Umwelt:
Hexachlorbenzol ist sehr persistent und reichert sich in der Nahrungskette an; es wird auch als Antiflamm-Mittel, als Weichmacher für PVC und für elektrische Isolierungen verwendet; gelangt eine bestimmte Menge Hexachlorbenzol ins Wasser, so kann es sich so langsam abbauen, daß auch noch nach mehr als sechs Monaten die Hälfte davon nachweisbar ist.[33]

Klassifikation: hochgiftig

Beschränkungen:
In der BRD als Pflanzenschutzmittel seit 1981 verboten.

Hexachlorbenzol-Vorkommen in:
Abavit Universal Trockenbeize (Ö)

Ceresan Schlämmbeize (Ö), Ceresan-Trockenbeize UT 11975 (Ö)

Tritifor Spritzpulver (Ö)

12.1.7. Lindan – Mittel gegen Insekten (Insektizid)

LD_{50} (Ratte): 88 mg/kg (oral)

Akute Vergiftungssymptome:
Übelkeit, Schwindelgefühle, motorische Unruhe, Erbrechen, Tremor, Krämpfe; Lindan kann auch über die Atmung aufgenommen werden; bereits 10–20 mg des Wirkstoffs/kg Körpergewicht können beim Menschen schwere Vergiftungen hervorrufen;

Chronische Folgen:
Wirkung auf das Zentralnervensystem, Leber- und Nierenschäden sind möglich; Verdacht auf Krebserregung, Anämie (Blutarmut), Embryoschädigung.[34]

Umwelt:
Lindan entsteht bei der Produktion von Hexa-chlorcyclohexan (HCH). Dieses technische HCH oder Roh-HCH besteht aus rund 65% Alpha-HCH, 8% Beta-HCH; 10% Delta-HCH sowie 15% Gamma-HCH. Nur diese 15% des HCH werden als Lindan genützt[35], der Rest landet auf Deponien, wird verbrannt, oder es wird das ungereinigte HCH in die Dritte Welt verkauft. Das Alpha- und Beta-HCH sind besonders schwer abbaubar; das Alpha-HCH besitzt zusätzlich eine krebsfördernde Wirkung; das Gamma Isomer – Lindan – ist in der gesamten Umwelt (Wasser, Luft) nachweisbar; gelangt eine bestimmte Menge Lindan ins Wasser, so kann es sich so langsam abbauen, daß auch noch nach sechs Monaten die Hälfte davon nachweisbar ist.[36]

Klassifikation: hochgiftig

Beschränkungen:
Seit 19.12.1980 darf technisches HCH in der BRD nicht mehr verwendet werden, in Österreich schon. Weltweit kommen jedoch jährlich 200000 Tonnen zum Einsatz.[37] Das Gamma-HCH – Lindan – findet in der BRD und in Österreich Anwendung.

Lindan-Vorkommen in:
AAlindan-flüssig (BRD), AAlindan-Inkrusta-S (BRD), Abavit-Gamma-Beize (Ö), Agro Stammschutz-neu (Ö), Agronex (BRD), Agronex-Gamma (BRD), Agronex-Spezial (BRD), Ameisen-Ex (BRD), Ameisen-Frei (BRD), Ameisen-Streu- und Gießmittel »Schacht« (BRD), Ameisen-Streunex L (BRD), Ameisenmittel »Schering« (BRD), Ameisenmittel (Ö), Ameisenmittel Hortex (BRD), Ameisentod BINAU (BRD), Ameisenvernichter (BRD), AN 69 (Ö), Aretol-Streugranulat (Ö), ASB-Ameisenvernichter (BRD)

Basiment 450-Extra N (BRD), Blumetta-Ameisenmittel (BRD)

C-B-Ho-»Neu« Emulsion (BRD), C-B-Ho-»Neu« Staub (BRD), Cit-80-G-Staub (Ö), Cit Thermosol (Ö), COMPO Ameisenvernichter (Ö), Cortilan-Neu (BRD)

Degro Ameisenmittel (BRD), Dehner Ameisenmittel (BRD), Detia Ameisenpuder (BRD), Detia Werrenpräparat (BRD), Detmol-Rauch (BRD/Ö)

Egesa-Ameisentod (BRD), Egesa-Pflanzenspray (BRD), Eruzin stark 80 (BRD), Eruzin stark mit Lindan (BRD), Eruzin-Staub mit Lindan (BRD), Etisso Pflanzenschutz (Ö)

Forst Nexen (Ö)

Gamaterr (BRD), Gamaterr-Streugranulat (Ö), Gamma-Saatgutpuder »Bayer« (Ö), Gamma-Saatgutpuder (BRD), Gamma-Spritzpulver »Bayer« (Ö), Gamma-Spritzpulver 80 Epro (Ö), Gamma-Stäubemittel »Bayer« (Ö), Gamma-Streumittel »Bayer« granuliert (Ö), Gamma-Streunex (BRD), Gammalo-K-forte (Ö), Gammamul (Ö), Gammapuder G-59 (Ö), Gammarol-Supra-Spritzpulver (Ö), Gardol

Pflanzenspray (BRD), GEO Ameisenfrei (BRD), GEO Insektenpuder (BRD)

Hortex-Emulsion (Ö), Hortex-Ölspritzmittel (BRD), Hortex-Saatgutpuder (Ö), Hortex-stark (Ö), Hortex stark RP (BRD), Hortex-Staub (Ö), Hortex Streuer (BRD)

Insekten-Spritzpulver Hortex (BRD), Insekten-Stäubemittel Hortex (BRD), Insektenil-flüssig-N-»HA« (Ö), Insektenil-flüssig-N-»HS«-forte (Ö), Insektenil-flüssigV (Ö), Insektenil-Insektentöter (Ö)

Jacutin-Fog (BRD), Jacutin-Spritzmittel (Ö)

Kerfex-Granulat (Ö), Kerfex-Nebel (Ö), Kombi Rosenspritzpulver (Ö)

Lindan-Staub (BRD)

Nexit flüssig (BRD), Nexit stark (BRD), Nexit-Staub (BRD)

Para-Weiß (BRD), Perfektan-Fluid (BRD), Pflanzenspray Hortex (BRD)

Stammschutzmittel Gamma (Ö), Stammschutzmittel Kwizda (Ö), Streunex-Granulat (BRD)

terrasan Ameisentod (BRD), terrasan Pflanzen-Spray (BRD), TOP Borkenkäfermittel (BRD)

Verindal Ultra (BRD)

Werratox (BRD)

12.2. Organische Phosphorverbindungen – Phosphorsäureester

(Mittel gegen Insekten und Milben)

Phosphorsäureester gehören zu einer Großgruppe von Pestiziden, die gegen Insekten, Spinnmilben, Pilze und Fadenwürmer eingesetzt werden. Allein 1981 kamen in der BRD 663,3 Tonnen solcher Mittel zur Anwendung.[38] In Österreich wurden rund 113000 Kilogramm dieser Wirkstoffverbindungen verkauft.[39] Verwendung finden sie in der Landwirtschaft, aber auch in der Human- und Veterinärhygiene.

Die Stoffe dieser Gruppe wirken als Kontakt-, Fraß- und Atemgift. Das heißt, auch der Mensch kann sie in Form von Dämpfen oder Tröpfchen, über die Haut oder die Atemwege aufnehmen. Besonders betroffen davon sind die Landwirte und die Arbeiter in der chemischen Industrie.

Auf dem Blutweg verteilt sich das Gift sehr schnell im gesamten Körper und bewirkt dort eine Cholinesterasehemmung; d.h. organische Phosphorverbindungen hemmen mehr oder weniger stark bestimmte körpereigene, lebenswichtige Enzyme, die für die Regulierung der Weiterleitung von Impulsen im Nervensystem wesentlich sind: Die Folge ist eine Übererregung des Nervensystems.

Bei leichten Vergiftungen kommt es zu Kopfschmerzen, Sehstörungen, Schwächegefühl und Schwitzen; bei schweren Vergiftungen zu Schweißausbrüchen, Tränen- und Speichelsekretion, zu Übelkeit, Erbrechen, Darmkrämpfen und Durchfällen, bis zur Bewußtlosigkeit und Atemlähmung.[40]

Für die Bauern ist eine weitere Fähigkeit der organischen Phosphorverbindungen besonders gefährlich: Bei der gleichzeitigen Aufnahme mehrerer Phosphorsäureester kann es zu potenzierenden Wirkungen kommen. Die Giftigkeit kann sich also durch mehrere Präparate nicht nur verdoppeln, sondern um ein Vielfaches steigern.[41] Dasselbe kann durch die Reaktion mit anderen Begleitstoffen, wie beispielsweise Alkohol, entstehen.

Arbeiter, die in der Industrie mit der Produktion von Phosphorsäureestern beschäftigt sind, sollten eine regelmäßige ärztliche Überwachung der Cholinesteraseaktivität ihres Blutes fordern. Insbesondere aber sollten auch die Bauern die ärztliche Kontrolle über diese wichtige Körperfunktion in Anspruch nehmen.

Phosphororganische Verbindungen werden nicht nur als Pestizide verwendet, sondern dienen in der Industrie auch zur Produktion diverser anderer Stoffe. Eine Substanz dieser Gruppe, nämlich TOCP zieht eine wahre Todesspur hinter sich her: TOCP wurde als Zusatzstoff für Getränke während der Prohibition in den USA verwendet und führte

zu Vergiftungen bei den Konsumenten[41]; während des Zweiten Weltkrieges wurde in Deutschland wiederholt Mineralöl für Speisezwecke verwendet, das TOCP enthielt.[42] Die Folge waren Vergiftungen mit Lähmungserscheinungen; bei einer ähnlichen Verwechslung vergifteten sich im Jahr 1940 in der Schweiz 90 Soldaten.[43] Rund 10000 Menschen trugen gesundheitliche Schäden davon, als in Nordafrika Olivenöl mit Schmieröl verwechselt wurde, das TOCP enthielt.[44]
Phosphorsäureester haben – im Unterschied zu den chlorierten Kohlenwasserstoffen – weniger die Tendenz, sich im Körper abzulagern. Sie werden großteils im Körper umgewandelt und abgebaut. Trotzdem besteht die Möglichkeit der Speicherung im Fettgewebe. Bei Abmagerungskuren oder Diäten ist eine nachträgliche Vergiftung aus dem Fettgewebe möglich.[45]

So wie die meisten Unkrautvernichtungsmittel (als Entlaubungsmittel) haben auch die Insektizide eine kriegerische Vergangenheit. Der eigentliche Ursprung der Pflanzenschutzmittel liegt in der Rüstungsforschung, in der Entwicklung chemischer Kampfstoffe. Ihre Entdeckung ist mit dem Namen Prof. Schrader verbunden: Er war Leiter des Bayer-Forschungszentrums in Wuppertal-Aprath[46], er erkannte 1936 als einer der ersten die Bedeutung der organischen Phosphorverbindungen[47] und wurde damit zum »Vater der chemischen Kampfstoffe«. Nervenkampfstoffe auf der Basis von Phosphorsäureestern wurden bereits vor oder während des Zweiten Weltkrieges entdeckt und entwickelt, wie zum Beispiel Tabun und Sarin. Die Nervengifte TEPP und DFP begannen übergangslos eine »zivile« Karriere als Pestizide[48]; der Kampfstoff E 600 wurde geringfügig verändert und begann als E 605 (alias Parathion) seinen zivilen Einsatz in der Landwirtschaft.

Man unterscheidet zwei Gruppen von Phosphorsäureestern: Jene mit systemischer Wirkung werden nach der Anwendung von den Pflanzen aufgenommen und im gesamten System, von der Wurzel bis zu den Blättern verteilt. Damit werden sie für die »fressenden« Insekten oder Würmer giftig.[49] Phosphorsäureester mit nichtsystemischer Wirkung bleiben hauptsächlich an der Oberfläche haften. Dort wirken sie gegen die unerwünschten Tiere als Kontakt- oder auch Fraßgift.

Bis vor kurzem galten Phosphorsäureester als »umweltfreundlich«, weil sie sich angeblich im Boden und in den Pflanzen rasch abbauen. Untersuchungen dazu haben jedoch unterschiedliche Ergebnisse gebracht. Bis zu drei Monaten kann die Verweilzeit einer organischen Phosphorverbindung nach einer einmaligen Anwendung im Boden betragen.[50] Die entscheidende Wirkung bei kombinierten Anwendungen ist allerdings noch nicht geklärt[51], ebensowenig wie die Frage nach den Folgewirkungen der im Boden »gebundenen Rückstände«.[52] Niemand weiß, wann und wie der Boden diese Pestizide wieder freigeben wird.

Häufigste Wirkstoffe: Bromophos, Chlorfenvinphos, Demeton, Diazinon, Dichlorvos (DDVP), Dicrotophos, Dimethoate, Disulfoton, Ethyl-Parathion, Fensulfothion, Fenthion, Malathion, Methamidophos, Methidathion, Methyl-Parathion, Mevinphos, Monocrotophos, Phosalon, Phosmet, Sulfotepp, Terbufos, Triazophos.

12.2.1. Bromophos – Nicht-systemisch wirkendes Mittel gegen Insekten (Insektizid)

LD_{50} (Ratte): 3750 mg/kg (oral)

Akute Vergiftungssymptome:
Pupillenverengung, Speichelfluß, Erbrechen, Krämpfe, Durchfall, Erregung, Verlangsamung der Atmung, Verlangsamung des Herzschlages bis Herzstillstand; Blockade lebenswichtiger Enzyme im Blut und in den Geweben (Cholinesterasehemmung).

Chronische Folgen:
Bei wiederholten häufigen Anwendungen können die oben angeführten Vergiftungssympthome sowie Stirnlappenschädigungen und Nervenstörungen auftreten.[53]

Umwelt:
Die Störung des Bodengleichgewichts sowie die gebundenen Rückstände in der Erde können sich langfristig negativ auf die Umwelt auswirken.

Klassifikation: mittlere bis geringe Giftigkeit

Beschränkungen: Nicht erfaßt

Bromophos-Vorkommen in:
Antriebsspritzmittel Nexion Öl (BRD)

Blattlaus-Vernichter (BRD), Blattlausvernichter Nexion (BRD), Boden-Schädlingsfrei (BRD)

Detia Stäubol-Kombi-Puder (BRD)

Fleur-Ameisen-Gieß (BRD), Fleur-Insekten-Spritz (BRD)

HORA-Saatgutpuder B (BRD)

Insekten-Stäubemittel (BRD), Insekten-Streumittel (BRD), Insekten-Streumittel Nexion (Ö)

Nexagan (BRD/Ö), Nexion-Saatgutpuder (BRD/Ö), Nexion-stark (BRD/Ö)

Pflanzen-Schädlings-frei (BRD)

12.2.2. Demethon-S-Methyl und Oxydemeton-Methyl – Systemisch wirkende Mittel gegen Insekten (Insektizid, Akarizid)

LD_{50} (Ratte): 50–60 mg/kg (oral)

Akute Vergiftungssymptome:
Pupillenverengung, Speichelfluß, Erbrechen, Krämpfe, Durchfall, Verlangsamung der Atmung, Verlangsamung des Herzschlags bis Herzstillstand[54]; Blockade lebenswichtiger Enzyme im Blut und in den Geweben.[55]

Chronische Folgen:
Bei wiederholter, häufiger Anwendung können die oben angeführten Vergiftungssymptome sowie Stirnlappenschädigungen und Nervenstörungen auftreten.[56]

Umwelt:
Die Störung des Bodengleichgewichts sowie die gebundenen Rückstände in der Erde können sich langfristig negativ auf die Umwelt auswirken.[57]

Klassifikation: hochgiftig

Beschränkungen: Nicht erfaßt

Demeton-S-Methyl Vorkommen in:
Metasystox (i) (BRD/Ö), Metasystox (i) 200 (Ö)

Oxydemeton-Methyl Vorkommen in:
Dipterex MR (BRD)

E 605 Combi (BRD)

Metasystox R (BRD/Ö), Metasystox R spezial (BRD), Metasystox R/5 (Ö), Metasystox spezial (Ö)

12.2.3. Diazinon – Nicht-systemisch wirkendes Mittel gegen Insekten (Insektizid)

LD_{50} (Ratte): 76 mg/kg (oral)

Akute Vergiftungssymptome:
Haut- und Augenreizungen, Pupillenverengung, Speichelfluß, Erbrechen, Krämpfe, Durchfall, Erregung, Verlangsamung der Atmung, Verlangsamung des Herzschlags bis Herzstillstand[58]; Blockade lebenswichtiger Enzyme im Blut und in den Geweben (Cholinesterasehemmung).

Chronische Folgen:
Bei wiederholten häufigen Anwendungen können die oben angeführten Vergiftungssymptome sowie Stirnlappenschädigungen und Nervenstörungen auftreten.[59] Diazinon steht auch unter dem Verdacht, das Fortpflanzungssystem und den Embryo zu schädigen[60]; »schlechte

– Qualitätskontrollen können zum Vorhandensein von Sulfotepp – einer hochgiftigen Verunreinigung – führen«[61];

Umwelt:
Die Störung des Bodengleichgewichts sowie die gebundenen Rückstände in der Erde können sich langfristig negativ auf die Umwelt auswirken. Gelangt eine bestimmte Menge Diazinon ins Wasser, so kann es sich so langsam abbauen, daß auch noch nach sechs Wochen die Hälfte davon nachweisbar ist.[61a]

Klassifikation: hohe bis mittlere Giftigkeit

Beschränkungen: Nicht erfaßt

Diazinon-Vorkommen in:
Basudin 10 Granulat (BRD/Ö), Basudin 25 Emulsion (BRD), Basudin-40-Spritzpulver (Ö), Basudin 5 G (Ö), Basudin-Emulsion (Ö), Basudin Maissaatgutpuder (BRD/Ö), Basudin-Stäubemittel (Ö), blitol Zimmerpflanzenspray (BRD)

Das Mittel gegen Insekten im Hobbygarten (BRD), Detia Ameisenpuder Neu (BRD), Diazinon 10 Granulat (BRD), Diazinon 25 Emulsion Spiess-Urania (BRD)

Falnet (Maissaatgutpuder) (BRD)

GEO Pflanzenspray (BRD), Gesal-Insektizid (Ö), Gesal-Zimmerpflanzenspray (Ö)

Insektenil-Di (Ö)

Luxan Dichlorvos S. C. (BRD)

Nogos-Pflanzenspray (BRD)

Pflanzen-Paral gegen Schädlinge an Topfpflanzen (BRD)

Zimmerpflanzenspray Spiess (BRD)

12.2.4. Dichlorvos (DDVP) – Nicht-systemisch wirkendes Mittel gegen Insekten (Insektizid)

LD_{50} (Ratte): 56 mg/kg (oral)

Akute Vergiftungssymptome:
Pupillenverengung, Speichelfluß, Erbrechen, Krämpfe, Durchfall, Erregung, Verlangsamung der Atmung, Verlangsamung des Herzschlages bis Herzstillstand[62]; Blockade wichtiger Enzyme im Blut und in den Geweben (Cholinesterasehemmung).

Chronische Folgen:
Bei wiederholten, häufigen Anwendungen können die oben angeführten Vergiftungssymptome sowie Stirnlappenschädigungen und Nervenstörungen auftreten.[63] Dichlorvos steht außerdem unter dem Verdacht, krebserregend zu sein, erbgutverändernd zu wirken und Lungenblutungen zu fördern.[64]

Umwelt:
Dichlorvos wird als allgemeines Insektenvertilgungsmittel auch für den Hausgebrauch angeboten; das Gift ist in österreichischen Supermärkten – in Form von Strips – meist problemlos zu erwerben.

Klassifikation: hochtgiftig

Beschränkungen:
Die Bestimmungen verbieten den Gebrauch in Zimmern, in denen sich Kinder, Kranke oder ältere Personen aufhalten müssen; bzw. in Räumlichkeiten, wo Nahrung zubereitet oder serviert wird.

Dichlorvos-Vorkommen in:
Alphos-Nebeldose (BRD/Ö)

Baygon (Ö)

Detia-Insekten-Strip (BRD), Detia-Pflanzol-Spray (BRD), Detia Raumnebel V (BRD), Detmol-fum (BRD/Ö), Detmolin F (BRD/Ö), Detmolin M (BRD/Ö)

Egesa-Pflanzenspray (BRD)

FOG 2,3 (BRD)

Gardol Pflanzenspray (BRD)

Insektenil-Anti-Resistant (Ö), Insektenil-DCU-Spray (BRD), Insektenil-flüssig-N»HS«-forte (Ö), Insektenil-Raumnebel (BRD), Insektenil Raumnebel fork trocken DDVP (BRD), Insektenil-Strip (BRD), Insex DN (Ö)

Mafu 1000 LC (BRD), Mafu Nebelautomat (BRD), Mafu-Strip (BRD), Muscin (BRD)

Neocid Insektenspray (Ö), Nogos 500 EC (Ö), Nogos Pflanzenspray (Ö), Nuvan 7 (Ö), Nuvan Aerosol-Spray (Ö)

Rinal-Insekten-Strip (BRD)

Super Schrumm (Ö)

terrasan Pflanzen-Spray (BRD)

Ultacron (BRD)

VAP strip 100 (BRD), Vapona (Ö), Vapona spezial (Ö)

12.2.5. Dimethoat – Systemisch wirkendes Mittel gegen Insekten (Insektizid)

LD_{50} (Ratte): 152 mg/kg (oral)

Akute Vergiftungssymptome:
Pupillenverengung, Speichelfluß, Erbrechen, Krämpfe, Durchfall, Erregung, Verlangsamung der Atmung, Verlangsamung des Herzschlags bis Herzstillstand; Blockade lebenswichtiger Enzyme im Blut und in den Geweben (Cholinesterasehemmung).

Chronische Folgen:
Bei wiederholten häufigen Anwendungen können die oben angeführten Vergiftungssymptome sowie Stirnlappenschädigungen und Ner-

venstörungen auftreten.[65] Dimethoat steht außerdem unter dem Verdacht, die Krebsentstehung zu fördern, das Erbgut zu verändern und den Embryo zu schädigen.[66]

Umwelt:
Die Störung des Bodengleichgewichts sowie die gebundenen Rückstände in der Erde können sich langfristig negativ auf die Umwelt auswirken. Gelangt eine bestimmte Menge Dimethoat in das Wasser, so kann es sich so langsam abbauen, daß auch noch nach sechs Monaten die Hälfte davon nachweisbar ist.[66a]

Klassifikation: hohe bis mittlere Giftigkeit

Beschränkungen: Nicht erfaßt

Dimethoat-Vorkommen in:
AAdimethoat (BRD), ABC-Pflanzenspray (BRD), Aflix (BRD)

Blattlaus Spray (BRD)

Celathion Combi (BRD), CFM Dimethoat 40 (BRD), Cindy (BRD), COMPO Insektenvernichter (Ö)

Dimethoat (BRD), Dimethoat blau (Ö), Dimethoat ICI (BRD), Dimethoat Rustica (BRD)

Etisso Combi-Düngerstäbchen (BRD/Ö), Etisso-Insektenvernichter (BRD)

GABI Pflanzenspray (BRD), Gesal-Rosenspray (Ö)

maiblü Blattlaus- und Pflanzenspray (BRD), maxima Pflanzenschutz (BRD), Mestro (BRD), Multexol (BRD)

Perfekthion (BRD), Perfekthion Pflanzenspray (BRD), Perfekthion S (Ö)

recozit Pflanzenspray (BRD), Rogor (BRD), Rogor 40 L (BRD), Rogor RL50 (Ö), Roxion (BRD), Roxion-S (Ö), Roxion ULV 40 (BRD)

Salut (BRD)

12.2.6. Disulfoton – Systemisch wirkendes Mittel gegen Insekten und Milben (Insektizid, Akarizid)

LD_{50} (Ratte): 2,6 mg/kg (oral)

Akute Vergiftungssymptome:
Pupillenverengung, Speichelfluß, Erbrechen, Krämpfe, Durchfall, Erregung, Verlangsamung der Atmung, des Herschlages bis Herzstillstand; Blockade lebenswichtiger Enzyme im Blut und in den Geweben (Cholinesterasehemmung).

Chronische Folgen:
Bei wiederholten, häufigen Anwendungen können die oben angeführten Vergiftungssymptome sowie Stirnlappenschädigungen und Nervenstörungen auftreten[67]; Disulfoton steht außerdem unter dem Verdacht, die Milz zu schädigen und die Embryo-Entwicklung negativ zu beeinflußen.[68]

Umwelt:
Disulfoton ist eine hochgiftige Substanz mit starker Wirkung auf alle Warmblütler (Tiere und Menschen); die Störung des Bodengleichgewichts sowie die gebundenen Rückstände in der Erde können sich langfristig negativ auf die Umwelt auswirken. Gelangt eine bestimmte Menge Disulfoton ins Wasser, so kann es sich so langsam abbauen, daß auch nach sechs Wochen noch die Hälfte davon nachweisbar ist.[68a]

Klassifikation: hochgiftig

Beschränkungen: Nicht erfaßt

Disulfoton-Vorkommen in:
Disyston-Granulat (BRD)

Solvirex (Ö)

12.2.7. Malathion – Nicht-systemisch wirkendes Mittel gegen Insekten (Insektizid)

LD_{50} (Ratte): 885 mg/kg (oral)

Akute Vergiftungssymptome:
Pupillenverengung, Speichelfluß, Erbrechen, Krämpfe, Durchfall, Erregung, Verlangsamung der Atmung, des Herschlages bis Herzstillstand[69]; Blockade lebenswichtiger Enzyme im Blut und in den Geweben. 1976 wurden in Pakistan 2800 Feldarbeiter beim Versprühen von Malathion vergiftet. Sie arbeiteten im Rahmen des Malaria-Kontrollprogramms. Fünf der Betroffenen starben. Die Ursache der Massenvergiftung war Isomalathion, eine Verunreinigung in Malathion.[70]

Chronische Folgen:
Bei wiederholten, häufigen Anwendungen können die oben angeführten Vergiftungssymptome sowie Stirnlappenschädigungen und Nervenstörungen auftreten[71]; Malathion steht außerdem unter dem Verdacht, den Embryo zu schädigen.[72] Isomalathion, eine Verunreinigung in einigen Malathion-Stäubemitteln, erhöht die Giftigkeit des Wirkstoffes.[73] Bei gleichzeitiger Verabreichung höherer Mengen Malathions mit anderen Phosphorsäureestern kam es bei Versuchstieren nicht nur zu additiven, sondern auch zu potenzierenden Wirkungen.[74]

Umwelt:
Die WHO empfiehlt, daß die Höchstmenge von Isomalathion-Verunreinigungen, die in wasserlöslichem Stäubemittel enthalten sind, nicht 1,8 % übersteigen sollte.[75] Malathion zeigt bei verschiedenen Temperaturen ein unterschiedliches Rückstandsverhalten; bei Wärme zerfallen die Rückstände sehr schnell, bei Kälte verringern sie sich allerdings nicht, weder auf Obst, noch auf Gemüse.[76]

Klassifikation: hochgiftig

Beschränkungen:
In Indien ist Malathion auf der Liste der verbotenen Pestizide.[77]

Malathion-Vorkommen in:
Agro Mix (Ö)

Detia Malathion-Emulsion (BRD), Detmol-Konzentrat MA (BRD), Detmolin M (BRD/Ö)

FOG 3 (BRD)

Insektenil-flüssig-M (BRD), Insektenil-Konzentrat-M (BRD)

Malanthin (Ö), Malapur (Ö), Malathion-Konzentrat (BRD), Malathion ULV-Konzentrat (BRD)

Pirox Spray (Ö)

12.2.8. Methamidophos – Systemisch wirkendes Mittel gegen Insekten (Insektizid)

LD_{50} (Ratte): 18 mg/kg (oral)

Akute Vergiftungssymptome:
Pupillenverengung, Speichelfluß, Erbrechen, Krämpfe, Durchfall, Erregung, Verlangsamung der Atmung, des Herzschlages bis Herzstillstand; starke Augenreizung; Blockade lebenswichtiger Enzyme im Blut und in den Geweben (Cholinesterasehemmung).

Chronische Folgen:
Bei wiederholten, häufigen Anwendungen können die oben angeführten Vergiftungssymptome sowie Stirnlappenschädigungen und Nervenstörungen auftreten.[78]

Umwelt:
Methamidophos ist eine hochgiftige Substanz mit starker Wirkung auf alle Warmblütler (Tiere und Menschen); die Störung des Bodengleichgewichts sowie die gebundenen Rückstände in der Erde können sich langfristig negativ auf die Umwelt auswirken.

Klassifikation: hochgiftig

Beschränkungen: Nicht erfaßt

Methamidophos-Vorkommen in:
Tamaron (BRD / Ö)

12.2.9. Methidathion – Nicht-systemisch wirkendes Mittel gegen Insekten und Milben (Insektizid, Akarizid)

LD_{50} (Ratte): 25 mg / kg (oral)

Akute Vergiftungssymptome:
Pupillenverengung, Speichelfluß, Erbrechen, Krämpfe, Durchfall, Erregung, Verlangsamung der Atmung, des Herzschlages bis Herzstillstand[79]; Blockade lebenswichtiger Enzyme im Blut und in den Geweben (Cholinesterasehemmung).

Chronische Folgen:
Bei wiederholten, häufigen Anwendungen können die oben angeführten Vergiftungssymptome sowie Stirnlappenschädigungen und Nervenstörungen auftreten.[80] Methidathion steht außerdem unter dem Verdacht, den Embryo zu schädigen.[81]

Umwelt:
Die Störung des Bodengleichgewichts, sowie die gebundenen Rückstände in der Erde können sich langfristig negativ auf die Umwelt auswirken.

Klassifikation: hohe bis mittlere Giftigkeit

Beschränkungen: Nicht erfaßt

Methidathion-Vorkommen in:
Ultacron (BRD), Ultracid-20-Emulsion (Ö), Ultracid-20-Spritzpulver (Ö), Ultracid 40 Ciba Geigy (BRD)

12.2.10. Mevinphos – Systemisch wirkendes Mittel gegen Insekten (Insektizid)

LD_{50} (Ratte): 3,7 mg/kg (oral)

Akute Vergiftungssymptome:
Pupillenverengung, Speichelfluß, Erbrechen, Krämpfe, Durchfall, Erregung, Verlangsamung der Atmung, des Herzschlages bis Herzstillstand; Blockade lebenswichtiger Enzyme im Blut und in den Geweben (Cholinesterasehemmung); Mevinphos kann sehr leicht über die Atmung aufgenommen werden, aufgrund der hohen Flüchtigkeit besteht die Gefahr der Inhalation.[82]

Chronische Folgen:
Bei wiederholten, häufigen Anwendungen können die oben angeführten Vergiftungssymptome sowie Stirnlappenschädigungen und Nervenstörungen auftreten.[83]

Umwelt:
Mevinphos ist eine hochgiftige Substanz mit starker Wirkung auf alle Warmblütler (Tiere und Menschen); die Störung des Bodengleichgewichts sowie die gebundenen Rückstände in der Erde können sich langfristig negativ auf die Umwelt auswirken.

Klassifikation: hochgiftig

Beschränkungen: Nicht erfaßt

Mevinphos-Vorkommen in:
PD 5 (BRD), Phosdrin E. C. (Ö)

Shell Phosdrin 25,50 (BRD)

12.2.11. Monocrotophos – Systemisch wirkendes Mittel gegen Insekten und Milben (Insektizid, Akarizid)

LD_{50} (Ratte): 14 mg/kg (oral)

Akute Vergiftungssymptome:
Pupillenverengung, Speichelfluß, Erbrechen, Krämpfe, Durchfall, Erregung, Verlangsamung der Atmung, des Herzschlages bis Herzstillstand; Blockade lebenswichtiger Enzyme im Blut und in den Geweben (Cholinesterasehemmung).

Chronische Folgen:
Bei wiederholten, häufigen Anwendungen können die oben angeführten Vergiftungssymptome sowie Stirnlappenschädigungen und Nervenstörungen auftreten.[84]

Umwelt:
Monocrotophos ist eine hochgiftige Substanz mit starker Wirkung auf alle Warmblütler (Tiere und Menschen); die Störung des Bodengleichgewichts sowie die gebundenen Rückstände in der Erde können sich langfristig negativ auf die Umwelt auswirken. Gelangt eine bestimmte Menge Monocrotophos ins Wasser, so kann es sich so langsam abbauen, daß auch noch nach sechs Monaten die Hälfte davon nachweisbar ist.[84a]

Klassifikation: hochgiftig

Beschränkungen: Nicht erfaßt

Monocrotophos-Vorkommen in:
Bilobran (Ö)

Gesal Rosenspritzmittel (Ö)

Nuvacron 20 (Ö)

12.2.12. Parathion – Nicht-systemisch wirkendes Mittel gegen Insekten (Insektizid)

LD_{50} (Ratte): 2 mg/kg (oral)

Akute Vergiftungssymptome:
Pupillenverengung, Speichelfluß, Erbrechen, Krämpfe, Durchfall, Erregung, Verlangsamung der Atmung, des Herzschlages bis Herzstillstand; Blockade lebenswichtiger Enzyme im Blut und in den Geweben (Cholinesterasehemmung);
1958 starben in Indien 100 Menschen infolge einer Vergiftung durch unsachgemäß gelagertes Parathion[85];
1959 vergifteten sich 38 Personen in Singapur durch Nahrungsmittel, die mit Parathion verunreinigt waren; neun von ihnen bezahlten es mit dem Leben[86];
die Literatur berichtet Ende der 50er Jahre über Massenvergiftungen bei Arbeitern, die Parathion auf landwirtschaftlichen Kulturen ausgebracht hatten.[87]

Chronische Folgen:
Bei wiederholten, häufigen Anwendungen können die oben angeführten Vergiftungssymptome sowie Stirnlappenschädigungen und Nervenstörungen auftreten[88]; Parathion steht außerdem unter dem Verdacht, die Krebsentstehung zu fördern und den Embryo zu schädigen.[89]

Umwelt:
Parathion (E 605) wurde aus dem Nervenkampfstoff E 600 durch eine geringfügige Veränderung der chemischen Struktur entwickelt und ist ein hochgiftiger Wirkstoff. Der Hautkontakt mit einer Menge von nicht mehr als einem Teelöffel kann schon tödlich sein. Parathion wird heute für rund die Hälfte der Pestizide-Vergiftungen in der Welt verantwortlich gemacht. Allein in Zentralamerika werden rund 80 % der Vergiftungsfälle mit Parathion in Verbindung gebracht.[90] Das Insektizid wird in der landwirtschaftlichen Produktion wie Baumwolle, Tabak, aber auch in der Nahrungsmittelproduktion gegen Insekten eingesetzt; es ist allerdings auch hochwirksam gegen Vögel, Bienen, Menschen und Tiere. In der US-Stadt Stoneville konnten 1976 wäh-

rend der Sommermonate extreme Parathion-Belastungen in der Luft gemessen werden. Im August enthielt dort ein Kubikmeter Luft 341 Nannogramm des Gifts.[91] Parathion gehört außerdem zu jener Gruppe von Pestiziden, für die eine Bildung von »gebundenen Rückständen« nachgewiesen wurde; das heißt, daß das vermeintliche »Verschwinden« im Boden nicht auf Abbauprozesse zurückzuführen ist, sondern auf Bindungsprozesse in der Erde. Wann und in welcher Form der Boden die Stoffe freigeben wird, kann von wissenschaftlicher Seite her nicht beantwortet werden.[92]

Klassifikation: hochgiftig

Beschränkungen:
Die Weltbank empfiehlt, Parathion nicht in der Agrarproduktion einzusetzen.[93]

Parathion-Vorkommen in:
Alenthion (Ö), Ambinex (Ö)

E 605 Combi (BRD), E 605 forte (BRD), E-605 forte Universal-Insektizid (Ö), E-605 Spritzmittel neu (Ö), E 605 Spritzpulver (BRD), E-605-Staub (Ö), Eforol 2 flüssig (Ö), Eforol-Spritzmittel (Ö), Eforol-Stäubemittel (Ö), Eftol (BRD), Eftol-Öl (BRD), Ekatox »20« (Ö), Ekatox »20«-Pulver (Ö), Epho-Emulsion (Ö)

Folidol-Öl-Spritzmittel (BRD/Ö)

ME 605 Spritzpulver (BRD)

Olparin (Ö)

Parathion A (BRD), Parathion-P-O-X konzentriert (BRD), Paration forte Agrotec (BRD), Paridol (Ö)

Wurmkiller (Ö)

12.3. Carbamate

(Mittel gegen Insekten und Unkräuter)

Jährlich werden in der Bundesrepublik 681 Tonnen[94] dieser Wirkstoffe abgesetzt, in Österreich sind es 143 Tonnen.[95] Die Carbamate umfassen eine Großgruppe von Pilz-, Unkraut- und Insektenvernichtungsmitteln. Sie werden auch gegen Schnecken und Würmer eingesetzt.[96] In der Wirkungsweise gehören Phosphorsäureester und Carbamate zu verwandten Gruppen: Beide blockieren lebenswichtige Enzyme im Blut und in den Geweben (Cholinesterasehemmung).
Für die Anwender – Bauern und Gärtner – sind sie durch ihre hohe akute Giftigkeit gefährlich. Sie können eingeatmet und auch durch die Haut aufgenommen werden. Erste Anzeichen einer Carbamatvergiftung setzen früh ein; sie zeigen sich in Kopfschmerzen, Sehstörungen, Schwächegefühl, Schwitzen und Beklemmungsgefühlen. Der Tod tritt bei hohen Mengen durch Atmungsstillstand ein, ausgelöst durch Atemmuskellähmung oder Bronchialverengung.[97]
Bei leichteren Vergiftungen werden die Carbamate im allgemeinen im Körper rasch abgebaut und nicht abgelagert. Auf dieser Fähigkeit beruht der gute Ruf dieser Wirkstoffgruppe: Sie sei zwar akut sehr giftig, also im Moment gefährlich, doch der Abbauprozess im Boden und in den Pflanzen erfolge sehr schnell. Befürchtete ökologische und chronisch-gesundheitliche Risiken seien damit auszuschließen. Diese Illusion kann mittlerweile nicht mehr aufrechterhalten werden.
Zu den chronischen Folgen des langjährigen Kontaktes mit Carbamaten zählen Gewichtsverlust, Muskelschwäche und Nierenschäden mit Eiweiß und Zuckerausscheidung im Urin.[98] Außerdem steht die Wirkstoffgruppe unter dem Verdacht, den Embryo zu schädigen und negativ auf das Fortpflanzungssystem zu wirken.[99]
Die Rückstände diverser Carbamate bzw. die Stoffwechselprodukte der Substanz (Metaboliten) sind noch lange auf den besprühten Pflanzen nachzuweisen. Die Störung des Bodengleichgewichts gehört zu den langfristigen Umweltfolgen des Carbamateinsatzes.

Häufigste Wirkstoffe: Aldicarb, Benomyl, Carbaryl, Carbofuran, Methomyl, Phenmedipham, Pirimicarb, Propineb, Propoxur

12.3.1. Aldicarb – Mittel gegen Insekten, Fadenwürmer und Milben (Insektizid, Akarizid, Nematizid)

LD_{50} (Ratte): 0,9 mg/kg (oral)

Akute Vergiftungssymptome:
Aldicarb gehört zu den Mitteln mit der höchsten akuten Giftigkeit überhaupt. Vergiftungsanzeichen sind: Pupillenveränderung, Speichelfluß, Erbrechen, Krämpfe, Atemdepression, Koma, Herzstillstand; Blockade lebenswichtiger Enzyme im Blut und in den Geweben (Cholinesterasehemmung).

Chronische Folgen:
Wegen seiner chemischen Zusammensetzung (es enthält eine Nitro-Verbindung) steht Aldicarb unter Verdacht, erbgutverändernd zu wirken[100]; möglich sind auch Embryoschäden und Wirkungen auf das Fortpflanzungssystem.[101]

Umwelt:
In den USA wurden hohe Rückstandsmengen im Grundwasser gefunden; in den Staaten Wisconsin und New York (USA) wurden starke Wasserverunreinigungen durch Aldicarb entdeckt.[102]
Im August 1985 kam es in Italien zu einem Skandal, als angeblich zwei Millionen Doppelzentner Tomaten von den Bauern mit Aldicarb (*Temik*) behandelt wurde. In Italien ist das Pestizid jedoch nur auf Zukkerrüben zugelassen. Die Tomatenernte wurde gestoppt, ein Teil ging verloren.
Gelangt eine bestimmte Menge von Aldicarb ins Wasser, so kann es sich so langsam abbauen, daß auch noch nach sechs Monaten die Hälfte davon nachweisbar ist.[103]

Klassifikation: hohe bis mittlere Giftigkeit

Beschränkungen:
In Florida ist Aldicarb wegen der hohen Rückstandmengen im Grundwasser verboten worden.[104] Der Wirkstoff ist berüchtigt für seine besonders hohe Giftigkeit gegenüber Warmblütlern (Menschen). In Österreich darf Aldicarb nur im Zierpflanzenbau (z. B. Blumen) unter

Glas verwendet werden. In der BRD darf Aldicarb unter anderem auch noch auf Zuckerrübern verwendet werden.

Aldicarb-Vorkommen in:
Temik 10 G(Ö), Temik 5 G (BRD)

12.3.2. Carbaryl – Mittel gegen Insekten (Insektizid)

LD_{50} (Ratte): 300 mg/kg (oral)

Akute Vergiftungssymptome:
Sehstörungen, Speichelfluß, Wasseransammlung in der Lunge, Schweißneigung, Krämpfe, Durchfälle, Erbrechen; Blockade lebenswichtiger Enzyme im Blut und in den Geweben (Cholinesterasehemmung).

Chronische Folgen:
Carbaryl steht unter dem Verdacht, das Zentralnervensystem und das Immunsystem zu beeinflussen, erbgutverändernd zu wirken, das Herz anzugreifen und die Nieren zu schädigen[105]; möglich ist auch die Entstehung von Mißbildungen[106] und Krebs.

Umwelt: Nicht erfaßt

Klassifikation: hochgiftig

Beschränkungen: Nicht erfaßt

Carbaryl-Vorkommen in:
Agro-Ravin (Ö), AN 69 (Ö)

KWP 61 (Ö)

Pantrin (Ö)

Sevin 50 S(Ö)

12.3.3. Phenmedipham – Mittel gegen Unkräuter (Herbizid)

LD_{50} (Ratte): 8000 mg/kg (oral)

Akute Vergiftungssymptome:
Wirkung auf das Zentralnervensystem, Augen- und Hautreizung, vermehrte Speichelbildung, allgemeine Apathie; der Wirkstoff Phenmedipham wird erst durch die Zusatzstoffe zum Cholinesterasehemmer (Blockade lebenswichtiger Enzyme im Blut und in den Geweben)[107].

Chronische Folgen:
Neben dem Verdacht, dem Embryo zu schädigen und negativ auf das Fortbildungssystem zu wirken, sind durch den Wirkstoff Phenmedipham krankhafte Blutveränderungen möglich, sowie Gewebsveränderungen der Milz.[108]

Umwelt: Nicht erfaßt

Klassifikation: mittlere bis geringe Giftigkeit

Beschränkungen: Nicht erfaßt

Phenmedipham-Vorkommen in:
Arrat (BRD)

Betanal (BRD/Ö), Betanal AM 11 (Ö), Betanal AM 21 (BRD)

Phenmedipham-Stefes (BRD)

12.3.4. Pirimicarb – Mittel gegen Insekten (Insektizid)

LD_{50} (Ratte): 147 mg/kg (oral)

Akute Vergiftungssymptome:
Sehstörungen, Speichelfluß, Wasseransammlung in der Lunge, Schweißneigung, Krämpfe, Durchfälle, Erbrechen; bei schweren Vergiftungen: Atemstillstand.

Chronische Folgen:
Pirimicarb steht unter dem Verdacht, das Blutbild zu verändern, das Wachstum zu verlangsamen, die Milz zu schädigen und die Krebsentstehung zu fördern.[109]

Umwelt:
Pirimicarb gehört zu jener Gruppe von Pestiziden, für die eine Bildung von »gebundenen Rückständen« nachgewiesen wurde; das heißt, daß das vermeintliche Verschwinden im Boden nicht auf Abbauprozesse zurückzuführen ist, sondern auf Bindungsprozesse in der Erde; wann und in welcher Form der Boden die Stoffe freigeben wird, kann von wissenschaftlicher Seite her nicht beantwortet werden.[110]

Klassifikation: hochgiftig

Beschränkungen: Nicht erfaßt

Pirimicarb-Vorkommen in:
Pirimor (BRD), Pirimor-DG (Ö), Pirimor Granulat zum Auflösen in Wasser (BRD), Pirimor-Räucherdose (BRD)

12.4. Thiocarbamate

(Mittel gegen Pilze)

Thiocarbamate sind eine eigene Gruppe von Pilz- und Unkrautmittel. Sie teilen sich in zwei große Untergruppen: In die Dithiocarbamate und in die Monothiocarbamate. Der Wirkungsmechanismus der Monothiocarbamate (wie z. B. Butylat, Cycloat oder Triallat) ist beim Menschen weitgehend unbekannt.[111]
Über die Wirkungsweise der Dithiocarbamate weiß man mehr: Sie blockieren nicht – wie bei den Carbamaten – lebenswichtige Enzyme im Blut und in den Geweben, sondern sie verändern im Menschen die Proteinstruktur. Für die menschliche Gesundheit sind besonders die Abbauprodukte (Metaboliten) der Dithiocarbamate gefährlich. Sie

werden teilweise in Schwefelkohlenstoff abgebaut, der die Nerven angreift.
Noch gefährlicher ist Äthylenthioharnstoff, auch ein Metabolit der Dithiocarbamate: Er steht unter dem dringenden Verdacht, Krebs zu erzeugen. Besonders können davon die Leber und die Schilddrüse betroffen werden.[112] Der Äthylenthioharnstoff, der Hauptbegleiter der Wirkstoffe Maneb, Mancozeb und Zineb, kann aber noch mehr: Schilddrüsenvergrößerungen (Kropf), Erbgutveränderungen und Mißbildungen gehören ebenfalls zum möglichen Wirkungsspektrum.
Die Stoffe Ferbam, Thiram und Ziram (Gruppe der Dithiocarbamate) können in Nitrosamine abgebaut werden. Diese sind krebserregend.[113]
Am Beispiel der Dithiocarbamate wird einmal mehr deutlich, daß die Abbauprodukte eines Pestizides gefährlicher sein können, als der verwendete Wirkstoff selbst. Nach dem Einsatz von Dithiocarbamaten gegen Pilze und Unkraut können die jeweiligen Metaboliten auch nach einem Verarbeitungsprozeß zum Nahrungsmittel noch nachgewiesen werden.

Häufigste Wirkstoffe:
Dithiocarbamate: Ferbam, Mancozeb, Maneb, Thiram, Zineb, Ziram
Monothiocarbamate: Butylat, Cycloat, Diallat, Triallat, Vernolat

12.4.1. Mancozeb – Mittel gegen Pilze (Fungizid)

LD_{50} (Ratte): 5000 mg/kg (oral)

Akute Vergiftungssymptome:
Übelkeit, Erbrechen, durch Alkohol verstärken sich die Symptome[114]; Hautausschläge, Durchfall, Benommenheit, Kopfschmerzen, Lethargie, Muskelschwäche, Lähmungen

Chronische Folgen:
Mancozeb gehört chemisch zum Maneb-Zineb-Komplex; mögliche Folgen dieser Gruppen siehe unter Maneb und Zineb.

Umwelt:
Abbauprodukte (Metaboliten) der Dithiocarbamate können in Nahrungsmittel übergehen und sind gesundheitlich sehr bedenklich.[115]

Klassifikation: mittlere bis geringe Giftigkeit

Beschränkungen: Nicht erfaßt

Mancozeb-Vorkommen in:
Ciluan (BRD), Cuprodithane (Ö)

Dithane M-45 (Ö), Dithane Ultra Hoechst (BRD), Dithane Ultra Spiess-Urania (BRD), Dithane Ultra W (BRD)

Mancofol (Ö) Mancotan (Ö) Mancozeb (Ö)

Nemispor (Ö)

Pirox-Spray (Ö), Pomuran (Ö)

Ridomil MZ (BRD/Ö), Ridomil TK (BRD)

WP 72 (Ö)

12.4.2. Maneb – Mittel gegen Pilze (Fungizid)

LD_{50} (Ratte): 4000–5000 mg/kg (oral)

Akute Vergiftungssymptome:
Störungen des Zentralnervensystems, Augen- und Hautreizung; Hautausschläge, Durchfall, Benommenheit, Kopfschmerzen, Lethargie, Muskelschwäche, Lähmungen.

Chronische Folgen:
Möglich sind negative Wirkungen auf die Schilddrüse, das Fortpflanzungssystem und die Nieren; Erbgutveränderungen, Embryoschäden und Krebsentstehung.[116]

Umwelt:
Abbauprodukte (Metaboliten) der Dithiocarbamate können in Nahrungsmittel übergehen und sind gesundheitlich sehr bedenklich.[117]

Klassifikation: hohe bis mittlere Giftigkeit

Beschränkungen: Nicht erfaßt

Maneb-Vorkommen in:
AAphythora-M (BRD), AAstimasul (BRD), Alentisan CM (Ö), ASEPTA MANEB 80 % Spritzpulver (BRD)

BASF-Maneb-Spritzpulver (BRD), Brestan 60 (BRD/Ö)

CFM-Maneb 80 (BRD)

Dithane M-22 (Ö), Drawigran Spezial (BRD)

Fusiman (Ö)

Luxan Maneb 80 % Spritzpulver (BRD)

Maneb »Schacht« (BRD), Maneb 80 A (BRD), Maneb 80 B (BRD), Maneb 80 Spritzpulver (BRD), Maneb 80 WP (BRD), Maneb-Berghoff (BRD), Miltoxan Blau (Ö), Miltoxan Spezial (Ö)

Nespor (BRD), Neudo-Fungan (BRD)

Perontan ZMF (Ö)

Ridomil M (Ö)

Trimangol (BRD), Trimanoc Neu (Ö), Trimanoc Super (Ö)

Vandozeb (Ö)

Wacker Maneb (BRD)

12.4.3. Zineb – Mittel gegen Pilze (Fungizid)

LD_{50} (Ratte): 5200 mg/kg (oral)

Akute Vergiftungssymptome:
Zentralnervensystemstörung, Augen- und Hautreizung, Übelkeit, Erbrechen, Verstärkung der Symptome durch Alkohol; Hautausschläge, Durchfall, Benommenheit, Kopfschmerzen, Lethargie, Muskelschwäche, Lähmungen.

Chronische Folgen:
Negative Wirkungen auf die Schilddrüse, die Haltefunktion der Muskulatur, das Erbgut und Fortpflanzungssystem sind möglich; ebenso Krebsentstehung.[118]

Umwelt:
Abbauprodukte (Metaboliten) der Dithiocarbamate können in Nahrungsmittel übergehen und sind gesundheitlich sehr bedenklich.[119]

Klassifikation: Nicht erfaßt

Beschränkungen: Nicht erfaßt

Zineb-Vorkommen in:
AAphytora (BRD), AAstimasul (BRD), Agro-Mix (Ö)

Detia Pilzol SZ (BRD), Detia Pilzol SZ mit Schwefel (Ö)

Kornitol-RSM-Rosenspritzmittel (BRD)

Luxan Zineb 75/80 % Spritzpulver (Ö)

Miltox (Ö), Miltoxan Blau (Ö), Miltoxan Spezial (Ö)

Nospor (Ö)

Permilan (Ö), Perontan (Ö), Perontan ZMF (Ö), Phytox + Ultraschwefel (BRD), Phytox 80 (BRD), Phytox M (Ö), Phytox Staub (BRD), Pirox neu (Ö)

Trimanoc Super (Ö)

Vondozeb (Ö)

Zineb FE (Ö)

12.5 Phenolverbindungen

(Mittel gegen Unkräuter, Milben, Pilze und Insekten)

Von dieser Unkrautmittelgruppe wurden 1981 in der Bundesrepublik rund 960 Tonnen verkauft[120]; in Österreich waren es im Jahre 1984 rund 69 000 Kilogramm[121].

Phenolderivate gehören zu den ältesten Pestiziden überhaupt. Bereits 1892 entwickelten die damaligen Farbenfabriken Bayer das erste – wohl älteste – Insektenmittel *(Antinonnin)* aus dieser Wirkstoffgruppe. Erst 1934 wurde dieses Präparat als sogenanntes DNOC zum Unkrautmittel[122].
Die Phenolderivate wirken als Zellgifte gegen alle Pflanzen. Diese allgemeine Zellgiftigkeit wird auch in einer Insekten und Pilze vernichtenden Eigenschaft deutlich[123]. Die hohe Wirksamkeit gegen alle Pflanzen schränkt die Anwendung der Phenolderivate fast ausschließlich auf die Winterzeit ein. Diese Einschränkung muß für die Anwender als »Glück« bezeichnet werden, denn hohe Außentemperaturen können die Giftigkeit der Substanzgruppe erhöhen[124].

Die gesamte Wirkstoffgruppe, insbesondere aber die Substanz DNOC hat eine wechselvolle Geschichte: Alle diese Mittel fanden zu Beginn ihrer Entwicklung reißenden Absatz. Phenolverbindungen sind Kontaktmittel, die ätzend auf die Zellen wirken. Nach der anfänglichen Euphorie über die Wirksamkeit zeigten sich bald die negativen Folgen. Die Gefährlichkeit zeigte sich vor allem gegenüber dem Anwender durch die Fähigkeit der Substanz, in hohen Mengen über die Haut aufgenommen zu werden[125]. Das führte zu Absatzeinbußen[126]. Schon 1–3 Gramm können tödliche Folgen haben[127]. Anfang der 70-er Jahre nahm die Bedeutung schließlich wieder zu. DNOC wurde mit anderen Unkrautmitteln (Wuchsstoffherbiziden – Phenoxycarbonsäuren) kombiniert und damit wieder unter die Bauern gebracht[128].
Die Phenolverbindungen haben, wie viele Pestizide, eine lange Verweilzeit im Boden. Bis zu fünf Jahren kann der Abbauprozeß in der Erde dauern[129]. Die Anreicherungsgefahr besteht damit auch bei dieser Präparategruppe; ebenso das ökologische Problem der Reduzierung der pflanzlichen Artenvielfalt.

Häufigste Wirkstoffe: Binapacryl, Bromfenoxim, Dinocap, Dinoseb, Dinosebacetat, Dinoterb, DNOC, Medinoterbacetat, Nitrofen, Pendimethalin = Penoxalin, Trifluralin.

12.5.1. Dinocap – Mittel gegen Milben und Pilze (Akarizid, Fungizid)

LD_{50} (Ratte): 980 mg/kg

Akute Vergiftungssymptome:
Dinocap beeinträchtigt die Wärmeregulierung des Körpers; Augen- und Hautreizung, Übelkeit, Durchfall, Magenschmerzen, gerötete Haut, Fieber, schnelle Atmung, Schweißausbrüche[130]; der Tod tritt durch Atmungs- oder Kreislaufversagen ein.

Chronische Folgen:
Bei langjährigem und häufigem Kontakt mit Dinocap kann es zu Blutbildschäden, Grauem Star, Hautausschlägen, Bindehautentzündung, Leberentzündung und Nierenschäden kommen; Dinocap steht außerdem unter dem Verdacht, das Fortpflanzungssystem anzugreifen[131].

Umwelt:
Die lange Verweildauer im Boden kann zu erheblichen Umweltbelastungen führen

Klassifikation: hochgiftig

Beschränkungen: Nicht erfaßt

Dinocap-Vorkommen in:
Agro Mix (Ö), Arcotan (Ö)

Bilobran (Ö)

Egesa-Pflanzenspray (BRD), Ezenosan (BRD)

Fetrilon (Ö)

Gardol Pflanzenspray (BRD), Gesal Rosenspray (Ö), Gesal Rosenspritzmittel (Ö)

Karathane FN 57 (Ö), Karathane LC (Ö), Karathane Spiess-Urania (BRD), Karathane-Spritzpulver (BRD), Kombi-Rosenspritzpulver (Ö)

Pirox-Spray (Ö)

Sequestren 138 Fe (Ö), Sequestren 138 Fe Granulat (Ö), Sequestren 330 Fe (Ö)

terrasan Pflanzen-Spray (BRD)

12.5.2. Dinoseb (DNBP) – Mittel gegen Pilze und Insekten (Fungizid, Insektizid)

LD_{50} (Ratte): 35 mg/kg

Akute Vergiftungssymptome:
Dinoseb beeinträchtigt die Wärmeregulierung des Körpers, Augen- und Hautreizung, Übelkeit, Durchfall, Magenschmerzen, Schweißausbrüche; der Tod tritt durch Atmung- und Kreislaufversagen ein[133], auch Gelbfärbung des Kopfhaares, der Augenbrauen und der Fußnägel kommen vor[134]. Die österreichische Vergiftungs Informationszentrale berichtete in den Jahren von 1977 bis 1982 von über vierzehn stationär behandelten Vergiftungsfällen. Darunter waren auch Kleinkinder, die nur an der Flasche »geleckt« hatten[135].

Chronische Folgen:
Bei langjährigem und häufigem Kontakt mit Dinoseb kann es zu Blutbildschäden, Grauem Star, Hautausschlägen, Bindehautentzündung, Leberentzündung und Nierenschäden kommen[136].

Umwelt:
Nitrierte Phenole können als Rückstände in Lebensmitteln auftreten, wenn die Einschränkungen auf die Winterzeit nicht eingehalten werden[137]; die lange Verweildauer im Boden kann zu erheblichen Umweltbelastungen führen[138].

Klassifikation: hochgiftig

Beschränkungen: Nicht erfaßt

Dinoseb-Vorkommen in:
Aresin-Kombi (BRD), Aretit flüssig (BRD/Ö)

Dibudrin 10 (Ö), Dillex flüssig (Ö)

Gebutox (Ö), Gebutox 10 (Ö)

Sanjosan 10 (Ö)

12.5.3 DNOC – Mittel gegen Unkräuter und Insekten (Herbizid, Insektizid)

LD_{50} (Ratte): 10 mg/kg

Akute Vergiftungssymptome:
DNOC beeinträchtigt die Wärmeregulierung des Körpers; die Substanz hat die Fähigkeit zu einer stark kumulativen Giftwirkung; das Gift reichert sich im Körper an und wird nur sehr langsam wieder ausgeschieden. Nur 1 mg pro Kilogramm Körpergewicht genügen, um auch noch nach 40 Tagen DNOC im Organismus nachzuweisen[139]; bereits zwei Gramm sind für den Menschen gefährlich, insbesondere durch die Fähigkeit der Substanz, sehr leicht über die Haut aufgenommen zu werden[140]; hohes Fieber, starker Durst, Koliken, Durchfall und Erbrechen sind die Folge einer Vergiftung; der Tod tritt durch Herz- und Lungenversagen ein[141]. DNOC war zwischen 1933 und 1937 als Mittel gegen Fettsucht im Gebrauch, bis es durch zum Teil tödliche Vergiftungen in Mißkredit geriet[142]. Zu Beginn der 50-er Jahre wurden Berichte bekannt, in denen schwere Vergiftungen von Landarbeitern beschrieben wurden, die den DNOC-Einsatz zum Teil mit dem Leben bezahlen mußten[143].

Chronische Folgen:
Bei langjährigem und häufigem Kontakt mit DNOC kann es zu Blutbildschäden, Grauem Star, Hautausschlägen, Bindehautentzündungen, Leberentzündung und Nierenschäden kommen[144].

Umwelt:
Nitrierte Phenole sind als Rückstände in Lebensmitteln zu erwarten, wenn die Einschränkungen auf die Winterzeit nicht eingehalten werden[145]; die lange Verweildauer im Boden kann zu erheblichen Umweltbelastungen führen[146].

Klassifikation: hochgiftig

Beschränkungen: Nicht erfaßt

DNOC-Vorkommen in:
Ätzmittel »Marktredwitz« (BRD)

Dinitrokarbolineum »Stähler« (BRD), Dinitrol (BRD), Ditrosol-Karbol Schacht (BRD)

Etzel (BRD), Extar »A« (Ö)

Lutin-Neu-Winterspritzmittel (BRD)

12.6. Phthalsäureverbindungen

(Mittel gegen Pilze)

Bei den Phthalsäureverbindungen handelt es sich fast ausschließlich um Pilzmittel (Fungizide). Die genauen Absatzzahlen sind den Statistiken der jeweiligen Industrieverbände nicht zu entnehmen, da diese Pestizide nicht separat, sondern nur in der Großgruppe der organischen Verbindungen (Fungizide) aufscheinen. In der Bundesrepublik wurden davon im Jahr 1981 rund 4465 Tonnen verkauft[152].

Die Entwicklung und Vermarktung dieser Wirkstoffgruppe wurde im Jahre 1949 vom Großunternehmen Standard Oil Development in Gang gesetzt und weitergetrieben[153]. Damit wurden Substanzen in Umlauf gebracht, die als Saatgutbeizmittel, Bodenbehandlungsmittel sowie im Obst- und Weinbau als relativ unschädlich galten und breite Anwendung fanden. Die Zulassungen wurden in der Bundesrepublik auf Basis der Unterlagen des US-Konzerns Chevron erteilt, die die

Ungefährlichkeit der Mittel bestätigten. Neue Registrierungsunterlagen, die auf Grund der ausgelaufenen Zulassung im Februar 1986 wieder eingereicht werden mußten, bescheinigten den Präparaten allerdings eine krebserregende Wirkung. Die alten Laborbefunde ließen sich nicht mehr wiederholen[154]. Deshalb wurde der Verkauf in der BRD – mit Ausnahmeregelungen – ab 1. März 1986 verboten. In Österreich sind diese Fungizide weiterhin problemlos zu erwerben. Die Phthalsäureverbindungen stören bei einer Vergiftung die Atmungsfunktionen in den Zellen[155]. Die größte akute Gefahr für den Anwender dieser Wirkstoffgruppe besteht neben den chronischen Folgen in einer starken Augen-, Haut- und Schleimhautreizung mit allergischen Reaktionen. Die Phthalsäureverbindungen zeigen keine Tendenz, sich im menschlichen Organismus anzureichern. Im Boden allerdings können diese Pilzmittel auch noch nach zwei Monaten nachgewiesen werden[156].

Häufigste Wirkstoffe: Captafol, Captan, Folpet,

12.6.1. Captan – Mittel gegen Pilze (Fungizid)

LD_{50} (Ratte): 9000 mg/kg

Akute Vergiftungssymptome:
Starke Augen-, Haut- und Schleimhautreizungen mit möglichen allergischen Reaktionen; Durchfall, Erbrechen; möglich sind Blutbildveränderungen und Nierenschäden[157]; Captan steigert seine Giftigkeit drastisch bei Eiweißmangel; bei proteinfrei ernährten Versuchstieren sank damit die tödliche Dosis von 9000 mg/kg auf nur 6,15 mg pro Kilogramm[158];

Chronische Folgen:
Captan steht unter dem Verdacht, krebserregend zu wirken, das Erbgut zu verändern und den Embryo zu schädigen;[159]

Umwelt:
Zwischen zwei Wochen und zwei Monaten benötigt Captan, um im Boden abgebaut zu werden[160].

Klassifikation: hochgiftig

Beschränkungen:
In der BRD ist Captan wegen seiner krebserregenden Wirkung seit 1. März 1986 nicht mehr zugelassen

Captan-Vorkommen in:
Barcap (Ö)

Captan »Linz« (Ö), Captan 75 (Ö), Capticol (Ö), Capticol Plus (Ö)

Mancotan (Ö)

Orthocid 50 (Ö), Orthocid 75 »W« (Ö), Orthocid 75 (Ö), Orthocid plus (Ö)

Pomuran (Ö)

12.6.2. Folpet – Mittel gegen Pilze (Fungizid)

LD_{50} (Ratte): 10000 mg/kg

Akute Vergiftungssymptome:
Augen-, Haut- und Schleimhautreizung, Durchfall, Erbrechen; möglich sind Blutbildveränderungen und Nierenschäden[161];

Chronische Folgen:
Folpet steht unter dem Verdacht, krebserregend zu wirken, das Erbgut zu verändern, den Embryo zu schädigen; möglich sind auch Milzvergrößerungen und Schilddrüsenvergrößerungen[162];

Umwelt:
Zwischen zwei Wochen und zwei Monaten benötigt Folpet, um im Boden abgebaut zu werden (Substanzschwund von 75 %–100 %;[163]

Klassifikation: hochgiftig

Beschränkungen:
In der BRD ist Folpet wegen seiner krebserregenden Wirkung seit 1. März 1986 nicht mehr zugelassen;

Folpet-Vorkommen in:
Curifol (Ö)

Folpan 50 (Ö), Folpetan flüssig (Ö)

Gesal-Stäubemittel (Ö)

Kupfer Folpet flüssig (Ö), Kupfer-Phaltan (Ö)

Luprofol (Ö)

Mancofol (Ö), Metifol (Ö), Mikal (Ö), Mycodifol (Ö)

Ortho-Phaltan 2000 (Ö), Ortho-Phaltan 50 (Ö), Ortho-Phaltan flüssig (Ö)

Ridomil combi (Ö), Ridomil combi WP 50 (Ö)

Turbofal (Ö)

12.7. Phenoxycarbonsäuren

(Mittel gegen Unkräuter)

Sie sind die bekanntesten und am häufigsten verwendeten Unkrautvernichtungsmittel (Herbizide) mit Absatzmengen von über 7000 Tonnen (BRD) jährlich[164]. In Österreich wurden 1984 davon rund 960000 kg verkauft[165]. Sie werden aus wirtschaftlichen Gründen gezielt gegen jene Ackerunkräuter eingesetzt, die – manchmal nur scheinbar – ertragsmindernd wirken.

Die Phenoxycarbonsäuren treten Ende der 40er – Anfang der 50er Jahre ihren Siegeszug rund um die Welt an. Gefeiert wurde die Befreiung von mechanisch-händischer-Unkraut-Arbeit. Die »Frei«-Zeit mußte allerdings mit teurem Chemieeinsatz und schweren Umweltbelastungen bezahlt werden.

Die Wirkstoffgruppe findet nicht nur im landwirtschaftlichen Bereich Anwendung. Mit der Phenoxycarbonsäure werden auch Park- und Gleisanlagen »kraut«-frei gehalten; Wege, Straßen und Autobahnen besprüht. Überall dort, wo »kein Gras mehr wachsen soll«, werden sie angewendet. Die gesamte Wirkstoffgruppe hat eine kriegerische Vergangenheit. Diese Stoffe können als chemische Waffe, als Entlaubungs- bzw. »Entblätterungsmittel«[166] eingesetzt werden. Bäume und Sträucher verlieren unter dem massiven Einsatz von Phenoxyessigsaurederivaten ihre Blätter – zurück bleibt Ödland[167].

Beim Umgang mit der Wirkstoffgruppe sind besonders die Anwender, Bauern und Landwirte gefährdet. Der wiederholte langjährige Umgang mit der Herbizidgruppe kann zu Hautausschlägen, Nervenschäden und Lähmungen führen[168].

Neben den Belastungen für den menschlichen Organismus – insbesonders durch Dioxinverunreinigungen (2,4,5-T) – sind die ökologischen Schäden beträchtlich, vor allem für die Pflanzenwelt.
Phenoxycarbonsäuren sind Wuchsstoffherbizide. Sie greifen störend in das Wachstum des pflanzlichen Systems ein und verändern die Zelle durch Streckung und Dehnung. Der genaue Wirkungsmechanismus ist noch nicht völlig geklärt. Das »Un«-kraut »wächst sich zu Tode«, erkennbar an den Verkrümmungen und Verdickungen der Pflanzenstengel sowie an aufgeplatzten Pflanzenteilen und der Luftwurzelbildung[169]. Der Wirkstoff wird durch die Blätter aufgenommen, im Leitsystem der Pflanzen weitergegeben und gelangt so bis zur Wurzel.

Phenoxycarbonsäuren entfalten ihre pflanzenschädigende Wirkung besonders intensiv (zielgerichtet) gegen breitblättrige Pflanzen (Selektivität). Dem chemischen Angriff fallen auf diese Weise Kamillen, Kornraden, Labkraut, Ehrenpreis und Vogelmieren zum Opfer. In der BRD ist ein drastischer Rückgang der Farn- und Blütenpflanzenarten nachzuweisen; das sind rund 68 % der gefährdeten Arten[170].

Häufigste Wirkstoffe: 2,4-D, 2,4-DB, MCPA, MCPB, 2,4,5-T, 2,4-DP (Dichlorprop), CMPP (Mecoprop)

12.7.1. 2,4-D (Phenoxyessigsäure) – Mittel gegen Unkräuter (Herbizid)

LD_{50} (Ratte): 375 mg/kg (oral)

Akute Vergiftungssymptome:
Kopfschmerzen, Übelkeit, Erbrechen, Krämpfe und Herzrhythmusstörungen, Leistungsschwäche der Leber und Nieren; bei einer Vergiftung wird der Wirkstoff vom Körper relativ rasch wieder ausgeschieden[171]; die Aufnahme über die Haut ist möglich;

Chronische Folgen:
2,4-D steht unter dem Verdacht, krebserregend und erbgutschädigend zu wirken; möglich sind Nervenschäden (Entmarkung) und funktionelle Störungen im Gehirn.[172]

Umwelt:
Mit 2,4-D behandelte Tomaten führten ebenso wie mit 2,4-D behandeltes Gras bei Versuchstieren (Ratten und Kühen) zu verringerten Nachkommenszahlen und zu schweren Mißbildungen von Leber und Milz[172a].

Klassifikation: hochgiftig

Beschränkungen: In Indien wurden 2,4-D verboten[173].

2,4-D-Vorkommen in:
AAdimitrol-Sp (BRD), AAherba-Combi-Fluid (BRD), AAherba-KV-Combi (BRD), AAherba KV-Combi-Fluid (BRD), Agroterr-Rasendünger mit Unkrautvernichter (Ö), Amizol H (Ö), Amylone-Kombi-Fluid (BRD), Anox L (BRD), Anox M (BRD), Antimoos-U-Kombi (BRD), Asef Rasen-Unkrautvernichter (Ö), Asef Rasendünger mit Unkrautvernichter (BRD), Auxuran (BRD)

Berghoff 2,4-D (BRD), Berghoff 2,4-D Combi (BRD), Berghoff MP-Combi (BRD), Bi-Hedonal (BRD), blitol Rasendünger mit Unkrautvernichter (BRD)

Capriflor bio-aktiv Rasendünger mit Unkrautvernichter (BRD), Capriflor Rasendünger mit Unkrautvernichter (BRD), Celamerck-Unkrautstab (BRD), Celatox-CMPP-Kombi (BRD), Celatox-Kombi-flüssig (BRD), Celatox KV neu (Ö), COMPO Rasendünger mit Unkrautvernichter Neu (Ö)

2,4-D Combi-Fluid Berghoff (BRD), 371 DBA (BRD), 371 DBH (BRD), Decilaz D-fluid (BRD), Dicopur (Ö), Dicopur flüssig (Ö), Dicopur U 46 KV neu (Ö), Dikofag flüssig (Ö), Dikofag Kombi (BRD), Dikofag KV universal (Ö), Dikofag MP-Kombi-flüssig (BRD)

Egesa Rasendünger mit Unkrautvernichter Neu (BRD), Etisso Rasendünger mit Unkrautvernichter (BRD)

Falitox-D flüssig (BRD), Falitox-Kombi flüssig (BRD), Falitox-MP-Kombi-flüssig (BRD), Fisons Evergreen (Ö), Fisons Rasenunkraut-Spray (BRD), Florabella Rasendünger mit Unkrautvernichter (BRD)

Gabi-Rasendünger mit UV (BRD), Gardol Spezial Rasendünger mit UKV (BRD), Garten-Substral Rasendünger mit Unkrautvernichter (Ö), Gartenland Rasendünger Unkrautvernichter (BRD), Gesal-Rasendünger mit Unkrautvernichter (Ö), Gesal-Rasenpflege (Ö), Gesal-Unkrautvertilger (Ö), Gesaprim H (Ö), Getex 2,4-D flüssig (Ö), Getex MCPP + 2,4-D (Ö), Golf-Totalspray (Ö), Grün 35 (BRD)

Hedapur KV Kombi flüssig (Ö), Hedarex fluid (Ö), Hedonal »schnelllöslich« (Ö), Hedonal flüssig (BRD/Ö), Hedonal KV universal (Ö), Hedonal MP-D (BRD), Herbamix-DM 500 (BRD), Herbamix-MPD 500 (BRD), Herbexan-D 500 (BRD), Herbivit Kombi (BRD), Herbivit MPD (BRD), Herbizid-Combi-flüssig »Elsner« (BRD), Herbizid Marks D (BRD), Herbizid Marks Kombi (BRD), Herbizid Marks Kombi DM (BRD), Herbizid Marks MPD (BRD), Herbizid Rustica D (BRD), Herbizid-Rustica Kombi DM (BRD), Herbizid Rustica MPD (BRD), Herbogil DP-D (BRD), Hora Combi (BRD), HORA D (BRD), HORA-Fenoxim spezial (BRD), HORA KV Combi (BRD), Hornoska-Golf mit Unkrautvernichter (BRD), Horti Rasendünger mit Unkrautvertilger (Ö)

Kama-Sanguano-Spezial Rasendünger mit Unkrautvernichter (BRD), Kombi 25-25 Wacker (BRD), Kraft-Rasendünger + Unkrautvernichter mit Langzeitwirkung (BRD), Kraft-Rasendünger + Unkrautvernichter (BRD), KV-Kombi-Getreideherbizid (Ö)

Lawn Plus (Ö), Luxan MCPP/2,4-D Kombi flüssig (Ö), Luxatox Kombi-flüssig (BRD), Luxatox MPD-flüssig (BRD)

M 52 Kombi-flüssig (BRD), maiblü Rasendünger mit Unkrautvernichter (BRD), MEGA-MD (BRD), Mega-PD (BRD), MP-combi-Fluid Berghoff (BRD), MP-D 40-10 Wacker (BRD), MP-Kombi flüssig (BRD)

Neu Substral Rasen-Dünger mit Unkrautvernichter (BRD)

Octylan (Ö), Octylan KV-spezial (Ö), Okultin Combi (BRD), Okultin-Combi-Salz (BRD), Okultin-D-Salz (BRD)

park Rasendünger + UV neu (BRD), Polytox (BRD), Proponex KV Kombi (Ö)

Raflo mit UV (BRD), Rasana plus U (BRD/Ö), Rasen-Floranid Isodur-Rasendünger mit Unkrautvernichter (BRD), Rasen Kap-Horn mit Unkrautvernichter (BRD), Rasen-RA-5 (BRD), Rasen-Terlavan (BRD), Rasendünger mit Unkrautvernichter (BRD), Rasendünger plus Unkrautvernichter (BRD), Rasendünger spezial mit Unkrautvernichter (BRD), Rasendünger Spiess mit Unkrautvernichter (BRD), Rasenfloranid mit Unkrautvernichter (Ö), Rasenunkraut-Vernichter (BRD), REPTO (BRD)

Schola Rasendünger mit Unkrautvernichter (BRD), Shell 2,4-D (BRD), Shell Kombi (BRD), Shell Kombi I (BRD), Shell MP-Kombi (BRD), Sinap DT (Ö), Spezial-Kiepenkerl-Rasendünger mit Unkrautvernichter (BRD), Spezial-Rasendünger mit Unkrautvernichter VGC (BRD), Spezial-Rasendünger mit Unkrautvernichter (BRD), Stodiek-Spezial-Rasendünger mit Unkrautvernichter (BRD), Supergro-Extra (BRD), Supergro-Extra 305 (BRD), Supergro-Extra 308 (BRD)

Tuta-RR (BRD)

U 46 D-Fluid (BRD), U 46 KV-Combi-Fluid (BRD), U blaue 46 Combi-Fluid (BRD), Ultox-Super DPD (BRD), Unkrautvernichtungsmittel 371 DB (BRD), Unkrautvernichtungsmittel 447-68 DBS (BRD), Unkrautvernichtungsmittel 371 (BRD), Ustinex GL (BRD), Utox-Combi-flüssig (BRD), Utox KV Combi-Fluid (BRD), Utox KV Combi Fluid Spiess-Urania (BRD)

Vorox(i) 630 (BRD)

Wacker-Kombi (BRD), Wacker MP-D (BRD), Weedone 402 NV (Ö), Weedone D Salz (Ö), Weedone KV super (Ö), Windhövel-Superrasendünger mit Unkrautvernichter (BRD), Wolf-Scotts-Rasenunkraut-Vernichter (Ö), Wolf Unkrautvernichter mit Rasendünger (BRD)

Yerbatox-D (Ö), Yerbazid 2,4-D (Ö)

12.7.2. Dichlorprop (2,4-DP) (Phenoxypropionsäure) – Mittel gegen Unkräuter (Herbizid)

LD_{50} (Ratte): 800 mg/kg (oral)

Akute Vergiftungssymptome:
Kopfschmerzen, Übelkeit, Erbrechen, Durchfälle, Krämpfe, Herzrhythmusstörungen; der Wirkstoff wird im wesentlichen unverändert ausgeschieden [174].

Chronische Folgen:
Bei wiederholter langjähriger Anwendung sind Hautausschläge, Nervenentzündungen und Lähmungen möglich [175].

Umwelt:
Wird besonders gegen Knöterich, Labkraut und Vogelmiere eingesetzt [176]; sonst ähnliche Wirkungen wie 2,4-D.

Klassifikation: mittlere Giftigkeit

Beschränkungen: Nicht erfaßt.

Dichlorprop-Vorkommen in:
AAherba-DP (BRD), AAherba DP-Fluid (BRD), Anitop (BRD), Anox L (BRD)

Banvel DP Chemia (Ö), Banvel DP Linz (Ö), Basagran DP (BRD/Ö), Basagran Plus (Ö), Basagran-Top (BRD), Basagran Ultra (BRD), Berghoff DP (BRD), Bottrol DP (BRD)

Celatox DP (BRD), Certrol DP (BRD)

Decilaz DP (BRD), Dicopur DP (Ö), Dicopur DPT-Fluid (Ö), Dikofag DP (BRD/Ö), DP »Schering« (BRD), DP 60 Wacker (BRD), DP-Fluid-Berghoff (BRD)

Ehrenpreis-Vernichter Anicon (BRD), Embutox (Ö)

Falitox-DP flüssig (BRD), Fortrol (BRD), Fortrol Flüssig (BRD), Fortrol G (BRD)

Getreideherbizid 10868 H (BRD), Graminon plus (BRD)

Hedapur DP (Ö), Hedapur DPT flüssig (Ö), Hedonal DP (BRD), Hedonal DP flüssig (Ö), Hedonal DPT (Ö), Herbatox (BRD), Herbatox S (BRD), Herbexan-DP 600 (BRD), Herbivit DP (BRD), Herbizid DP »Elsner« (BRD), Herbizid Marks DP (BRD), Herbizid Rustica DP (BRD), Herbogil DP-D (BRD), HORA DP (BRD)

Luxatox DP-flüssig (BRD)

MEGA-DP (BRD)

Okultin DP (BRD), Okultin DP-M-Ester (BRD)

Proponex DPT (Ö)

Rasen-Certrol (BRD)

Shell DP (BRD), Shell DP I (BRD)

Trevespan 2,4-DP (BRD), Trevespan DP (BRD), Tribunil-Combi (BRD/Ö), Tribunil Combi SC (BRD), Tribunil Combi WG (BRD)

U 46 DP-Fluid (BRD), Ultima-DP (BRD), Ultima Plus (BRD), Unkrautvernichtungsmittel 371 (BRD), Unkrautvernichtungsmittel 371

M (BRD), Unkrautvernichtungsmittel 447-68 DBS (BRD), Ustilan GW 20 (BRD), Ustilan NK 25 (BRD), Ustinex F (BRD), Utox DP (BRD), Utox DP Spiess-Urania (BRD), Utox-Super DPD (BRD)

Wacker DP (BRD), Weedone DP (Ö), Weedoprol DO~P

12.7.3. MCPA (Phenoxyessigsäure) – Mittel gegen Unkräuter (Herbizid)

LD_{50} (Ratte): 630 mg/kg (oral)

Akute Vergiftungssymptome:
Kopfschmerzen, Übelkeit, Erbrechen, Durchfall, Muskelzuckungen; in schweren Fällen Bewußtlosigkeit; Herz- und Kreislaufversagen; relativ rasche Ausscheidung nach Vergiftung[177].

Chronische Folgen:
Hautausschläge, Lähmungen. MCPA steht unter Verdacht, den Embryo zu schädigen und das Fortpflanzungssystem anzugreifen[178].

Umwelt:
Das Anwendungsgebiet und die Wirkungsweise von MCPA im Ackerbau ist ähnlich wie das von 2,4-D. Der Wirkstoff wurde 1942 in England entwickelt und wird dort auch heute noch häufig angewandt. Gelangt eine bestimmte Menge MCPA ins Wasser, so kann es sich so langsam abbauen, daß auch noch nach sechs Wochen die Hälfte davon nachweisbar ist[179].

Klassifikation: hohe bis mittlere Giftigkeit

Beschränkungen: Nicht erfaßt

MCPA-Vorkommen in:
AAcombin (BRD), AAherba-Combi-Fluid (BRD), AAherba-M-Fluid (BRD), Agren 3614 (BRD), Albranal (BRD), Amylone (BRD), Amylone-Kombi-Fluid (BRD), Aniten (BRD), Aniten 6038

(BRD), Aniten Kombi (BRD), Aniten P (BRD/Ö), Anitop (BRD), Anox L (BRD), Anox WF (BRD), Antimoos-U-Kombi (BRD)

Banvel CMPP (BRD), Banvel M (BRD), Banvel M-Chemia (Ö), Banvel M-Epro (Ö), Banvel M-Kwizda (Ö), Banvel-M-Linz (Ö), Banvel MCPA (BRD), Banvel MP-Kwizda (Ö), Basagran-Top (BRD), Berghoff 2,4-D Combi (BRD), Berghoff MCPA (BRD), Bi-Hedonal (BRD), blitol Rasendünger plus (BRD), blitol Rasendünger plus Unkrautvernichter (BRD), blitol Unkrautfrei für Rasen Neu (BRD), Brennessel-Granulat Neu Spiess-Urania (BRD), Brill Unkrautvernichter (BRD)

Capriflor Rasendünger mit Unkrautvernichter (BRD), Celatox-Kombi-flüssig (BRD), Celatox M flüssig (Ö), Celatox-TM super (Ö), Certrol G pulv (BRD), Compo Rasen-Unkrautvernichter Combi-Fluid (BRD)

2,4-D Combi-Fluid Berghoff (BRD), degro Rasendünger mit Unkrautvernichter (BRD), Dehner Rasendünger mit Unkrautvernichter (BRD), Detia-Rasenrein (BRD), Dicamba M (BRD), Dicopur Forst (Ö), Dicopur M (Ö), Dicopur spezial (Ö), Dikofag Kombi (BRD), Domatol Spezial (BRD), Drawirit (BRD)

Egesa Rasendünger mit Unkrautvernichter (BRD), Etisso Rasenunkraut-Vernichter (BRD)

Falitox-Kombi flüssig (BRD), Falitox-MCPA flüssig (BRD), Feeli Rasendünger mit Unkrautvernichter (BRD), Fisons Brennessel-Vernichter (BRD), Fisons Rasenunkraut-Vernichter (BRD), Fisons Total-Unkrautvernichter (BRD), Fisons Totalunkraut Spray (BRD), Fleur Rasendünger mit Unkrautvernichter (BRD), Frankol-Combi Neu (BRD), Frankol Rasendünger + U (BRD)

Gabi-Rasendünger mit UV (BRD), Gabi-Rasenunkraut-Vernichter (BRD), Gardena perfect (BRD), Gartenperle-Rasendünger mit Unkrautvernichter (BRD), Getreideherbizid 10868 H (BRD), Golf Rasenspray (Ö), Gramoxone-MB (BRD)

Hedapur M 52 konzentriert (Ö), Hedonal M (BRD), Hedonal M forte (Ö), Hedonal TM »rasant« (Ö), Herbamix – DM 500 (BRD), Herbexan-M 500 (BRD), Herbexan M 750 (BRD), Herbivit Kombi (BRD),

Herbivit M (BRD), Herbizid-Combi-flüssig »Elsner« (BRD), Herbizid Marks Kombi DM (BRD), Herbizid Marks M (BRD), Herbizid Rustica Kombi DM (BRD), Herbizid Rustica M (BRD), Hora-Combi (BRD), HORA-Fenoxim spezial (BRD), HORA M (BRD)

Kama-Sanguano-Spezial Rasendünger mit Unkrautvernichter (BRD), Keropur (Ö), Kombi 25-25 Wacker (BRD), Kraft Rasendünger + Unkrautvernichter (BRD)

Lonza Rasendünger mit Unkrautvernichter (BRD), Lord Spezialdünger mit Unkrautvernichter (BRD), Luxatox Kombi-flüssig (BRD)

M 52 flüssig (BRD), M 52 Kombi-flüssig (BRD), maiblü Total-Unkrautfrei gegen Unkräuter auf Wegen und Plätzen (BRD), maiblü Unkrautfrei für den Rasen (BRD), MCPA 43 flüssig (BRD), MCPA 50 (BRD), MCPA-Berghoff (BRD), MCPA-Getreideherbizid (Ö), MEGA-M (BRD), MEGA-MD (BRD)

Okultin Combi (BRD), Okultin-Combi-Salz (BRD), Okultin DP-M-Ester (BRD), Okultin M (BRD), Okultin M-Salz (BRD)

park extra (BRD), park Rasendünger + Unkrautvernichter (BRD), park Super (BRD), Proponex TM spezial (Ö), Purgarol (BRD)

Rasen-Banvel (BRD), Rasen-Hedomat (BRD), Rasen Neudotox Granulat (BRD), Rasen Neudotox S (BRD), Rasen-Terlavan (BRD), Rasen Unkraut-frei Spritz- und Gießmittel (BRD), Rasen-Utox (BRD), Rasen-Utox flüssig (BRD), Rasendünger Exirol mit Unkrautvernichter (BRD), Rasendünger plus (BRD), Rasendünger Rasokur mit Unkrautvernichter (BRD), Rasendünger Rasokur mit Unkrautvernichter R (BRD), Rasengrün mit Unkrautvernichter (Ö)

Schola Rasendünger mit Unkrautvernichter (BRD), Shell Kombi (BRD), Shell Kombi I (BRD), Spezial-Kiepenkerl-Rasendünger mit Unkrautvernichter (BRD), Spezial-Rasendünger mit Unkrautvernichter (BRD), Sterzig- Läuterungspatrone (BRD), Stodiek-Spezial-Rasendünger mit Unkrautvernichter (BRD), Substral Rasendünger mit Unkrautvernichter (BRD)

terrasan Rasen-Unkrautvernichter flüssig (BRD), terrasan Rasenrein (BRD), Trumpf Rasendünger mit Unkrautvernichter (BRD), Tuta-Super-W-Unkrautvertilger (BRD)

U 46 Combi-Fluid (BRD), U 46 M-Fluid (BRD), Ultima Plus (BRD), Ustinex KR (BRD), Ustinex PD (BRD), Ustinex W (Ö), Utox-Combi-flüssig (BRD), Utox M (BRD)

Wacker-Kombi (BRD), Weedar ADS super (Ö), Weedar MCP (Ö), Weedone TM spezial (Ö), Windhövel-Superrasendünger mit Unkrautvernichter (BRD)

Yerbacid flüssig (Ö)

12.7.4. MCPB (Phenoxybuttersäure) – Mittel gegen Unkräuter (Herbizid)

LD_{50} (Ratte): 700 mg/kg (oral)

Akute Vergiftungssymptome:
Schwächung des Zentralnervensystems, Übelkeit, Erbrechen, Durchfall, Krämpfe; MCPB wandelt sich im menschlichen Organismus teilweise in MCPA um und wird als solches ausgeschieden[180].

Chronische Folgen:
Bei wiederholter langjähriger Anwendung sind Hautausschläge, Nervenentzündungen und Lähmungen möglich[180].

Umwelt:
Die Wirkung des Herbizids ist sehr ähnlich dme MCPA; durch Stoffwechsel im pflanzlichen System wird MCPB und MCPA umgewandelt; der Wirkstoff wird vor allem im Klee, in Erbsen und im Grünland eingesetzt[182].

Klassifikation: mittlere Giftigkeit

Beschränkungen: Nicht erfaßt

MCPB-Vorkommen in:
HORA MCPB (BRD)

Shell MCPB (BRD), Sinap MCPB (Ö)

Trifolin (Ö), Tropotox (Ö)

U 46 MCPB-Fluid (BRD)

12.7.5. 2,4,5-T (Phenoxyessigsäure) – Mittel gegen Unkräuter (Herbizid)

LD_{50} (Ratte): 500 mg/kg (oral)

Akute Vergiftungssymptome:
Übelkeit, Erbrechen, Durchfall, Muskelschwäche, Herz- und Kreislaufversagen, 2,4,5-T wird vom Körper wieder ausgeschieden und akkumuliert nicht in den Organen; das in allen 2,4,5-T-Präparaten enthaltene Dioxin (TCDD) ist biologisch nicht abbaubar und die giftigste Substanz, die wir kennen[183].

Chronische Folgen:
2,4,5-T bzw. seine Verunreinigungen mit Dioxin (TCDD) steht unter dem Verdacht, krebserregend zu wirken, Mißbildungen hervorzurufen und den Embryo zu schädigen. TCDD beeinträchtigt das Zellsystem, das Nervensystem und die Leberfunktion; Impotenz, Unfruchtbarkeit und schwere Hauterkrankungen (Chlorakne) werden mit dem Gift in Verbindung gebracht[184].

Umwelt:
2,4,5-T wird meist gemeinsam mit anderen Phenoxycarbonsäuren verwendet; die berühmteste Mischung war »Agent-Orange«, das als Entlaubungsmittel im Vietnamkrieg eingesetzt wurde; in Vietnam kam es in den betroffenen Gebieten zu Fehlgeburten und mißgebildeten Kindern; weite Landstriche sind unfruchtbar geblieben. Bei den Soldaten, die mit dem Gift hantiert hatten, haben sich in der Folge schwere Störungen und Erbgutveränderungen eingestellt; die betroffenen US-Veteranen zogen zu Gericht[185].

Klassifikation: hochgiftig

Beschränkungen:
Schweden, Italien, Niederlande, Norwegen und Dänemark haben die Verwendung von 2,4,5-T verboten[186]; in der BRD ist die Zulassung am 31. Oktober 1985 ausgelaufen.

2,4,5-T-Vorkommen in:
Celatox KVT flüssig (Ö), Celatox-TM super (Ö)

Dicopur DPT-Fluid (Ö), Dicopur Forst (Ö), Dicopur KVT-Fluid (Ö), Dicopur spezial (Ö)

Getex MCPP-2,4,5-T (Ö)

Hedapur DPT flüssig (Ö), Hedapur MPT flüssig (Ö), Hedonal DPT (Ö), Hedonal TM »rasant« (Ö)

Lignopur D neu (Ö), Luxan MCPP/2,4,5-T Kombi flüssig (Ö)

MCPP + 2,4,5-T-Sandoz (Ö)

Proponex DPT (Ö), Proponex TM spezial (Ö)

Saminol extra Spritzpulver (Ö), Semparol 1167 Spritzpulver (Ö)

Tormona 100 (Ö), Tormona 80 (Ö)

Weedone PT forte (Ö), Weedone T 80 (Ö), Weedone TM spezial (Ö)

Yerbatox 245 (Ö), Yerbavin (Ö)

12.7.6. Mecoprop (MCPP) (Phenoxypropionsäure) – Mittel gegen Unkräuter (Herbizid)

LD_{50} (Ratte): 800 mg/kg (oral)

Akute Vergiftungssymptome:
Schwächung des Zentralnervensystems, Veränderung des Blutes; Kopfschmerzen, Übelkeit, Erbrechen, Durchfall, Krämpfe, Herzrhythmusstörungen.

Chronische Folgen:
Bei wiederholter langjähriger Anwendung sind Hautausschläge, Nervenentzündungen und Lähmungen möglich[187].

Umwelt:
Mecoprop hat eine sehr nahe Verwandtschaft zu Dichlorprop, mit ähnlichen Wirkungen wie 2,4-D.

Klassifikation: mittlere Giftigkeit

Beschränkungen: Nicht erfaßt

Mecoprop-Vorkommen in:
AAcombin (BRD), AAherba-KV-Combi (BRD), AAherba-KV-Combi-Fluid (BRD), AAherba-Oxy-M (BRD), AAherba-Super-Fluid (BRD), Agren spezial (BRD), Aniten P (BRD), Arelon Combi (BRD), Arelon P (BRD), Arelon P flüssig (BRD)

Banvel P (BRD), Banvel-P-Epro (Ö), Belgran (BRD), Berghoff MCPP (BRD), Berghoff MP-Combi (BRD), Bladotyl (Ö), Blumen Born Naturkraft-Dünger mit Unkrautvernichter (BRD), Bottrol PE (BRD), Brennessel-Granulat Neu Spiess-Urania (BRD), Brominil (Ö)

Catt (BRD), Celamerck-Unkrautstab (BRD), Celatox-CMPP-Kombi (BRD), Celatox KV (Ö), Celatox KV neu (Ö), Celatox KVT flüssig (Ö), Celatox-Mecoprop (BRD), Ceridor (BRD), Certrol G pulv (BRD), Certrol GL (BRD), Cetrol H (BRD), Cornal (BRD)

Dicamba P (BRD), Dicopur KVT-Fluid (Ö), Dicopur U 46 KV (Ö), Dicopur U 46 KV neu (Ö), Dikofag KV (Ö), Dikofag KV universal (Ö), Dikofag MP-Kombi-flüssig (BRD), Dikofag P (BRD)

Emtebe (BRD), Eornae (BRD)

Falitox-CMPP flüssig (BRD), Falitox-MP-Kombi-flüssig (BRD), Faneron plus (BRD)

Gardena perfekt (BRD), Gesal-Rasenpflege (Ö), Getex MCPP-2,4,5-T (Ö), Getex MCPP+2,4-D (Ö)

Hedapur KV Kombi flüssig (Ö), Hedapur KV konz. (Ö), Hedapur MPT flüssig (Ö), Hedonal KV universal (Ö), Hedonal MCPP (BRD), Hedonal MCPP forte (Ö), Hedonal MP-D (BRD), Herbamix-MPD 500 (BRD), Hedonal KV universal (Ö), Hedonal MCPP (BRD), Hedonal MCPP forte (Ö), Hedonal MP-D (BRD), Hedonal MP-T (BRD), Herbamix-MPD 500 (BRD), Herbamix-MPT 350 (BRD), Herbexan-MP 560 (BRD), Herbivit CMPP (BRD), Herbivit MPD (BRD), Herbizid Marks MP (BRD), Herbizid Marks MPD (BRD), Herbizid MP »Elsner« (BRD), Herbizid-Rustica MP (BRD), Herbizid-Rustica MPT (BRD), Herbogil flüssig (Ö), HORA KV (BRD), HORA KV Combi (BRD)

Jetfix-Ampfer-Streumittel CMPP (BRD)

KV-Kombi-Getreideherbizid (Ö)

Langzeit Rasendünger mit Unkrautvernichter (BRD), Lawn Plus (Ö), Luxan MCPP flüssig (Ö), Luxan MCPP/2,4-D Kombi flüssig (Ö), Luxatox MPD-flüssig (BRD)

MCPP 56 Wacker (BRD), MCPP-Berghoff (BRD), MCPP-Sandoz (Ö), MCPP+2,4,5-T-Sandoz (Ö), Mega-PD (BRD), MP 58 konz. (BRD), MP-Combi-Fluid Berghoff (BRD), MP-D 40-10 Wacker (BRD), MP-Kombi flüssig (BRD)

Octylan KV-spezial (Ö), Octylan MP-M (Ö), Okultin CMPP (BRD), Okultin MP (BRD), Oxytril M (BRD)

Panvel-P-Epro (Ö), park extra (BRD), Primatol BB (Ö), Proponex (Ö), Proponex KV Kombi (Ö)

Rasen Manural U (BRD), Rasen-RA-5 (BRD), Rasen-Unkrautvernichter Banvel (Ö), Rasendünger Hoechst mit UV (BRD), Rumexan (Ö), Rumexan Granulat (Ö)

Saminol extra Spritzpulver (Ö), Semparol 1167 Spritzpulver (Ö), Shell CMPP (BRD), Shell CMPP I (BRD), Shell MP-Kombi (BRD), Super Herbogil (BRD/Ö)

Tuta-RR (BRD)

U 46 KV-Combi-Fluid (BRD), U 46 KV-Fluid (BRD), Ultima-MP (BRD), Unkrautvernichter f. d. Rasen (BRD), Utox CMPP (BRD), Utox CMPP Spiess-Urania (BRD), Utox KV Combi-Fluid (BRD), Utox KV Combi Fluid Spiess-Urania (BRD)
Wacker MP-D (BRD), Weedone KV super (Ö), Weedone MCPP neu (Ö), Weedone PT forte (Ö), Wolf Unkrautvernichter mit Rasendünger (BRD)

Yerbatox (Ö), Yerbatox-D (Ö), Yerbatox 245 (Ö), Yerbavin (Ö)

12.8. Harnstoff-Verbindungen

(Mittel gegen Unkräuter)

Die Harnstoffderivate sind neben den Phenoxycarbonsäuren und den Triazinen die bedeutendste Herbizidgruppe. Diese drei Großen teilen sich mehrheitlich den Kampf gegen das »un«-geliebte Kraut; den jeweiligen Produzenten sichern sie damit auch den großen Profit am Herbizidgeschäft[188]. Mit fast 3270 Tonnen Inlandsabsatz in der BRD[189] und rund 64000 Kilogramm in Österreich[190] liegen die Harnstoffderivate an der dritten Stelle der am häufigst verwendeten Unkrautmittel.

1954 beobachtete die Firma DuPont erstmals die unkrautvernichtende Wirkung von Harnstoff, ohne dieses Wissen vorerst anzuwenden[191]. Ende der 50er Jahre schließlich entwickelte das erste deutsche Unternehmen (BASF) ein Unkrautmittel auf Harnstoffbasis (Cychron, OMU)[192]. Harnstoffentwicklungen größeren Stils wurden allerdings weiterhin in den USA (DuPont) vorgenommen, wo man auf riesigen Monokulturflächen (Baumwolle, Weizen, Tabak) zuerst die menschliche Arbeitskraft durch Chemieeinsatz wegrationalisierte.
Die pflanzenschädigende Wirkung der Harnstoffderivate beruht auf ihrer Fähigkeit, die Photosynthese zu hemmen; d. h. unter Einwirkung des Giftmitteleinsatzes werden wichtige Stoffwechselprozesse im pflanzlichen System blockiert.

Die meisten Harnstoffherbizide sind Bodenherbizide. Sie werden in die Erde ausgebracht, von den Wurzeln des »Un«-krauts aufgenommen und weitergeleitet – bis zum Absterben der Pflanze[193].

Harnstoffderivate haben auch die Tendenz, relativ lange im Boden zu bleiben. Bis zu zwölf Monate müssen vergehen, um einen Substanzschwund des Giftes von 75–100 % nachweisen zu können[194]. Dies gilt jedoch nur für die einmalige Anwendung. Herbizide-Anreicherungen in der Bodenkrume sind durch wiederholte, regelmäßige und häufige Spritzungen immer im Bereich der Möglichkeit, ja Wahrscheinlichkeit.[195] Das Problem der »gebundenen Rückstände« wächst auch bei den Harnstoffderivaten von Jahr zu Jahr. Derzeit kann noch niemand die Frage beantworten, wann und in welcher Form diese nun schon über 30 Jahre angehäuften Substanzen freigegeben werden[196].

Häufigste Wirkstoffe: Buturon, Chloroxuron, Chlortoluron, Dimefuron, Diuron, Ethidimuron, Isoproturon, Linuron, Methabenzthiazuron, Metobromuron, Metoxuron, Monolinuron, Monuron, Neburon, Thiazfluron.

12.8.1. Diuron (DMU) – Mittel gegen Unkräuter (Herbizid)

LD_{50} (Ratte): 3400 mg/kg (oral)

Akute Vergiftungssymptome:
Übelkeit, Brechreiz, Erbrechen mit Bauchschmerzen; möglich sind auch krankhafte Blutveränderungen[197].

Chronische Folgen:
Diuron steht unter dem Verdacht, die Krebsentstehung zu fördern, das Erbgut zu verändern und den Embryo zu schädigen; möglich sind auch die Zerstörung der roten Blutkörperchen und Veränderungen des Blutbilds sowie Milzschäden[198].

Umwelt:
Anreicherungen im Boden und die Bildung von gebundenen Rückständen können nicht ausgeschlossen werden. Gelangt eine bestimmte

Menge Diuron ins Wasser, so kann es sich so langsam abbauen, daß auch noch nach sechs Monaten die Hälfte davon nachweisbar ist[198a].

Klassifikation: hochgiftig

Beschränkungen: Nicht erfaßt

Diuron-Vorkommen in:
AAdimitrol (BRD), Albranal (BRD), Amizol DP neu (Ö), Amizol F (Ö), Anox DB-Streumittel (BRD), Anox L (BRD), Anox M (BRD), Anox M Granulat (BRD), Anox S Granulat (BRD), Anox WF (BRD), Auxuran (BRD), Azurin CMU (BRD)

Cirex OP (BRD), Compo Total-Unkrautmittel (BRD), Compo Total-Unkrautvernichter (BRD)

Detia-Total (BRD), Digatox (BRD/Ö), Diuron Bayer (BRD), Dybar (BRD)

egesa Total-Unkrautvernichter (BRD), Etisso Unkrautfrei Gieß (BRD)

Fleur-Unkraut-Gieß (BRD), Frankol-forte (BRD), Frankol-i-Granulat Neu (BRD), Frankol-spezial (BRD), Frankol-spezial-Granulat (BRD), Fumicid (BRD)

Gabi-Unkrautvernichter (BRD), Gartenperle Unkraut-frei Gieß- und Spritzmittel (BRD), GEO Unkraut-Frei (BRD)

Hedit Neu (BRD), Herbazid UG (BRD)

Karmex (BRD), Karmex 80% (Ö), Karmex DW (Ö), Krovarl (BRD)

Laubrex III (BRD)
371 M Granulat (BRD), Multiflora-Rosendünger mit Unkrautstop (BRD)

Novanox M (BRD)

Peruran (BRD), Peruran flüssig (BRD), Peruran flüssig konzentr. (BRD), Polytox (BRD)

RA 15-Neu (BRD), RA 17-Neu (BRD/Ö), RA-2000-Granulat (BRD), REPTO (BRD)

Selkar (BRD), Sensuran (BRD), statt-jäten Granulat (BRD), Substral Unkraut-weg (BRD)

terrasan-Unkrautvernichter (BRD), Total-Ex Super (BRD), Total-Unkrautvernichter Ektorex (BRD), Tuta-Super-W-Unkrautvertilger (BRD), Tutakorn ZG (BRD)

Ukavau-Super (BRD), Unkraut-Tod-Spezial (BRD), Unkraut Vernichter (BRD), Unkrautvernichter (BRD), Unkrautvernichtungsmittel 371 M (BRD), Unkrautvernichtungsmittel 373 (BRD), Unkrautvernichtungsmittel 374 (BRD), Unkrautweg Dom Samen (BRD), Ustilan GW 20 (BRD), Ustilan T6-Granulat (BRD), Ustinex F (BRD), Ustinex GL (BRD), Ustinex NG-Streumittel (BRD), Ustinex PA (BRD/Ö), Ustinex PA flüssig (BRD), Ustinex PD (BRD), Ustinex-T-Granulat (BRD), Ustinex W (Ö), Ustinex Z (BRD), Ustinex-Z-Granulat (BRD/Ö)

Velpar K 4 (BRD), Vorox Plus (BRD), Vorox Plus flüssig (BRD), Vorox Plus flüssig Konz. (BRD), Vorox Plus WDG (BRD)

Weedar ADS super (Ö), Wege Unkraut-frei (BRD), Weguran (BRD)

12.8.2. Linuron – Mittel gegen Unkräuter (Herbizid)

LD_{50} (Ratte): 1500 mg/kg (oral)

Akute Vergiftungssymptome:
Übelkeit, Erbrechen mit Bauchschmerzen; möglich sind auch krankhafte Blutveränderungen[199].

Chronische Folgen:
Linuron steht unter dem Verdacht, das Knochenmark und das Erbgut zu verändern, die Krebsentstehung zu fördern und den Embryo zu

schädigen; möglich sind auch Gewichtsverlust und Milzveränderungen[200].

Umwelt:
Anreicherungen im Boden und die Bildung von gebundenen Rückständen können nicht ausgeschlossen werden. Gelangt eine bestimmte Menge Linuron ins Wasser, so baut es sich so langsam ab, daß auch noch nach sechs Monaten die Hälfte davon nachweisbar ist[200a].

Klassifikation: mittlere Giftigkeit

Beschränkungen: Nicht erfaßt

Linuron-Vorkommen in:
Afalon (BRD), Afalon S (Ö)

Bronox (BRD)

Cetrol BL (Ö)

Mudekan (BRD/Ö)

Neminfest (BRD)
Telkar 50 W. p. (BRD)

Yerbavin (Ö)

12.8.3. Monuron – Mittel gegen Unkräuter (Herbizid)

LD_{50} (Ratte): 1480 mg/kg (oral)

Akute Vergiftungssymptome:
Übelkeit, Erbrechen mit Bauchschmerzen; möglich sind auch krankhafte Blutveränderungen[201].

Chronische Folgen:
Monuron steht unter dem Verdacht, die Krebsentstehung zu fördern[202].

Umwelt:
Anreicherungen im Boden und die Bildung von gebundenen Rückständen können nicht ausgeschlossen werden. Gelangt eine bestimmte Menge Monuron ins Wasser, so kann es sich so langsam abbauen, daß auch noch nach sechs Wochen die Hälfte davon nachweisbar ist[202a].

Klassifikation: hochgiftig

Beschränkungen: Nicht erfaßt

Monuron-Vorkommen in:
blitol Rosendünger plus (BRD), blitol-Total-Unkrautfrei für Wege (BRD)

Orbitox-Neu (BRD)

Rosuran (BRD)

Unkraut-Ex »Frappant« (BRD)

12.8.4. Methabenzthiazuron – Mittel gegen Unkräuter (Herbizid)

LD_{50} (Ratte): 5000 mg/kg (oral)

Akute Vergiftungssymptome:
Übelkeit, Erbrechen mit Bauchschmerzen; möglich sind auch krankhafte Blutveränderungen[203].

Chronische Folgen: Nicht erfaßt

Umwelt:
Fast die Hälfte des Wirkstoffes wird nicht vollständig abgebaut, sondern verbleibt gebunden im Boden[204].
Diese Substanz gehört damit nachweislich zu jenen Pestiziden, die den Boden auf eine noch unbekannte Weise belasten; es ist noch nicht eindeutig geklärt, ob und in welcher Form der Wirkstoff wieder »freigegeben« wird[205].

Klassifikation: mittlere Giftigkeit

Beschränkungen: Nicht erfaßt

Methabenzthiazuron-Vorkommen in:
Frankol-spezial (BRD), Frankol-spezial-Granulat (BRD)

Multiflora-Rosendünger mit Unkrautstop (BRD)

RA-2000-Granulat (BRD)

statt-jäten Granulat (BRD)

Tribunil (BRD/Ö), Tribunil-Combi (BRD/Ö), Tribunil Combi SC (BRD), Tribunil Combi WG (BRD), Tutakorn ZG (BRD)

Ustinex KR (BRD), Ustinex MS Granulat (BRD), Ustinex Z (BRD), Ustinex-Z-Granulat (BRD/Ö)

12.9. Heterocyclische Verbindungen

(Mittel gegen Unkräuter)

Diese Verbindungsgruppe gehört, gemeinsam mit den Harnstoffderivaten und den Phenoxycarbonsäuren, zu den am häufigsten verwendeten Unkrautmitteln (Herbiziden). In der BRD wurden davon 1981 rund 3900 Tonnen verkauft[206]; in Österreich waren es 1984 rund 708 000 Kilogramm[207].

Die wichtigsten Substanzen dieser großen Verbindungsgruppe sind die Amitrole, Triazine und Dipyridiniumverbindungen. An dieser Stelle soll nur auf die beiden letztgenannten näher eingegangen werden.
Die Dipyridiniumverbindungen sind im wesentlichen von zwei Namen geprägt: Paraquat und Diquat. Beide sind ausgeprägte Zellgifte[208] und durch ihre starke Wirkung für den Menschen sehr gefährlich. Durch die gute Wasserlöslichkeit beider Verbindungen sind Rück-

standsproblemen in Lebensmitteln nicht gänzlich auszuschließen[209], was die Gefährdung durch diese Herbizidgruppe erhöht. Für beide Substanzen ist die Bildung von gebundenen Rückständen im Boden nachgewiesen[210].
Die Dipyridiniumverbindungen wurden 1954 vom amerikanischen Konzern ICI entwickelt und als Unkrautmittel sehr schnell in den Handel gebracht[211]. Beide Substanzen wirken als Kontaktgift und töten »total«, d. h. sie können zu einer restlosen Vernichtung eines örtlichen Pflanzenbestandes führen (Totalherbizid).

Die Triazine sind von ihrer Einsatzmenge her wohl die bedeutendste Gruppe der Heterocyclischen Verbindungen. Sie wurden ab 1955 in den Labors des Schweizer Konzerns Geigy entwickelt[212]. Dieses Unternehmen dominierte lange Zeit die Produktion der gesamten Wirkstoffgruppe.

Die pflanzenschädigende Wirkung der Triazine beruht auf der Fähigkeit, die Photosynthese zu hemmen, indem sie den Kohlehydrateaufbau im pflanzlichen System stören.

Der massive Einsatz der gesamten Wirkstoffgruppe führte bis jetzt zu erheblichen Umweltbelastungen. 18 Monate lang sind die Triazine – nach einer einmaligen Ausbringung – im Boden nachzuweisen[213], einzelne Substanzen benötigen eine noch längere Abbauzeit, die sich meist über mehrere Jahre erstreckt[214]. Triazinanreicherungen sind daher nach langjährigen Spritzungen die zwangsläufige Folge des Unkrautkampfes. Daraus ergeben sich schwerwiegende Wachstumsprobleme für die meisten Kulturpflanzen. Hinzu kommen erhebliche Grundwasserbelastungen durch das Auswaschen der Wirkstoffe.

Für den Menschen stellen diese Belastungen ein zusätzliches Gesundheitsrisiko dar, weil die Triazine die Fähigkeit besitzen können, sich im Fett zu konzentrieren und anzureichern[215].

Die Bedrohung der pflanzlichen Artenvielfalt ist durch die fließende Grenze zwischen »Un«kraut und Kraut auch bei dieser Herbizidegruppe ein ökologisches Problem.

Häufigste Wirkstoffe:
Für die gesamte Gruppe der heterocyclischen Verbindungen: Amitrol, Bentazon, Chloridazon (= Pyrazon), Deiquat (= Diquat), Difenzoquat, Dimethachlor, Paraquat, Secbumeton, Terbumeton.

Häufigste Wirkstoffe:
Für die Untergruppe Triazine: Atrazin, Cyanazin, Desmetryn, Hexazinon, Isomethiozin, Metribuzin, Propazin, Simazin, Terbutryn, Terbutylazin, Trietazin.

12.9.1. Atrazin (Triazin) – Mittel gegen Unkräuter (Herbizid)

LD_{50} (Ratte): 3080 mg/kg (oral)

Akute Vergiftungssymptome:
Atrazin stört die Funktion der Vitamine B_1 und B_2; bei Vergiftungen kommt es zu Ekzemen, Blutarmut, Übelkeit, Durchfall und Erbrechen[216].

Chronische Folgen:
Möglich sind Veränderungen des Erbguts, Wachstumsstörungen, Gehirnschäden, Schädigungen des Embryos und Nierenschäden [217].

Umwelt:
Der massive Atrazineinsatz im Maisanbau ließ Resistenzen entstehen; die meisten Mittel sind damit für einen Großteil der Unkräuter (Meldengewächse) wirkungslos geworden; in der Folge werden höhere Konzentrationen verwendet, wodurch die Umweltbelastung steigt. Zudem kann selbst dadurch das Ausmaß der Resistenzen nicht wirksam bekämpft werden. Atrazin ist bei Sandböden auch im Grundwasser nachweisbar und hat eine jahrelange Abbauzeit. Gelangt eine bestimmte Menge Atrazin ins Wasser, kann es sich so langsam abbauen, daß auch noch nach sechs Monaten die Hälfte davon nachweisbar ist[218]; Atrazin kann sich im tierischen Fett anreichern[219].

Klassifikation: nicht erfaßt

Beschränkungen: Nicht erfaßt

Atrazin-Vorkommen in:

Anox DB-Streumittel (BRD), Anox L (BRD), Anox M (BRD), Aquinol 80 (BRD), Atranex 500 flüssig (Ö), Atrazin 50 F (BRD), Atrazin 50 FBC (BRD), Atrazin 50 FL (BRD), Atrazin 50 Rustica (BRD), Atrazin 50 S (BRD), Atrazin 50 Spiess-Urania (BRD), Atrazin 50 WP (BRD), Atrazin 500 »Schering« (BRD), Atrazin 500 F flüssig (BRD), Atrazin 500 flüssig (BRD), Atrazin 500 flüssig MED (BRD), Atrazin 500 flüssig Spiess-Urania (BRD), Atrazin 500 ICI (BRD), Atrazin 500 R flüssig (BRD), Atrazin 500 S flüssig (BRD), Atrazin 500 SC (BRD), Atrazin 500 Schering (BRD), Atrazin-FL Stefes (BRD), Atrazin flüssig (B) FBC (BRD), Atrazin flüssig (BRD/Ö), Atrazin flüssig Rustica (BRD), Atrazin flüssig Shell (BRD), Atrazin flüssig Spiess-Urania (BRD), Atrazin ICI flüssig (BRD), Atrazin Rustica flüssig (BRD), Atrazin Spiess-Urania (BRD), Atrazin Spritzpulver (BRD), Atred (Ö), Atred 50 WP (BRD)

Bladazin (Ö), Bladazin flüssig (BRD/Ö)

Chemazin flüssig (Ö)

371 DBA (BRD), 371 DBH (BRD)

Eprozin 500 flüssig (Ö), Ezzin (BRD)

Fali-Atrazin 500 flüssig (BRD), Fanoprim (BRD), FBC Atrazine flüssig (Ö)

Gesaprim 50 (BRD), Gesaprim 500 flüssig (BRD/Ö), Gesaprim 80 (BRD), Gesaprim H (Ö), Gesaprim Mikrogranulat (BRD), Gesaprim NEUN 0 (BRD), Golf Totalspray (Ö)

Herbatox APT (Ö), HORA Prim (BRD), HORA-Trazin 50 (BRD), HORA-Trazin 500 flüssig (BRD), HORA-Trazin 80 (BRD)

Laddok (BRD/Ö), Lasso/Atrazin flüssig (Ö), Lentazin flüssig (Ö), Lentazin total (Ö)

371 M Granulat (BRD), Mais-Certrol (BRD), Mais-Certrol flüssig (BRD)

Novanox Plus (BRD)

Oleo Gesaprim 200 (BRD/Ö), Oleo Gesaprim 400 (BRD)

Peruran (BRD), Peruran flüssig (BRD), Peruran flüssig Konz. (BRD), Prado (Ö), Primatol A (Ö), Primatol BB (Ö), Primextra (BRD), Primextra 500 flüssig (Ö)

Semparol 1167 (Ö), Shell Atrazin Flüssig (BRD), Shell U-Forst (BRD), Shell U-Forst Spritzpulver (BRD)

Unkrautvernichtungsmittel 371, DB, MT (BRD), Unkrautvernichtungsmittel 447-68 DBS (BRD), Unkrautvertilger 4196 (BRD), Ustinex F (BRD), Ustinex NG-Streumittel (BRD)

Vorox (i) 630 (BRD), Vorox (i) Granulat (BRD), Vorox (i) Granulat 371 Streumittel (BRD), Vorox (s) Neu (BRD)

12.9.2. Paraquat (Dipyridiniumverbindung) – Mittel gegen Unkräuter (Herbizid)

LD_{50} (Ratte): 112 mg/kg (oral)

Akute Vergiftungssymptome:
Durch Hautkontakt kann es zu Hautentzündungen, Bindehautreizungen und Schleimhautblutungen kommen; die Vergiftungssymptome durch Verschlucken gehen von Nasenbluten, Magen-, Darmkoliken und Muskelkrämpfen bis zu schweren Lungenschäden, die meist auch die Todesursache darstellen[220]. Bei Paraquat genügen bereits geringe Mengen von weniger als 10 mg pro Kilogramm Körpergewicht, um beim Menschen zum Tod zu führen. In der Industrienation Japan sterben jedes Jahr 1300 Menschen an Paraquat-Vergiftungen[221]. Auch in Ländern der Dritten Welt erlangte die Substanz traurige Berühmtheit. So wurden beispielsweise in Malaysia innerhalb von vier Jahren 400 Fälle von akuten Vergiftungen gezählt, von denen allein 75 auf das Konto von Paraquat gingen[222].

Chronische Folgen:
Möglich sind Lungen-, Leber-, Nierenschäden und Blutveränderungen; Paraquat steht außerdem unter dem Verdacht, das Erbgut und

das Fortpflanzungssystem zu schädigen, sowie die Embryoentwicklung und Säuglingsentwicklung negativ zu beeinflussen[223]; nach neueren Studien wird Paraquat auch für das Ansteigen der Parkinson'schen Krankheit verantwortlich gemacht. Kanadische Wissenschaftler konnten einen Zusammenhang zwischen der Schüttellähmung und dem Unkrautmitteleinsatz nachweisen[224].

Umwelt:
Paraquat ist ein Totalherbizid, das zur restlosen Vernichtung eines Pflanzenbestandes führt. Durch diese radikale Wirksamkeit hat sich die landwirtschaftliche Bodenbearbeitung verändert: »Arbeitsersparnis durch Totspritzen«[225] wird das genannt; auf mechanische Unkrautbekämpfung durch Pflügen wird völlig verzichtet; Paraquat wurde 1959 in der Bundesrepublik zugelassen und galt als leicht abbaubar; 20 Jahre später mußte man feststellen, daß der Wirkstoff gar nicht abgebaut wird und der Boden in der Folge »überlaufen« kann[226].

Klassifikation: hochgiftig

Beschränkungen:
Paraquat ist eine braune Flüssigkeit. Besonders in Ländern der Dritten Welt kam es durch optische Ähnlichkeiten – zum Beispiel mit Coca-Cola – zu verheerenden Verwechslungen. Nun müssen in den meisten Ländern dem Pestizid Stinkstoffe und Brechmittel beigemengt werden. Fachleute bezweifeln allerdings, ob deswegen die Zahl der Vergiftungen sinkt[227]. In Schweden, Finnland, Dänemark, Neuseeland und Israel ist die Verwendung von Paraquat stark eingeschränkt.

Paraquat-Vorkommen in:
Gramoxone (Ö), Gramoxone-MB (BRD)

Terraklene B (BRD)

12.9.3. Simazin (Triazin) – Mittel gegen Unkräuter (Herbizid)

LD_{50} (Ratte): 5000 mg/kg (oral)

Akute Vergiftungssymptome:
Simazin stört die Funktion der Vitamine B_1 und B_2; bei Vergiftungen kommt es zu Ekzemen, Blutarmut, Übelkeit, Brechreiz, Durchfall und Erbrechen.

Chronische Folgen:
Simazin steht unter dem Verdacht, die Krebsentstehung zu fördern[228].

Umwelt:
Durch das Entstehen von resistenten Unkräutern werden höhere Konzentrationen verwendet; damit steigt die Belastung des Bodens. Simazin kann sich im tierischen Fett anreichern. Gelangt eine bestimmte Menge Simazin ins Wasser, so kann es sich so langsam abbauen, daß auch noch nach sechs Monaten die Hälfte davon nachweisbar ist[229].

Klassifikation: hochgiftig

Beschränkungen: Nicht erfaßt

Simazin-Vorkommen in:
AAdimitrol flüssig (BRD), Agren 3614 (BRD), Agren spezial (BRD), Auxuran (BRD)

Compo Rosendünger mit Unkrautvernichter (BRD), Compo Total-Unkrautmittel (BRD)

371 DBA (BRD), 371 DBH (BRD), Domatol (BRD), Domatol Spezial (BRD), Dosamix (BRD), Drawirit (BRD)

Eimü-zin (BRD)

FALI-Simazin 500 flüssig (BRD), Fisons Total-Unkrautvernichter (BRD)

Gesal-Unkrautvertilger (Ö), Gesaran 2079 (BRD), Gesatop 2 Granulat (BRD/Ö), Gesatop 50 (BRD/Ö), Gesatop 500 flüssig (BRD), GR 222 (BRD)

HORA-Mazin 50 (BRD), HORA-Mazin 500 flüssig (BRD), HORA-Mazin Granulat (BRD)

maiblü Total-Unkrautfrei gegen Unkräuter auf Wegen und Plätzen (BRD), Mais-Bentrol (BRD), Mais-Bentrol GL (BRD)

Novanox M (BRD), Novanox Plus (BRD)

Peruran (BRD), Peruran flüssig (BRD), Peruran flüssig Konz. (BRD), Polytox (BRD)

Saminol extra Spritzpulver (Ö), Simazin 2 G (BRD), Simazin 2 G SCHERING (BRD), Simazin 2 Granulat Spiess-Urania (BRD), Simazin 50 Rustica (BRD), Simazin 50 Spiess-Urania (BRD), Simazin 50 Spritzpulver (BRD), Simazin 50 Wacker (BRD), Simazin 50 WP (BRD), Simazin 500 flüssig Spiess-Urania (BRD), Simazin 500 SC (BRD), Simazin 500 SCHERING (BRD), Simazin FL-Stefes (BRD), Simazin flüssig Spiess-Urania (BRD), Simazin Granulat (BRD), Simazin Granulat Rustica (BRD), Simazin-Granulat Spiess-Urania (BRD), Simazin Spiess-Urania (BRD)

Terraklene B (BRD), Tuta-Super-W-Unkrautvertilger (BRD)

Unkrautvernichtungsmittel 371 DB (BRD), Unkrautvernichtungsmittel 373 (BRD), Unkrautvertilger 4196 (BRD), Ustinex MS Granulat (BRD), Ustinex PD (BRD)

Vorox (i) 630 (BRD), Vorox (s) Neu (BRD), Vorox Plus (BRD), Vorox Plus flüssig (BRD), Vorox Plus flüssig Konz. (BRD), Vorox Plus WDG (BRD), Vorox Unkrautvertilger (BRD)

Weguran (BRD)

12.10. Antikoagulantien und Phosphide

(Mittel gegen Wühlmäuse, Mäuse und Ratten)

Unter dem Begriff Rodentizide werden die unterschiedlichsten Substanzen gegen Wühlmäuse, Mäuse und Ratten zusammengefaßt. In der BRD wurden 1981 rund 33 000 kg dieser Wirkstoffgruppe verkauft[230], in Österreich waren es über 5000 kg[231]. Meist handelt es sich bei den Rodentiziden um hochgiftige Köder, die zur Anlockung der Tiere ausgelegt werden. Für Haustiere (Katzen, Hunde), Kleintiere (Hühner) und Kinder ist diese Form der Giftauslegung extrem gefährlich. In den Vergiftungszentralen müssen alljährlich vor allem Kleinkinder behandelt werden, die mit Ratten- und Mäusegift in Kontakt gekommen sind[232].

In Österreich fördert ein sechzig Jahre altes Gesetz den Giftköderabsatz. Die Hygienebestimmungen verlangen »die Verhütung der Verbreitung übertragbarer Krankheiten durch das Überhandnehmen von Ratten«[233]: Die Nager sind allerdings bereits gegen einige der am häufigst verwendeten Substanzen unempfindlich geworden, und die verpflichtende Tiervernichtung geht an ihrem eigentlichen Ziel vorbei, denn die Gefahr der Seuchenübertragung ist bei Schaben, Fliegen, Ameisen, vor allem aber Tauben, gleich groß wie bei den Ratten. Bei der Seuchenbekämpfung wird meist der Teufel mit dem Beelzebuben (Gift) ausgetrieben. Sinnvoller ist die Absicherung von Mülldeponien und Kanälen bzw. die Unterstützung der natürlichen »Rattengegner«, beispielsweise durch das Aufstellen von Nistkästen für Eulen.

Die Rodentizide teilen sich in zwei große Hauptgruppen: In die »blutgerinnungshemmenden Präparate« (Antikoagulantien) und in die »Phosphorwasserstoff-entwickelnden Substanzen« (Phosphide).

Antikoagulantien sind Gegenspieler des Vitamin K und stören bzw. hemmen die Blutgerinnung. Bei Vergiftungen drohen durch diesen Stoff Gehirnblutungen, Blutungen ins Augeninnere und Schock. Diese Präparategruppe ist die weitaus am häufigsten verwendete mit den höchsten Umsatzzahlen.

Die Wirkungsweise der phosphorwasserstoffentwickelnden Substanzen (Phosphide) beruht auf der Fähigkeit, wichtige Fermentsysteme im Organismus zu blockieren. Bei einer Vergiftung kommt es zur Veränderung der roten Blutkörperchen. Die Phosphide werden im allgemeinen seltener als die blutgerinnungshemmenden Mittel verwendet und gelten als hochgiftige Akutgifte, die mit dem Totenkopf gekennzeichnet sind. Phosphide werden vor allem auch zur Getreidebegasung gegen Vorratsschädlinge in Silos angewandt. Im Mai 1985 mußten drei Menschen diese Praxis mit dem Tod bezahlen: In der Nähe von Hannover wurde eine Familie ausgerottet, weil Gas durch die Mauerrisse von einem angrenzenden Getreidesilo in die Wohnung eingedrungen war[234].

Häufigste Wirkstoffe:
Blutgerinnungshemmende Präparate (Antikoagulantien): Bromadiolon, Chlorphacinin, Cumatetralyl, Pindon, Sulfachinoxylin, Warfarin.

Phosphorwasserstoff-entwickelnde Substanzen (Phosphide): Aluminiumphosphid, Calciumphosphid, Magnesiumphosphid, Zinkphosphid.

12.10.1. Aluminiumphosphat – Begasungsmittel gegen Vorratsschädlinge (Phosphid)

LD_{50} (Ratte): 8,7 mg/kg (oral)

Akute Vergiftungssymptome:
Mattigkeit, Übelkeit, Ohrensausen, Brustdruck, Angstgefühl; Blokkade wichtiger Fermentsysteme im Organismus[235]. Die phosphorwasserstoff-entwickelnden Substanzen werden auch als Begasungsmittel eingesetzt; bereits beim Einatmen geringster Mengen der stark giftigen Gase kann es zu Vergiftungen kommen.
Der Tod tritt ein durch Kreislaufkollaps, Lungenödeme, Atmungsversagen und schließlich Herzstillstand[236].

Chronische Folgen: Nicht erfaßt

Umwelt: Nicht erfaßt

Klassifikation: hochgiftig

Beschränkungen: Nicht erfaßt

Aluminiumphosphat-Vorkommen in:
Detia-Wühlmaus-Gas (BRD), Detia-Wühlmauskiller (BRD)

Neudo-Phosphid S (BRD)

Phostoxin WM (BRD)

Super-Schachtox (BRD)

Wühlmaus Pille (BRD)

12.10.2. Cumatetralyl – Mittel gegen Mäuse und Ratten (Rodentizid, Antikoagulans)

LD_{50} (Ratte): 15 mg/kg (oral)

Akute Vergiftungssymptome:
Blutausscheidungen im Harn, Blutungen ins Augeninnere, Gefahr der Gehirnblutung und lebensgefährliche Hemmung der Blutgerinnung[237].

Chronische Folgen:
Cumatetralyl steht – wie alle Antikoagulantien – unter dem Verdacht, den Embryo zu schädigen[238].

Umwelt:
In den meisten Fällen handelt es sich bei Cumatetralyl-Mittel um Köder. Diese müssen (samt der toten Tiere) wieder eingesammelt und als »Giftmüll« entsorgt werden. Keinesfalls sollten sie – wie es zeitweise auch von Behördenseite empfohlen wird – vergraben werden[239]; damit kommt es zur Bodenverseuchung.

Klassifikation: hochgiftig

Beschränkungen: Nicht erfaßt

Cumatetralyl-Vorkommen in:
Bertram-Cumarin-Fertigköder (BRD)

Christmann-Cuma Fertigköder (BRD), Contrax-fit (Ö)

Donatus Wühlmausfertigköder (Ö)

EWAK-Rattenbekämpfungsmittel (BRD)

I. T. Wühlmausfertigköder (Ö)

Quiritox Wühlmausvernichtungsmittel (Ö)

Racumin-Fertigköder (BRD), Racumin Pulver (BRD), Rattenbekämpfungsmittel Grün-Rot (BRD), Rattex 22 (BRD)

Schaumann Fertigköder (BRD)

12.10.3. Warfarin – Mittel gegen Mäuse und Ratten (Rodentizid, Antikoagulans)

LD_{50} (Ratte): 323 mg/kg (oral)

Akute Vergiftungssymptome:
Hemmung der Blutgerinnung, Haut- und Schleimhautblutungen, Leib- und Rückenschmerzen, Nasen- und Zahnfleischbluten, Nierenblutungen; 1–2 mg pro Kilogramm Körpergewicht über 6 Tage verteilt führen beim Menschen zu schwerer Krankheit und Tod[240].

Chronische Folgen:
Warfarin steht – wie alle Antikoagulantien – unter dem Verdacht, den Embryo zu schädigen[241].

Umwelt:
Ködermittel dürfen nie offen ausgelegt werden; sie müssen samt der toten Tiere wieder eingesammelt und als »Giftmüll« entsorgt werden; keinesfalls sollten sie – wie es zeitweise auch von Behördenseite empfohlen wird – vergraben werden[242]. Damit kommt es zu Bodenverseuchung.

Klassifikation: hochgiftig

Beschränkungen: Nicht erfaßt

Warfarin-Vorkommen in:
Aabi-Rattentod-Streupulver (BRD)

Bargum Rattenkiller (BRD), Bertram Cumarin 2000 (BRD)

Contrax-cuma (BRD), Contrax-fit (BRD/Ö), Contrax-fit bloc (BRD), Contrax flüssig (BRD), Cumarax-Fertigköder (BRD), Cumarax Köder- und Streumittel (BRD), Cumarax Rattenring (BRD), Curattin Granulat (BRD), Curattin-Haftstreupuder (BRD), CURATTIN Rattenscheiben (BRD), Cypon-Cumarin (BRD), Cypon-Fertigköder (BRD)

Detia Fraß-Ratron (Flockenfertigköder) (BRD), Detia-Fraß-Ratron (Körner-Fertigköder) (BRD), Detia-Mäuseköder (BRD), Detia Ratron (BRD), Detia-Ratron Frisch-Köder (BRD), Donatus Wühlmausfertigköder (Ö)

EPYRIN-Haftstreupuder (BRD), EPYRIN-Mais Fertigköder (BRD)

Frunax Granulat (BRD), frunax-Rattenriegel (BRD)

GEO Ratten- und Mäusefrei (BRD), Glitz-Cumarin Fertigköder (BRD)

I. T. Wühlmausfertigköder (Ö)

Marnis Ratten- und Mäuseköder (BRD), Merz-Cumarin-Fertigköder (BRD)

Quiritox (BRD), Quiritox Wühlmausvernichtungsmittel (Ö)

Rah-Kampf-Spezial-Frischköder (BRD), Rattenex (BRD), Rattenriegel Knax (BRD), Rattentod (BRD), Rattomix-Fertigköder (BRD), recozit Rattentod Fertigköder (BRD), recozit-Rattentod Frischköder (BRD), Rinal-Mäuseköder (BRD), RODEX-Rattenblock (BRD)

Sugan Rattenköder (BRD), Sugan Streumittel (BRD)

Tetan Rattenköder (BRD), Tox-Vetyl »Fertigköder« (BRD)

Vigor-Kill-Rat-Fertigköder (BRD)

12.10.4. Zinkphosphid – Mittel gegen Mäuse und Ratten (Rodentizid, Phosphid)

LD_{50} (Ratte): 45 mg/kg (oral)

Akute Vergiftungssymptome:
Mattigkeit, Übelkeit, Ohrensausen, Brustdruck, Angstgefühl; Blokkade wichtiger Fermentsysteme im Organismus; in der Folge Störung des geordneten Zusammenwirkens einzelner Muskelgruppen (Haltungs- und Stellungsanomalien)[243].

Chronische Folgen: Nicht erfaßt

Umwelt:
Zinkphosphid kann als Pulver stark giftige Gase entwickeln; bei der Lagerung dieser Substanz besteht Explosions- und Feuergefahr[244].

Klassifikation: hochgiftig

Beschränkungen: Nicht erfaßt

Zinkphosphid-Vorkommen in:
Arrex-E-Köder (BRD/Ö), Arrex-M-Köder-klein (BRD), Avenarius-Giftweizen (Ö)

Baur's Giftweizen (BRD)

Cito Mäuseweizen (BRD), Cito Wühlmaustod (BRD)

DELU-Wühlmausköder (BRD), Detia Giftkörner (BRD), Detia Giftox (BRD), Detia Mäusegiftköder (Ö), Detia Rattekal Giftpaste (BRD), Detia Wühlmausköder (BRD), Donatuskörner (Ö)

Giftweizen Neudorff (BRD), Giftweizen P 140 (BRD), Giftweizen Wülfel (BRD)

maiblü Wühlmausbrocken (BRD), Mausan-Giftweizen (BRD), Mäusegiftweizen »Schacht« (BRD), Mausex-Giftkörner (Ö)
Muscid-Giftweizen (Ö)

Rinal-Giftkörner (BRD), Rumetan-Wühlmaus-Köder (BRD)

Schrozberger (WLZ) Giftweizen (BRD), Segetan Giftweizen (BRD)

Talpan Giftkörner (BRD), Talpan Giftpulver (BRD), Talpan-Wühlmausbrocken (BRD)

Wühlmausköder Arrex (BRD), Wühlmausköder Wülfel (BRD), Wühlmaustod Arvicol (BRD / Ö)

Anmerkungen

1. Einleitung

1 Werbung von Monsanto, zit. nach Chetley, Andrew, Cleared for Export, Oxford 1985, S. 33
2 Bull, David, A Growing Problem, Oxford 1982, S. 68
3 Presticides Action Network (PAN), The »Dirty Dozen«, Nairobi, Penang, Oxford, Quito, San Franzisko, in: Weir, D., Schapiro, M., Circle of Poison, San Francisco, 1981, S. 32
4 Wie Anm. 2, S. 82
5 Chetley, Andrew, Cleared for Export, Oxford 1985, S. 32, 33
6 Wie Anm. 5, S. 31
7 Wie Anm. 5, S. 27
8 Wie Anm. 5, S. 34
9 Wie Anm. 5, S. 35, 36
10 Was ist biologischer Landbau? in: Wirtschaft und Umwelt, Wien, 2/1985, S. 8

2. Im Hopfen tickt die Bombe

1 Koch, Egmont, R., Krebswelt – Krankheit als Industrieprodukt, Köln 1981, S. 107
2 Flurbereinigungsdirektion Regensburg (Hrsg.), Gruppenflurbereinigung Ratzenhofen – Landkreis Kelheim; Regensburg 1984, S. 32
2a Name geändert
3 Euringer, Franz, Vergleich verschiedener Mittel zur Bekämpfung der Peronospora-Primärinfektion und der betrieblichen Spritzfolge mit dem Ridomil-System und dem Aliette-System, unveröffentl. Manuskript, 1980, S. 13

4 Biologische Bundesanstalt für Land- und Forstwirtschaft (Hrsg.) – Pflanzenschutzmittel-Verzeichnis 1985, Teil 1, Braunschweig 1985, S. 66
5 Hopfenrundschau, Nummer 13, 36. Jahrgang, Wolnzach 1985, Deckblatt
6 Carson, R., Der stumme Frühling, München 1983, S. 202–203
7 Wie Anm. 2, S. 39
8 Hopfenrundschau, Nummer 16, 36. Jahrgang, Wolnzach 1985, S. 325
9 Bachthaler, G., Diez Th., Stritesky E., Wachstumsschäden durch hohe Kupfergehalte im Boden eines aufgelassenen Hopfengartens, in Hopfenrundschau 1974, Wolnzach 1974, S. 496
10 Wie Anm. 9, S. 498
11 Wie Anm. 9, S. 499
12 Bayerische Landesanstalt für Bodenkultur und Pflanzenbau und Deutsche Gesellschaft für Hopfenforschung, Hans-Pfülf-Institut, Jahresbericht 1983, März 1984, S. 64
13 Wie Anm. 12, S. 70
14 Wie Anm. 2, S. 33
15 Becker, N., Frentzel-Beyme, R., Wagner, G., Krebsatlas der Bundesrepublik Deutschland, Berlin, Heidelberg, New York, 1984, S. 156, 66
16 Lechleuthner, Hugo, Roßbauer, G., Vorsicht beim Umgang mit Pflanzenschutzmitteln, in: Hopfenrundschau, Jahrgang 1979, Wolnzach 1979, S. 226–227
17 Persönliche Mitteilung, November 1985
18 Wie Anm. 16, S. 226
19 Wie Anm. 4, S. 65
20 Bayer, Produktliste 1985, Pflanzenschutzmittel, Leverkusen 1985, S. 190
21 Name und Datum geändert
22 Wie Anm. 20, S. 188–190
23 Persönliche Mitteilung, November 1985
24 Bayerische Landesanstalt für Bodenkultur und Pflanzenbau und Deutsche Gesellschaft für Hopfenforschung, Hans-Pfülf-Institut, Jahresbericht 1984, S. 41
25 Wie Anm. 24, S. 43
26 Wie Anm. 24, S. 43

27 Wie Anm. 2, S. 33 und Anm. 28
28 Manuskript und persönliche Mitteilung, Georg Roßbauer; Hopfenberatung, Wolnzach, November 1985
29 Wie Anm. 2, S. 36
30 Brauwissenschaft 35, 1982, Nr. 6
31 Brauwelt 121, Nr. 22, 1981, S. 825–826
32 Wie Anm. 31
33 Hallenbeck, W. H., Cummingham-Burns, K. M., Pesticides and Human Health, New York, Berlin, Heidelberg, Tokyo, 1985, S. 132–134
34 Brauwelt 31/82, August 1984, S. 1371
35 Persönliche Mitteilung vom 11. 12. 1985
36 Persönliche Mitteilung vom 17. 12. 1985
37 Brief vom 18. 12. 1985
38 Brauwelt, 16, 1985, S. 693
39 Persönliche Mitteilung vom 17. 12. 1985
40 Mitteilung der Informationszentrale gegen Vergiftungen an der Universitäts-Kinderklinik in Bonn vom 2. 10. 1985; Mitteilung der Braunschweiger Landwirtschaftlichen Berufsgenossenschaft vom 1. 8. 1985; Mitteilung der Landwirtschaftlichen Berufsgenossenschaft in Düsseldorf vom August 1985
41 Namen aus Gründen des Datenschutzes geändert

3. Gefährliche Ernte

1 Randolph, Theron G., Ralph W. Moss, Allergien: Folgen von Umweltbelastung und Ernährung, Karlsruhe 1984, S. 73–76
2 Wie Anm. 1
3 Wie Anm. 1, S. 76
4 United Nations Environment Programme, IRPTC Bulletin, Vol. 7, Nr. 1, Oktober 1984, S. 1
5 Zit. nach österreichische Apothekerzeitung, 39. Jhrg., Nr. 51/52, Dezember 1985, S. 1026
6 Report of a meeting on allergic deseases, Geneva, in: Clinical Allergy, Vol. 10, 1980; und Grefe, Christiane, Allergien, Hamburg 1985, S. 10f
7 Wie Anm. 1, S. 79

8 Wie Anm. 1, S. 82
9 Chemikalienallergien, in: Natur, 8/1985, S. 83
10 Zit. nach Grefe, Christiane, Allergien, Hamburg 1985, S. 111
11 Wie Anm. 10
12 Kapfelsperger, Eva, Pollmer, Udo, Iß und Stirb, Köln 1983, S. 250
13 Zit. nach Kapfelsperger u. a., wie Anm. 12
14 Bundesgesundheitsamt Berlin, persönliche Mitteilung durch Prof. Dr. Wolfgang Lingk vom 17.12.1985
15 IG-Metall, Metall, Nr. 20, 4.10.1985
16 Pflanzenschutzmittel-Höchstmengenverordnung, Bonn, 29. Juni 1982, S. 760
17 öko-Test-Magazin, Frankfurt, April 1985, S. 26–32
18 Wie Anm. 17
19 Wie Anm. 17
20 Bayer AG, Produktliste Pflanzenschutzmittel 1985, Leverkusen, 1985, S. 154, 157, 159
21 Bayer-Produktwerbung für den Weinbau, in: Der Winzer, Nr. 5, Wien 1985, Einlageblatt
22 Persönliche Mitteilung vom 17.12.1985
23 Wie Anm. 22
24 Redaktionsschluß 1.1.1986
25 Produktwerbung von Epro für Mikal, Wien 1985, Faltblatt
25a Schädlingsbekämpfungsmittel-Höchstwerteverordnung, Wien, August 1976, S. 223
26 Industrieverband Pflanzenschutz e. V., Die Pflanzen schützen, den Menschen nützen, Frankfurt, ohne Datum
27 Arbeitsring der Arbeitgeberverbände der Deutschen Chemischen Industrie e. V. (Wiesbaden); Verband der Chemischen Industrie e. V., Fakten zur Chemie-Diskussion, Nr. 2, Frankfurt, Juni 1980
28 Schuster, Gerd, Höchstmengen, in: Natur, Hamburg, 4/85, S. 46–50
29 Wie Anm. 28
30 Wie Anm. 28
31 Wie Anm. 28
32 Wie Anm. 28
33 Zit. nach Schuster, wie Anm. 28

34 Anker, Sabine, u. a., Projekt Herbizide. Die Problematik von Wirkungsschwellenwerten in Pharmakologie und Toxikologie, Bremen 1983
35 Österreich: Verordnung über Höchstwerte von Rückständen von zur Schädlingsbekämpfung verwendeten Stoffen auf Lebensmitteln, Stand 1985; BRD: Pflanzenschutzmittel-Höchstmengenverordnung, Bonn 1982 und 1984
36 Wie Anm. 34
37 Verband der Chemischen Industrie Österreichs, Rundbrief vom 21.3.1985, S. 1
38 Heeschen W., u. a., in: Deutsche Tierärztliche Wochenschrift, 92. Jhrg., Hannover, Juni 1985, S. 221–228
39 C. H. Boehringer und Sohn – Ingelheim, Brief an die Werkleitung, Hamburg, 21.1.1969
40 Wie Anm. 38
41 Wie Anm. 38
42 Wie Anm. 38
43 Deutsche Forschungsgemeinschaft, Rückstände in Fleisch und Fleischerzeugnissen, Bonn 1975, S. 89
44 Wie Anm. 38 und: Deutsche Forschungsgemeinschaft, HCH als Schadstoff in Lebensmitteln, Bonn 1983, S. 173
45 Deutsche Forschungsgemeinschaft, HCH als Schadstoff in Lebensmitteln, Bonn 1983, S. 283
46 Deutsche Forschungsgemeinschaft, Rückstände in Fleisch und Fleischerzeugnissen, Bonn 1976, S. 89
47 Deutsche Forschungsgemeinschaft, Rückstände in Geflügel und Eiern, Bonn 1975, S. 143
48 Wie Anm. 46
49 Wie Anm. 47, S. 144
50 Cetinkaya, M., u. a., in: Chem. Mikrobiol. Technol. Lebensmittel, 8, 1984, S. 187–189
51 Wie Anm. 45, S. 173
52 Wie Anm. 45, S. 173
53 Wie Anm. 38
54 Wie Anm. 38
55 Cetinkaya, M., u. a., in: Chem. Mikrob. Technol. Lebensmittel, 9, 1985, S. 33–36
56 Natur, Hamburg 12/1984, S. 81 f

57 Natur, Hamburg 10/1985
58 Wie Anm. 50
59 Wie Anm. 47, S. 144
60 Wie Anm. 38
60a Wie Anm. 38
61 Mitteilung des Bundesministeriums für Gesundheit und Umweltschutz, Wien 1985
62 Tataruch, Frieda, u. a., Belastung freilebender Tiere in Österreich, in: Zeitschrift für Jagdwirtschaft, Sonderdruck aus Band 27, Heft 4, 1981, S. 266–270
63 Wie Anm. 46, S. 107 und 111
64 Wie Anm. 46, S. 111
65 Wie Anm. 47, S. 143
66 Wie Anm. 47, S. 142
67 Prüf mit, Jhrg. 17, Nr. 4, 1985, S. 17–22
68 Bundesministerium für Gesundheit und Umweltschutz, Beiträge Umweltschutz, Lebensmittelangelegenheiten, Veterinärverwaltung, 1983, S. 298
69 Wie Anm. 61
70 Wie Anm. 68
71 öko-Test-Magagin, Frankfurt, April 1985, S. 26–32
72 Name geändert
73 Ratner, David, u. a., Chronik Dietary Anticholinesterase Poisoning, in: Israel Journal of Medical Sciences, Vol. 19, 1983, S. 811
74 Wie Anm. 73
75 Wie Anm. 73
76 Wie Anm. 73, S. 810–814
77 Wie Anm. 73, S. 810
78 Name geändert
79 Wie Anm. 73, S. 810
80 Wie Anm. 73, S. 810
81 Wie Anm. 73, S. 812
82 Wie Anm. 73, S. 813
83 Name geändert
84 Wie Anm. 73, S. 813
85 Biologische Bundesanstalt für Land- und Forstwirtschaft, Pflanzenschutzmittelverzeichnis 1985, Teil 2., Braunschweig 1984, S. 77 f

86 Amtliches Pflanzenschutzmittelverzeichnis, in: Pflanzenschutz, Wien, Sondernummer, Februar 1985, S. 17
87 Ratner, David, in: Journal of the Royal Society of Medicine, Volume 78, Juni 1985, S. 508
88 Wie Anm. 73, S. 814
89 Industrieverband Pflanzenschutz- und Schädlingsbekämpfungsmittel e. V. Pflanzenschutz und Umwelt, Frankfurt, S. 14, Broschüre ohne Datum
90 Persönliche Mitteilung, Mai 1985
91 Persönliche Mitteilung, April 1985
92 Persönliche Mitteilung, April 1985
93 Persönliche Mitteilung, April 1985
94 Persönliche Mitteilung durch Prof. Wolfgang Lingk, April 1985
95 Persönliche Mitteilung, 17. 12. 1985
96 Persönliche Mitteilung, April 1985
97 Schriftliche Anfrage von Dorothee Piermont u. a., Nr. 1933/84 vom 11. 2. 85 und Entschließungsantrag vom 10. 5. 85, in: Europäisches Parlament, Sitzungsdokumente 1985/86
98 Bayer Intern, Information und Meinungen, Sonderausgabe, Leverkusen, Februar 1985
99 Name geändert
100 Kerner, Imre, Radek, Dagny, Weidenbach, Thomas, TV-Dokumentation, WDR, Februar 1985
101 Wie Anm. 98
102 World Health Organisation, Toxic Oil Syndrome, Kopenhagen 1984
103 Wie Anm. 102
104 Wie Anm. 100
105 Wie Anm. 100
106 Wie Anm. 102
107 Bayer AG, Pflanzenschutz-Nachrichten, Leverkusen Nr. 1, 1971
108 Bayer-Presseinformation, Stellungnahme zur österreichischen Fernsehsendung im Inlandsreport vom 16. 4. 1985
109 Imamura, Toshiko, u. a. in: Journal of Pathology, Vol. 143, 1984, S. 127–137; in: Pesticide Biochemistry and Physiology, Volume 19, 1983, S. 66–73; in: Toxicology, Volume 32, Ireland

1984, S. 37–46; in: Chem.-Biol. Interactions, Volume 45, Ireland 1983, S. 53–64; in: Toxicology, Volume 26, Ireland 1983, S. 73–79

110 Wie Anm. 109 und Toia, Robert F. in: Journal Agric. Food Chem. Nr. 28, 1980, S. 599–604 und Grunwell, I. R. in: Journal Agric. Food Chem. Nr. 5, Vol. 21, 1973, S. 929–931

111 Wie Anm. 109

112 Brief der Bayer AG an die Autoren, Leverkusen, 24. 5. 1985

113 Dangerous Properties of Industrial Materials, Januar/Februar 1983, S. 53

114 Persönliche Mitteilung, April 1985

115 Greenhalgh, Roy, u. a., Phosphorus-31 Nuclear Magnetic Resonance Analysis of Technical Organophosphorus Insecticides for Toxic Contaminants, in: Journal Agricultural Food Chemistry, Volume 31, 1983, USA, S. 710–713

4. Freie Bauern gibt es nicht

1 Krammer, Josef, Analyse einer Ausbeutung I, Geschichte der Bauern in Österreich, Wien 1976, S. 69–75

2 Wie Anm. 1

3 Wie Anm. 1, S. 78

4 Krammer, Josef, Analyse einer Ausbeutung II, Das Bewußtsein der Bauern in Österreich, Wien 1976, S. 20f

5 Sobotka, Barbara, in: Die Presse vom 21. 8. 1985

6 Wie Anm. 4, S. 32

7 Wie Anm. 4, S. 33

8 Name geändert

9 Scheer, Günter, Krachler, Karl, in: Boku-Blätter, Wien 6/1979, S. 6

10 Agra-Europe, 27/85, 8. Juli 1985, S. 29f

11 Wie Anm. 9, S. 16

12 Schilder, Otto, Raasdorf in Vergangenheit und Gegenwart, Raasdorf 1983, S. 358

13 Wie Anm. 5

14 Wie Anm. 4, S. 9f

15 Wie Anm. 9, S. 5

16 Radl, Johannes, Die Agrarstruktur des Marchfeldes unter besonderer Berücksichtigung des Feldgemüseanbaus und seiner Vermarktung, Diplomarbeit, Wien 1975, S. 66
17 Persönliche Mitteilung durch Dr. Grünzweig, Fa. Unifrost, Oktober 1985
18 Zit. nach: Radl, wie Anm. 16, S. 114
19 Zit. nach: Radl, wie Anm. 16, S. 115
20 Name geändert
21 Zit. nach: Radl, wie Anm. 16, S. 116
22 Persönliche Mitteilung, Juli 1985
23 Diercks, Rolf, Einsatz von Pflanzenbehandlungsmitteln und dabei auftretende Umweltprobleme, Stuttgart–Mainz 1984, S. 139–140
24 Österreichische Stickstoffwerke AG (Chemie Linz), Produktwerbung für Gramoxone, Prospekt ohne Datum
25 Ciba-Geigy, Produktinformation für Reglone, Werbeblatt, Wien, ohne Datum
26 Wie Anm. 25
27 Rosival, L., R. Engst, Szokolay, A., Fremd- und Zusatzstoffe in Lebensmitteln, Leipzig 1978, S. 124
28 Chemie-Linz AG, Erfolg im Kartoffelbau, Linz, Prospekt ohne Datum
29 Mader, Hans-Joachim, Kritische Bilanz eines Insektizideinsatzes auf einem Bohnenfeld, Sonderdruck aus: Natur und Landschaft, 59, Nr. 12, Stuttgart 1984, S. 484–486
30 Wie Anm. 29
31 Persönliche Mitteilung, 3. Juli 1984
32 Lukesch, Robert, Scheer, Günter, Landwirtschaft als Gefahr für die Umwelt, in: Wirtschaft und Umwelt, Wien 2/1984, S. 4–7
33 Bayer, H. u. a., Der Einfluß von Insektiziden auf Mikrobiogene Prozesse, in: Pedobiologia, 23, 1982, S. 311–319
34 Wie Anm. 31
35 Wie Anm. 32
36 Wie Anm. 32
37 Agrarwirtschaftliches Institut, Die landwirtschaftlichen Kleinproduktionsgebiete der niederösterreichischen Landschaft, Wien 1966, S. 143
38 Wie Anm. 31

39 Weiss, Hans, Gift auf dem Teller, in: Profil, Nr. 16, Wien 1985, S. 36–41
40 Namen geändert

5. Irrsinn mit Methode

1 Name geändert
2 Meme, J. S., Brown, J. D., Kagia, J., Dawa, B. A. und Kihia, W., Mercury Poisoning as a Cause of Acrodynia in Kenya Children, in: The East African Medical Journal, Nairobi, Sept. 1981, S. 641–649; und persönliche Mitteilung, August 85
3 Wie Anm. 2
4 Wie Anm. 2
5 Daunderer, Max, Klinische Toxikologie, Landsberg 1982
6 Hölzel A., James, T., Mercury and Pink Desease, in: Lancet 1, 441, 1952 und wie Anm. 5, S. 9, 10
7 Hirschmann S. Z., Feingold, M., Mercury in House-Paint as a Cause of Acrodynia, in: New England Journal of Medicine, 269, 889, 1963
8 Ulhaq, I., Agrosan Poisoning in Man, in: British Medical Journal, 1579, 1963, zit. nach Meme, J. S., wie Anm. 2
9 Bulletin World Health Organization, Vol. 54, 1976, S. 103
10 Name geändert
11 Wie Anm. 2
12 Etikett in Pestizid-Handlung, Nairobi, August 1985
13 Name geändert
14 Brown, J. D., Meme, J. S., Mbithi, T., Mercury Poisoning in Kenyan Children, in: The East African Medical Journal, Nairobi, Feb. 1982, S. 98–106
15 Wie Anm. 14
16 Persönliche Mitteilung Prof. Lingk, BGA (Berlin), 17. 12. 1985
17 The Weekly Review, Nairobi, Feb. 20, 1981, S. 19–26
18 Wie Anm. 14
19 Entwicklungspolitische Korrespondenz, 3/1984, S. 11
20 Wie Anm. 19, S. 20
21 Chetley, Andrew, Cleared for Export, London 1985, S. 25

22 Inserat in The Standard, Nairobi, 16. August 1985
23 Wie Anm. 5
24 Wie Anm. 5, Bd. III–12.3, S. 5
25 Mithamo Ngungute, Farm Chemicals dumped in Co-ops, in: Sunday Nation, Feb. 3., Nairobi 1985, S. 20
26 Wie Anm. 25
27 Muchiru, Simon, in: Africa Seminar on the Use of Agricultural Pest Control Chemicals, Nairobi 1983, S. 20
28 Wie Anm. 27, S. 19
29 Name geändert
30 Bull, D., A. Growing Problem, Pesticides and The Third World Poor, Oxfam 1982, S. 29
31 Wie Anm. 30, S. 30
32 Wie Anm. 30, S. 31
33 Wie Anm. 30, S. 32
34 Wie Anm. 30, S. 28
35 Dangerous Properties of Industrial Materials, Report Jan/Feb 1985, 5/1, S. 16
36 Martindale, The Extra Pharmacopoeia, London 1982, S. 835
37 Wie Anm. 35, S. 14
38 Wie Anm. 36
39 Werbung in Consumer's Digest, Nairobi, Vol. 2, Nr. 1/Feb–March 1982, S. 16
39a Wie Anm. 5
40 Strobl, Ilse, Subsistenz versus Cash-Crops, Wien 1982, Diss., S. 72
41 Wie Anm. 40, S. 155
42 Wie Anm. 40, S. 159
43 zit. nach Strobl, wie Anm. 40, S. 150
44 Wie Anm. 40, S. 151

6. Die Giftmischer
Verkaufserfolge

1 The Wall Street Journal, 13. Feb. 1978
2 Wie Anm. 1
3 Wie Anm. 1
4 Wie Anm. 1

5 Wie Anm. 1
6 Wie Anm. 1
7 Wie Anm. 1
8 Wie Anm. 1; und: The New York Times, 13. Dez. 1977
9 Wie Anm. 8
10 Newsweek, 13. Dez. 1976, S. 38
11 Reisebericht USA von Vertriebsleiter G. Conrad vom 31.7.–14.8.1976 zusammen mit Dr. A. Knoll, Celamerck, 16.8.1976
12 The New York Times, 13. Dez. 1976
13 Wie Anm. 12
14 Amtliches Pflanzenschutzmittelverzeichnis, Bundesanstalt für Pflanzenschutz, Wien, Februar 1985
15 C. H. Böhringer Sohn, Besuchsbericht, Günter Conrad, Ingelheim, 14.9.1970
16 Brief von Velsicol Chemical Corporation, William A. Hamilton, an CELA Ingelheim, 30. Okt. 1970
17 Besuchsbericht von G. Conrad, Celamerck, 26.2.1971
18 Wie Anm. 17
19 Weir, D., Schapiro, M., Circle of Poison, San Francisco 1981, S. 23
20 Environment, Vol. 16, No. 9, November 1974, S. 6–10
21 Wie Anm. 20
22 Herald Tribune, 9. Dez. 1976
23 Washington Post, 8. Dez. 1976
24 Wie Anm. 20
25 Wie Anm. 20
26 Wie Anm. 20
27 Wie Anm. 20
28 Wie Anm. 20
29 Wie Anm. 20
30 Wie Anm. 20
31 Wie Anm. 20
32 Protokoll einer Besprechung zwischen Vertriebschef G. Conrad von Celamerck und C. F. Teeple, Director of Purchase, Velsicol Chemical Corporation Chicago, 9.9.1974
33 Wie Anm. 32
34 Wie Anm. 32
35 Wie Anm. 20

36 Wie Anm. 20
37 Newsweek, 13. Dez. 1976, S. 38
38 Wie Anm. 37
39 Wie Anm. 37
40 Wie Anm. 37
41 Wie Anm. 37
42 Wie Anm. 37
43 Wie Anm. 37
44 Wie Anm. 37
45 Wie Anm. 1
46 Wie Anm. 1
47 Wie Anm. 37
48 Wie Anm. 1
49 Wie Anm. 1
50 Telefonnotiz G. Conrad, Celamerck, 3. 2. 1976
51 Wie Anm. 50
52 Reisebericht USA vom 31. 7.–14. 8. 1976 von G. Conrad Celamerck, 16. 8. 1976
53 Wie Anm. 52
54 Wie Anm. 52
55 Wie Anm. 52
56 Wie Anm. 52
57 Wie Anm. 52
58 Wie Anm. 19
59 Wie Anm. 19, S. 24
60 Schreiben der Celamerck-Zentrale Ingelheim, 4. Nov. 1976
61 Arbeitsmedizinische Vorsorgeuntersuchungen im Bromphenol-Betrieb der Firma C. H. Boehringer Sohn, Werk Hamburg-Moorfleet, 1972–76, H. Brassow, R. Groehsler
62 Brief von Bruce S. Powers vom Anwaltsbüro Woodard, Hall+Primm an Celamerck GmbH, 7. 2. 1979
63 Persönliche Mitteilung von Dr. Huber, Rechtsabteilung Celamerck, Januar 1986

6. Die Giftmischer
Firmen-Grundsätze

1 Brief von Celamerck-PC an Herrn Dr. Weeren, Analytisches Labor Hamburg, Ingelheim 5. Mai 1978
2 Wie Anm. 1
3 Wie Anm. 1
4 Aktennotiz Celamerck: Zur Bildung von Dioxinen in 2,5-Dichlor-4-Bromphenol, Ingelheim 5. Mai 1978
5 Brief von Dr. Krum, C. H. Boehringer Sohn, Werk Hamburg-Moorfleet, an Celamerck PC, Hamburg 12. 5. 1971
6 Wie Anm. 5
7 Brief Produktionsleitung Hamburg, Dr. Krum, an WA-Forschung, Abteilung Pflanzenschutz, Herrn Prof. Jerchel, 8. April 1978
8 Wie Anm. 7
9 Werkleitung Hamburg, Dr. Krum, Aktennotiz, 24. 8. 1976
10 Wie Anm. 9
11 Brief von Celamerck GmbH an Herrn Dr. Krum, Hamburg und Herrn Dr. Inchaurrondo, Spanien, 4. 11. 1976
12 Arbeitsgruppe Chemie, Chemiestadt Hamburg: z. B. Boehringer, 3. erg. Aufl., S. 19 und diverse interne Firmenunterlagen von Boehringer
13 Wie Anm. 12
14 Arbeitsmedizinische Vorsorgeuntersuchungen im Bromphenol-Betrieb der Firma C. H. Boehringer Sohn, Werk Hamburg-Moorfleet, 1972–1976, H. Brassow (staatl. Gewerbearzt), R. Groehsler (Betriebsarzt)
15 Wie Anm. 14
16 Siehe z. B. Hallenbeck, W. H. und Cunnigham-Burns, C. M., Pesticides and Human Health, Springer Verlag, New York 1985
17 Wie Anm. 14
18 Über die Frage der Toxizität von Hexachlorcyclohexan (Lindan) aufgrund arbeitsmedizinischer Vorsorgeuntersuchungen bei der Firma C. H. Boehringer Sohn, Werk Moorfleet im Jahre 1974, R. Groehsler (staatl. Gewerbearzt)
19 Wie Anm. 18

20 Brief von Dr. Krum vom Werk Hamburg-Moorfleet an Celamerck-G/Herrn Dr. Müller, 26.3.1975
21 Arbeitsgruppe Chemie, Chemiestadt Hamburg: z.B. Boehringer, 3. erg. Aufl., S. 46
22 Wie Anm. 21, S. 7
23 Wie Anm. 21, S. 46
24 Wie Anm. 21, S. 6
25 Wie Anm. 21, S. 6
26 Wie Anm. 21, S. 6
27 Wie Anm. 21, S. 6
28 Wie Anm. 21, S. 46
29 Wie Anm. 21, S. 6
30 Wie Anm. 21, S. 46
31 Wie Anm. 21, S. 47
32 Tügel, H., in: Natur, 9/85, S. 48

6. Die Giftmischer
»Schönheitsfehler«

1 Dohmeier, H. J., Janson, E., Zum Töten von Fliegen und Menschen, rororo 5132, Reinbek bei Hamburg, 1983, S. 34
2 Wie Anm. 1, S. 35
3 Wie Anm. 1, S. 82
4 Werbung Avenarius-Fattinger-Agro (AFA)
5 Wie Anm. 1, S. 43
6 Wie Anm. 1, S. 44
7 Wie Anm. 1, S. 46
8 Wie Anm. 1, S. 46
9 Wie Anm. 1, S. 46
10 Wie Anm. 1, S. 47
11 Wie Anm. 1, S. 46
12 Brief von Dr. Werner Krum (Celamerck) an Herrn von Baumbach, 15.4.1982
13 Wie Anm. 12
14 Wie Anm. 1, S. 48
15 Wie Anm. 1, S. 50
16 Wie Anm. 1, S. 49

17 Wie Anm. 1, S. 50
18 Wie Anm. 1, S. 50
19 Wie Anm. 1, S. 50
20 Wie Anm. 1, S. 49–50
21 Aktennotiz vom 21. 5. 1970, Cela G.m.b.H.
22 Produktionsleitung Hamburg, Dr. Krum, Brief an Dr. Wilhelm Boehringer, 30. Aug. 1971
23 Aktennotiz Günter Conrad, Celamerck-Vertrieb, 25. 10. 1974
24 Wie Anm. 23
25 Protokoll der Besprechung am 5. April 1978, C. H. Boehringer Sohn, Werkleitung Hamburg, 10. April 1978
26 Eigene Berechnung
27 Wie Anm. 23
28 Wie Anm. 23
29 Zit. nach: wie Anm. 1, S. 72
30 Besprechungsnotiz über die Chlorakneerkrankung bei ICMESA in Meda bei Mailand, Hamburg 27. 7. 1976
31 Wie Anm. 30
32 Wie Anm. 30
33 Wie Anm. 30
34 Celamerck, Werkleitung Hamburg, Dr. Werner Krum, Brief an die Zentrale, 16. 8. 1976
35 Wie Anm. 34
36 Celamerck-Zentrale, Aktennotiz, Ingelheim den 12. 1. 1979
37 Celamerck-Zentrale: Brief an Brabers, Douma, Van Nispen, Leenen, Den Haag/Holland, 12. 2. 1979
38 Wie Anm. 36
39 Wie Anm. 36
40 Wie Anm. 36
41 Wie Anm. 36
42 Wie Anm. 36
43 Wie Anm. 36
44 Wie Anm. 36
45 Wie Anm. 36
46 Wie Anm. 36
47 Wie Anm. 37
48 Wie Anm. 37
49 Wie Anm. 1, S. 105 und wie Anm. 37

50 Günter Conrad, Celamerck-Vertrieb, Besuch in Linz (CL) am 4./5. Oktober 1979, 8.10.1979
51 Wie Anm. 50
52 Wie Anm. 50
53 Wie Anm. 50
54 Wie Anm. 1, S. 105
55 Wie Anm. 1, S. 106–107
56 Firmeninternes Arbeitspapier, C. H. Boehringer Sohn, 15.9. 1980
57 Aktenvermerk Celamerck, Dr. Leber, Ingelheim den 8. März 1979
58 C. H. Boehringer Sohn, Werkleitung Hamburg, Information für den Gesellschafterausschuß, Celamerck Sitzung am 23. November 1982, 5. November 1982
59 Boehringer Ingelheim, Schreiben an das Amt für Umweltschutz in Hamburg, 11.8.1983
60 Wie Anm. 57
61 Wie Anm. 57
62 Wie Anm. 57
63 Celamerck, Werkleitung Hamburg, Bericht über Workshop 22.–24.10.1980 in Rom, Hamburg 29.10.1980
64 Wie Anm. 63
65 Wie Anm. 63
66 Informationsdienst Chemie und Umwelt (ICU), Hrsg. BUND, Freiburg 5/85, S. 14
67 Brief Celamerck, Dr. Krum an Herrn von Baumbach, 15.4. 1982
68 Businessweek, May 21, 1984, S. 39
69 Wie Anm. 63
70 Wie Anm. 63
71 Wie Anm. 63
72 Wie Anm. 67
73 Wie Anm. 67
74 Wie Anm. 67
75 Wie Anm. 67
76 Wie Anm. 67
77 Wie Anm. 67
78 Wie Anm. 68, S. 39–40

79 Wie Anm. 68
80 New York Times, 23. März 1985
81 New York Times, 10. Mai 1985
82 Wie Anm. 81
83 Wie Anm. 1, S. 50
84 Wie Anm. 1, S. 51
85 Wie Anm. 1, S. 53

6. Die Giftmischer

Risiko-Verlagerung

1 Notiz vom 20. 11. 1979, angefertigt von Dr. Löwe und Dr. Morell von der Firmenleitung Boehringer-Ingelheim, Abteilung Chemische Produktion
2 Wie Anm. 1
3 Wie Anm. 1
4 Werbung Epro, Die Saat geht auf, Prospekt ohne Datum
5 Celamerck informiert: Pflanzenschutz im Forst, ohne Datum
6 Besprechungsprotokoll, C. H. Boehringer Sohn, Werkleitung Hamburg, Dr. Krum, 26. 5. 1981
7 Aktennotiz, C. H. Boehringer Sohn, Abteilung IPP, Ingelheim, 19. 3. 1973
8 Protokoll der Invest.-Kommission-Sitzung, am 13. 9. 1979, C. H. Boehringer Sohn
9 Investitionsvorschlag, Geschäftsleitung Celamerck, Abteilung Investitions- und Produktionsplanung, Ingelheim 8. 8. 1972
9a Zentrale Investkommission, 30. 11. 1981
10 Wie Anm. 1
11 Besprechungsprotokoll, C. H. Boehringer Sohn, Werkleitung Hamburg, über einen Besuch in Malgrat/Spanien, am 19. 5. 1981; Hamburg 26. 5. 1981
12 Planungsgrundlagen: Verlegung der Bromophos-Endstufenproduktion von Malgrat nach Hamburg, ZA Investitionsplanung 30. 11. 1981
13 Wie Anm. 12
14 Wie Anm. 12
15 Wie Anm. 12

16 Brief Celamerck, Werkleitung Hamburg, Dr. Werner Krum, an die ZA Investplanung/Herrn Gozon, 11. April 1983
17 Wie Anm. 16
18 C. H. Boehringer Sohn, Werkleitung Hamburg, Dr. Krum, Aktennotiz, 23.2.1984
19 Wie Anm. 18
20 Wie Anm. 18
21 Wie Anm. 18
22 Wie Anm. 18
23 Tügel, H., in: Natur 9/85, S. 47–51
24 Biologische Bundesanstalt für Land- und Forstwirtschaft (Hrsg.); Pflanzenschutzmittel-Verzeichnis 1985, Braunschweig 1985; Bundesanstalt für Pflanzenschutz (Hrsg.), Amtliches Pflanzenschutzmittelverzeichnis, 1985, Wien, 1985

7. Braune Bohnen sind ihr Los

1 Landkomitee von Vitoria da Conquista, Unzulässige Verwendung von Agrotosinen in der Kaffeeplantage im Gebiet von Vila do Café, Gemeinde Encruzilhada, Broschüre, Vitoria da Conquista, August 1985, eigene Übersetzung
2 Wie Anm. 1
3 Wie Anm. 1
4 Wie Anm. 1
5 Wie Anm. 1
6 Wie Anm. 1
7 Wie Anm. 1
8 Wie Anm. 1
9 Wie Anm. 1
10 Claus, Frank, Toxische Chemikalien – eine weltweite Bedrohung, Vortrags-Manuskript, Dortmund 1985, S. 9
11 Inserat in: Jornal da Coopavel, Nr. 84, Brasilien 1985, S. 22
12 Wie Anm. 10, S. 7
13 Wie Anm. 10, S. 5
14 zit. nach Claus, wie Anm. 10, S. 7
14a Wie Anm. 1.
15 Deutsche Zeitung Sao Paulo vom 3. 3. 1984

16 Gazeta Mercantil, Brasilien, 11. Sept. 1985
16a Hallenbeck, W. H., Cumingham-Burus, K. M., Pesticides and Human Health, New York, Berlin, Heidelberg, Tokyo, 1985, S. 94ff
17 Wie Anm. 1
18 Wie Anm. 1
19 Wie Anm. 1
20 Aus: Jornal do meio ambiente Nr. 26, August/September 1984, 4. Jhrg.
21 Wie Anm. 20

8. Vergiftetes Grün

1 Name geändert
2 Der Rat der Sachverständigen in Umweltfragen (Hrsg.), Umweltprobleme der Landwirtschaft, Sondergutachten, Stuttgart/ Mainz, März 1985, S. 23
3 Wie Anm. 32, S. 24
4 Persönliche Mitteilung, November 1985
5 zit. nach Arbeitsgemeinschaft bäuerliche Landwirtschaft, Bauernblatt, Nr. 62, Rottenburg-Ergenringen, Oktober 1985, S. 5
6 BUKO-Agro-Koordination, Materialmappe zum Thema Futtermittelimporte, Hamburg 1984, S. 5
7 Kurt Langbein, Irrsinn mit Methode, in: Inlandsreport, Österreichisches Fernsehen, 13. 11. 1984
8 Wie Anm. 7
9 Wegler, R. (Hrsg.), Chemie der Pflanzenschutz- und Schädlingsbekämpfungsmittel, Band 2, Berlin/Heidelberg/New York, S. 364
10 Müller, Erwin, R., Unser Boden, der letzte Dreck? Grümlingen 1985, S. 45
11 Capriel, P., Haisch, A., Persistenz von Atrazin und seiner Metaboliten im Boden nach einmaliger Herbizidanwendung, in: Z. Pflanzenernähr. Bodenk., BRD, 1983, S. 478
12 Persönliche Mitteilung, November 1985
13 Bulletin des Bundesamtes für Umweltschutz: »Umweltschutz in der Schweiz « 4/85, Bern 1985, S. 17

14 Hallenbeck, W. H., Cunningham-Burns, K. M., Pesticides and Human Health, New York 1985, S. 137
15 Wie Anm. 2, S. 148
16 Persönliche Mitteilung, November 1985
17 Celamerck, Produktinformation 1985, Ingelheim am Rhein 1985, S. 152
18 Frankfurter Allgemeine Zeitung, 9. 1. 1985, S. 7
19 Celamerck – Ihr Partner im Gemüsebau, Produktinformation für Ramrod, Semeron 25, Dosanex, Tenoran, Lasso, Faltprospekt ohne Datum
20 Bayer. Landesanstalt für Bodenkultur und Pflanzenbau, Amtlicher Pflanzenschutzdienst, Merkblatt Nr. 18, 15. Auflage, 1981/82, S. 1
21 Wie Anm. 20
22 Wie Anm. 20
23 Katalyse-Umweltgruppe (Hrsg.), Umwelt-Lexikon, Köln 1985, S. 249
24 PAN-International, The »Dirty Dozen«, S. 18
25 Wie Anm. 2, S. 138
26 Biologische Bundesanstalt für Land- und Forstwirtschaft, Pflanzenschutzmittelverzeichnis, Braunschweig 1984, Teil 1, S. 22, 56, 58
27 Braun, F., über PCB und Chlorpestizide in einigen bayerischen Flüssen, in: Schadstoffbelastung und Ökosystemschutz, München/Wien 1985, S. 121
27a Persönliche Mitteilung, November 1985
28 Eichler, Lutz, in: Diercks, Rolf, Einsatz von Pflanzenbehandlungsmitteln und die dabei auftretenden Umweltprobleme, Stuttgart/Mainz 1984, S. 243
29 Persönliche Mitteilung; November 1985
30 Wie Anm. 27, S. 118
31 Wie Anm. 27a
32 Der Spiegel, Hamburg 22/1984, S. 60–63
33 Dohmeier, Hans-Joachim, Janson, Erich, Zum Töten von Fliegen und Menschen; Dioxin, das Gift von Seveso und Vietnam, Reinbek, Hamburg 1983, S. 73–80
34 Wie Anm. 33, S. 105
35 Wie Anm. 2, S. 144

36 Persönliche Mitteilung, November 1985
37 Persönliche Mitteilung, 17.12.1985
38 Wie Anm. 24, S. 27
39 Bundesanstalt für Pflanzenschutz, Pflanzenschutzmittelverzeichnis, in: Pflanzenschutz, 1. Sondernummer, Februar 1985, S. 28, 29
40 Diercks, Rolf, Einsatz von Pflanzenbehandlungsmitteln und die dabei auftretenden Umweltprobleme, Stuttgart/Mainz 1984, S. 143
41 Wie Anm. 40, S. 143
42 Pimentel, David u. a., Enviromental and social costs of Pesticides, in: Oikos, 34, Kopenhagen 1980, S. 126–140
43 laut Spiegel, Hamburg Nr. 48/1985, S. 270–272

9. Nelken mit dem Duft des Todes

1 Hansen, Karin, Mütter zwischen Geschäftsinteressen und kultureller Verehrung, in: Huck, G., Sozialgeschichte der Freizeit, Wuppertal 1980, S. 249–280
2 Austria-Presse-Agentur (APA) vom 14.2.1984, 028-AL/CH, Wien 1984
3 Villar, Rodrigo, Las Trabajadoras de Flores y Su Salúd, Seminário: Mujér y Desarrollo; unveröffentl. Manuskript, Bogotá, Juni 1984, S. 2
4 Wie Anm. 5, S. 2
5 Silva, Alicia, Eugenia; De Mujér Campesina a Obrera Florista, in: León, Magdalena (Hrsg.), Debate Sobre la Mujér en América Latina y el Caribe, Band I: La Realidad Columbiana, Bogotá, 1982, S. 28–42
6 Wie Anm. 3 und Zeitschrift Asocolflores 3/1985, Bogotá 1985
7 Wie Anm. 5
8 Zit. nach: El Tiempo, Montag, 21. November 1983, Bogotá 1983
9 Persönliche Mitteilung, September 1985
10 Villar, Rodrigo, unveröffentlichtes Manuskript zusammengestellt auf Grundlage der Diplomarbeit, El proceso de proletarización de las obreras floristas de la región de Chia, Tábio y Cajica,

Tesis de grado, Universidad de los Andes, Departamento de Antropologia, Bogotá, 1982
11 Wie Anm. 10
12 Hallenbeck, W. H., Cunningham-Burns, K. M., Pesticides and Human Health, New York, Berlin, Heidelberg, Tokyo, 1985, S. 31
13 Bayer, Produktliste 1985, Pflanzenschutzmittel, Leverkusen 1985, S. 16
14 Wie Anm. 3, S. 3
15 Persönliche Mitteilung, September 1985
16 Persönliche Mitteilung, September 1985
17 Feiler, Lizzy, Gefahren eines wohlduftenden Berufes, Die Blumenarbeiterinnen, in: Frauensolidarität, Heft 2/1982, Wien 1982, S. 38–42
18 Zit. nach: Frauensolidarität, Heft 1/1984, »Krankheit oder Arbeitslosigkeit – Eine schwere Wahl für die Blumenarbeiterinnen«, Wien 1984, Name geändert
19 Zit. nach: Neyer, Gerda, Durch Blumen vergiftet, in: Entwicklungspolitische Nachrichten (EPN), 2/1984, Wien 1984, S. 12–14
20 Wie Anm. 10
21 Wie Anm. 12, S. 94
22 The International Organization of Consumers Unions, IOCU, The pesticide handbook, Profiles für Action, Penang, 1984, S. 43
22a Wie Anm. 10
23 Persönliche Mitteilung, September 1985, Name geändert
24 Wie Anm. 17
25 Persönliche Mitteilung, September 1985
26 Weir, David, Schapiro, Mark, Circle of Poison, Pesticides and People in a Hungry World, San Francisco, 1981, S. 29

10. Österreich – Abfallkübel der Chemiemultis

1 Amtliches Pflanzenschutzmittelverzeichnis, in: Pflanzenschutz, Erste Sondernummer, Wien, Februar 1985
2 Weiss, Hans, Gift auf dem Teller, in: Profil, Nr. 16, Wien 1985, S. 37

3 Lötsch, Bernd, Die Gefahren chemischer Schädlingsbekämpfungsmittel, in: IFOAM, Heft 34, 1980, S. 2–6
4 Wie Anm. 2, S. 38
5 Wie Anm. 2, S. 37
6 Wie Anm. 1, S. 12f
7 Wie Anm. 1, S. 11, 25, 26
8 Wie Anm. 1, S. 21
9 Fachverband der Chemischen Industrie Österreichs, Rundbrief vom 21.3.1985, S. 1
10 Wie Anm. 1, S. 43–46, 50, 55, 56
11 Wie Anm. 9, S. 3
12 Wie Anm. 9, S. 2
13 Wie Anm. 1, S. 28f
14 Wie Anm. 2, S. 38
15 Wie Anm. 2, S. 39
16 Wie Anm. 2, S. 39
17 Wie Anm. 1, S. 28f
18 Wie Anm. 1, S. 13
19 Wie Anm. 1 und Werbebroschüren der angegebenen Hersteller vom April 1985 bzw. Januar 1986
20 Persönliche Mitteilung, April 1985
21 Wie Anm. 1, S. 26
22 Wie Anm. 2, S. 41
23 Langbein, Kurt, in: Österreichisches Fernsehen, Inlandsreport vom 17.4.1985

11. Giftkrieg im Haushalt

1 Scotts Rasenunkrautvernichter, gekauft im Januar 1985, Wien
2 Obstbau-Pflanzenschützer, Fa. Kwizda, Wien
3 Katalyse-Gruppe (Hrsg.), Chemie im Haushalt, Reinbek bei Hamburg 1984, S. 174; Umweltprobleme der Landwirtschaft, Rat von Sachverständigen für Umweltfragen: Sondergutachten, Kohlhammer-Verlag, Stuttgart und Mainz 1985, S. 138; und: Langbein, K., Martin, H.-P., Weiss, H., Tägliches Gift, Falter-Verlag, Wien 1985, S. 17
4 »Die Gartenfibel«, hrsg. von Bayer, 15. Aufl.

5 Katalyse-Gruppe (Hrsg.), Chemie im Haushalt, Reinbek bei Hamburg 1984, S. 177–179
6 Hallenbeck, W. H., Cunnigham-Burns, K. M., Pesticides and Human Health, New York 1985, S. 97
7 Wie Anm. 5, S. 178
8 Kwizda (Hrsg.), Gesal – Grüner Ratgeber, Wien
9 Wie Anm. 6, S. 97
10 Wie Anm. 6, S. 97
11 Wie Anm. 8
12 Wie Anm. 6, S. 97
13 DM, 3/83, S. 84
14 Langbein, K., Martin, H.-P., Weiss, H., Tägliches Gift, Falter-Verlag, Wien 1985, S. 19–20
15 Wie Anm. 14
16 Der Bundesminister für Gesundheit und Umweltschutz, Kurt Steyrer, Brief an die Bundeskammer der Gewerblichen Wirtschaft, Wien, 6. Juli 1983
17 Koch, E. R., Umweltschutz zu Hause, Mosaik-Verlag, München 1984, S. 262–263
18 lt. Abdruck in: wie Anm. 5, S. 213
19 »Gift zum Ladenpreis«, Testkäufe des Österreichischen Bundesministeriums für Familie, Jugend und Konsumentenschutz, 16. und 17. Juli 1985, S. 7
20 Wie Anm. 17, S. 129
21 Wie Anm. 17, S. 129
22 Wie Anm. 17, S. 132
23 Persönliche Mitteilung von Dr. Hruby, Januar 1985
24 lt. TEST 6/83, S. 520
25 Wie Anm. 24, S. 519
26 Wie Anm. 24, S. 518–519
27 Wie Anm. 17, S. 131
28 Wie Anm. 24, S. 519
29 Wie Anm. 17, S. 130
30 Wie Anm. 24, S. 519
31 Prüf mit, 16, 1984, Nr. 3, S. 10–11
32 Braun, W., Dönhardt, A., Vergiftungsregister, Stuttgart 1982, S. 139
33 Wie Anm. 19, S. 5–7

34 Wie Anm. 19, S. 5
35 Wie Anm. 19, S. 6

12. Was Pestizide alles können

1 Biologische Bundesanstalt für Land- und Forstwirtschaft; Verzeichnis der Wirkstoffe in zugelassenen Pflanzenbehandlungsmitteln, Braunschweig 1981, S. 55
2 Offizielle Veröffentlichung der Bundesanstalt für Pflanzenschutz; Amtliches Pflanzenschutzmittelverzeichnis und Pflanzenschutzgeräteverzeichnis der Bundesanstalt für Pflanzenschutz, Wien, Februar 1985
2a entnommen aus: IOCU (Hrsg.), The Pesticide Handbook, Penang/Malaysia , 1984
3 Beran, Ferdinand, Pflanzenschutzkompendium und Richtlinien für die Gebarung mit Pflanzenschutzmitteln, Wien, 1976, S. 5
3a Haley, T. I., Toxicology, in: Sax, N. I. (Hrsg.), Dangerous Properties of Industrial Materials, New York 1984
4 Dohmeier, J. H., Janson, E., zum Töten von Fliegen und Menschen – Dioxin – Das Gift von Seveso und Vietnam und wie wir täglich damit in Berührung kommen, Reinbek, Hamburg 1983, S. 31
5 Wie Anm. 3, S. 107
6 Hallenbeck, W. H., Cunningham-Burns, K. M., Pesticides and Human Health, New York, Berlin, Heidelberg, Tokyo, 1985, S. 94
7 Katalyse-Umweltgruppe, Umweltlexikon, Köln 1985, S. 250
8 Wie Anm. 7, S. 106
9 Rosival, L., Engst, R., Szokolay, A., Fremd- und Zusatzstoffe in Lebensmitteln, Leipzig, 1978, S. 95
10 Wie Anm. 3, S. 107; wie Anm. 6, S. 95
11 Daunderer, M., Klinische Toxikologie-Giftinformation-Giftnachweis, Vergiftungstherapie, Toxikologische Enzyklopädie, Band 5, Landsberg, 9. Ergänzungslieferung 10/84
12 Wie Anm. 6, S. 95
13 PAN-International, The Dirty Dozen, San Franzisco, California, 1985, S. 15; und wie Anm. 245

14 Wie Anm. 13, S. 14
15 United States Evironmental Protection Agency (EPA), Washington, Third Revision, January 1985, S. 1
16 Wie Anm. 7, S. 112
17 Wie Anm. 9, S. 101
18 Wie Anm. 7, S. 113
19 Sauerbeck, D., Funktionen, Güte und Belastbarkeit des Bodens aus agrikulturchemischer Sicht, Taunusstein, 1985, S. 80
20 Bundeskammer der gewerblichen Wirtschaft-Sektion Industrie, Fachverband der Chemischen Industrie Österreichs, Pflanzenschutz- und Schädlingsbekämpfungsmittel – Verbrauch nach Wirkstoffen 1984, Rundbrief vom 21. März 1985, S. 1
21 Wie Anm. 9, S. 109
22 The International Organization of Consumers Unions (IOCU), The Pesticide Handbook, Profiles for Action, Penang, 1984, S. 43
23 Wie Anm. 9, S. 109
24 Wie Anm. 11, 10, Ergänzungslieferung 12/84
25 Wie Anm. 6, S. 95
26 Wie Anm. 15, S. 9
26a Wie Anm. 245
27 BUND (Hrsg.) Informationsdienst Chemie und Umwelt (ICU), 4/85, Freiburg 1985, S. 5
28 Sax, N. I. (Hrsg.), Dangerous Properties of Indistrial Materials, New York 1984, S. 1496
29 Wie Anm. 6, S. 94, 95; und: wie Anm. 9, S. 110
29a Wie Anm. 245
30 Wie Anm. 22, S. 57
31 Wie Anm. 9, S. 117
32 Wie Anm. 9, S. 117; und: Wie Anm. 22, S. 59
33 Wie Anm. 7, S. 188; und wie Anm. 245
34 Wie Anm. 22, S. 63
35 Wie Anm. 9, S. 106–107
36 Wie Anm. 7, S. 249–250; und wie Anm. 245
37 Wie Anm. 7, S. 250
38 Der Rat von Sachverständigen für Umweltfragen, Umweltprobleme der Landwirtschaft, Stuttgart, Mainz, März 1985, S. 138
39 Wie Anm. 20, S. 1

40 Wie Anm. 3, S. 104; und wie Anm. 245
41 Wie Anm. 9, S. 79
42 Wie Anm. 9, S. 79
43 Wie Anm. 9, S. 80
44 Wie Anm. 9, S. 80
45 Wie Anm. 3, S. 104
46 Internationale Koordinationsstelle – Aktiv gegen Bayer – Umweltgefährdung e. V., Mai 1985, 3. Jhrg., Doppelnr. 1/2
47 Wie Anm. 9, S. 72
48 Wie Anm. 6, S. 99, 110
49 Wie Anm. 9, S. 74
50 Wie Anm. 19, S. 81
51 Wie Anm. 19; S. 85
52 Wie Anm. 19, S. 85
53 Wie Anm. 6, S. 97
54 Wie Anm. 11, 9. Ergänzungslieferung, 10/84
55 Wie Anm. 3, S. 103
56 Wie Anm. 6, S. 97
57 Wie Anm. 19, S. 79ff
58 Wie Anm. 11, 10. Erg.-Lfg. 12/84
59 Wie Anm. 6, S. 97
60 Wie Anm. 22, S. 33
61 Wie Anm. 22, S. 33
61a Wie Anm. 245
62 Wie Anm. 11, 10. Erg.-Lfg. 12/84
63 Wie Anm. 6, S. 97
64 Wie Anm. 6, S. 98
65 Wie Anm. 6, S. 97
66 Wie Anm. 6, S. 98
66a Wie Anm. 245
67 Wie Anm. 6, S. 97
68 Wie Anm. 6, S. 98
68a Wie Anm. 245
69 Wie Anm. 11, 11. Erg.-Lfg. 2/85
70 Wie Anm. 22, S. 65
71 Wie Anm. 6, S. 97
72 Wie Anm. 6, S. 98
73 Wie Anm. 22, S. 65

74 Wie Anm. 9, S. 84
75 Wie Anm. 22, S. 65
76 Wie Anm. 9, S. 85
77 Wie Anm. 22, S. 65
78 Wie Anm. 6, S. 97
79 Wie Anm. 11, 11. Erg.-Lfg. 2/85
80 Wie Anm. 6, S. 97
81 Wie Anm. 6, S. 98
82 Wie Anm. 9, S. 83
83 Wie Anm. 6, S. 97
84 Wie Anm. 6, S. 97
84a Wie Anm. 245
85 Wie Anm. 9, S. 76
86 Wie Anm. 9, S. 76
87 Wie Anm. 9, S. 76
88 Wie Anm. 6, S. 97
89 Wie Anm. 6, S. 98
90 Wie Anm. 13, S. 23
91 Wie Anm. 13, S. 23; und wie Anm. 245, S. 360
92 Wie Anm. 19, S. 85ff
93 Wie Anm. 13, S. 23
94 Wie Anm. 38, S. 138
95 Wie Anm. 20, S. 1, 3
96 Wie Anm. 6, S. 30
97 Wie Anm. 6, S. 30
98 Wie Anm. 6, S. 30
99 Wie Anm. 6, S. 31
100 Wie Anm. 6, S. 31
101 Wie Anm. 6, S. 31
102 Wie Anm. 22, S. 7
103 In: Frankfurter Rundschau, vom 15. 8. 1985; und wie Anm. 245
104 Wie Anm. 22, S. 7
105 Wie Anm. 6, S. 31
106 Wie Anm. 22, S. 19
107 Wie Anm. 11, 12. Erg.-Lfg. 4/85
108 Wie Anm. 6, S. 31
109 Wie Anm. 6, S. 31
110 Wie Anm. 19, S. 85ff

111 Wie Anm. 11, 9. Erg.-Lfg. 10/84
112 Wie Anm. 6, S. 133
113 Wie Anm. 6, S. 133
114 Wie Anm. 11, 11. Erg.-Lfg. 2/85
115 Wie Anm. 9, S. 114ff
116 Wie Anm. 6, S. 132f
117 Wie Anm. 9, S. 114ff
118 Wie Anm. 6, S. 133
119 Wie Anm. 9, S. 114ff
120 Wie Anm. 38, S. 138
121 Wie Anm. 20, S. 3
122 Wegler, R. (Hrsg.), Chemie der Pflanzenschutz- und Schädlingsbekämpfungsmittel, Berlin, Heidelberg, New York 1970, S. 207
123 Wie Anm. 122, S. 207
124 Jung, M., Hruby, K., Gössinger, H., Haubenstock, A., Akute Vergiftungen mit dem Pflanzenschutzmittel Dinoseb, aus: Innere Medizin 10, 1983, S. 210–224
125 Wie Anm. 9, S. 122
126 Wie Anm. 122, S. 207
127 Wie Anm. 124, S. 219–224
128 Wie Anm. 122, S. 207
129 Wie Anm. 19, S. 80
130 Wie Anm. 11, 10. Erg.-Lfg. 12/84
131 Wie Anm. 6, S. 92
132 Wie Anm. 19, S. 80
133 Wie Anm. 6, S. 92
134 Wie Anm. 124, S. 221
135 Wie Anm. 124, S. 220
136 Wie Anm. 6, S. 92
137 Wie Anm. 9, S. 122
138 Wie Anm. 19, S. 80
139 Wie Anm. 124, S. 220
140 Wie Anm. 9, S. 122
141 Wie Anm. 11, 10. Erg.-Lfg. 12/84
142 Wie Anm. 124, S. 219
143 Wie Anm. 124, S. 219
144 Wie Anm. 6, S. 92

145 Wie Anm. 9, S. 122
146 Wie Anm. 19, S. 80
147 Wie Anm. 6, S. 92
148 Wie Anm. 6, S. 92
149 Wie Anm. 6, S. 93
150 Wie Anm. 19, S. 80
151 Wie Anm. 22, S. 75
152 Wie Anm. 38, S. 138
153 Wie Anm. 122, S. 108
154 Lingk, W., Abteilung Pflanzenschutz im Berliner Bundesgesundheitsamt, persönliche Mitteilung, 17. 12. 1985
155 Wie Anm. 6, S. 36
156 Wie Anm. 19, S. 80
157 Wie Anm. 6, S. 36
158 Wie Anm. 9, S. 118
159 Wie Anm. 6, S. 36
160 Wie Anm. 19, S. 80
161 Wie Anm. 6, S. 36
162 Wie Anm. 6, S. 36
163 Wie Anm. 19, S. 80
164 Wie Anm. 38, S. 138
165 Wie Anm. 20, S. 3
166 Wie Anm. 122, S. 276
167 Wie Anm. 4, S. 51
168 Wie Anm. 6, S. 38
169 Wie Anm. 122, S. 275
170 Natur, Ackerwildkräuter – keine Unkräuter, 6. Natur-Bild, Bedrohte Arten
171 Wie Anm. 11, 9. Erfg.-Lfg. 10/84
172 Wie Anm. 6, S. 38
172a Bolhar-Nordenkampf, Harald, in: Wissenschaftliche Nachrichten, Info-Blätter zur Fortbildung von Lehrern an höheren Schulen, Ausgabe 17, 1971, S. 5
173 Wie Anm. 22, S. 29
174 Wie Anm. 11, 10. Erg.-Lfg. 12/84
175 Wie Anm. 6, S. 38
176 Wie Anm. 122, S. 279
177 Wie Anm. 11, 11. Ergl.-Lfg. 2/85

178 Wie Anm. 6, S. 38
179 Wie Anm. 122, S. 277; und wie Anm. 245
180 Wie Anm. 11, 11. Erg.-Lfg. 2/85
181 Wie Anm. 6, S. 38
182 Wie Anm. 122, S. 281
183 Wie Anm. 22, S. 91
184 Wie Anm. 6, S. 39
185 Wie Anm. 4, S. 48ff
186 Wie Anm. 22, S. 91
187 Wie Anm. 6, S. 39
188 Wie Anm. 122, S. 242
189 Wie Anm. 38, S. 138
190 Wie Anm. 20, S. 3
191 Wie Anm. 122, S. 239
192 Wie Anm. 122, S. 239
193 Wie Anm. 122, S. 242
194 Wie Anm. 19, S. 80
195 Wie Anm. 19, S. 81
196 Wie Anm. 19, S. 84
197 Wie Anm. 6, S. 140
198 Wie Anm. 6, S. 141
198a Wie Anm. 245
199 Wie Anm. 6, S. 140
200 Wie Anm. 6, S. 141
200a Wie Anm. 245
201 Wie Anm. 6, S. 140
202 Wie Anm. 6, S. 141
202a Wie Anm. 245
203 Wie Anm. 6, S. 140
204 Wie Anm. 19, S. 83
205 Wie Anm. 19, S. 86f
206 Wie Anm. 38, S. 138
207 Wie Anm. 20, S. 3
208 Wie Anm. 9, S. 124
209 Wie Anm. 9, S. 124
210 Wie Anm. 19, S. 85
211 Wie Anm. 122, S. 327
212 Wie Anm. 122, S. 367

213 Wie Anm. 19, S. 80
214 Capriel, P., Haisch, A., Persistenz von Atrazin und seiner Metaboliten im Boden nach einmaliger Herbizidanwendung, in: Z. Pflanzenernaehr. Bodenk., BRD, 1983, S. 474
215 Wie Anm. 6, S. 138
216 Wie Anm. 6, S. 137
217 Wie Anm. 6, S. 137
218 Wie Anm. 214, S. 474; und wie Anm. 245
219 Wie Anm. 6, S. 138
220 Wie Anm. 11, 12. Erg.-Lfg. 4/85
221 The Lancet, No. 8476, 8. Febr. 1986, S. 334
222 Österreichischer Informationsdienst für Entwicklungspolitik, Kritische Chemie, Das dreckige Dutzend, Steckbrief 6, Paraquat, Wien 1985
223 Wie Anm. 6, S. 27
224 Natur, Hamburg 12/85, S. 13
225 Österreichische Stickstoffwerke, Linz 1985, Prospektmaterial, Gramoxone
226 Öko-Test-Magazin, April 1985, S. 30
227 Wie Anm. 221
228 Wie Anm. 6, S. 138
229 Wie Anm. 6, S. 138; und wie Anm. 245
230 Wie Anm. 38, S. 138
231 Wie Anm. 20, S. 4
232 In: Kurier, vom 28.9.1985
233 Wie Anm. 232, S. 33
234 In: Frankfurter Rundschau, vom 11.5.1985
235 Wie Anm. 11, 9. Erg.-Lfg. 10/84
236 Wie Anm. 6, S. 112
237 Wie Anm. 11, 9. Erg.-Lfg. 10/84
238 Wie Anm. 6, S. 15
239 Wie Anm. 232
240 Wie Anm. 11, 13. Erg.-Lfg. 6/85
241 Wie Anm. 6, S. 15
242 Wie Anm. 232
243 Wie Anm. 11, 13. Erg.-Lfg. 6/85
244 Wie Anm. 1, Teil 5, S. 49

Stichwortverzeichnis

Über die Autorin/Autoren

Andrea Ernst, mag. phil., Jg. 1957, Studium der Soziologie, Politikwissenschaft und Ethnologie. Von 1983–85 Bildungs- und Öffentlichkeitsarbeit im Rahmen des österreichischen Informationsdienstes für Entwicklungspolitik. Seit 1985 als freie Journalistin tätig, u. a. für das Österreichische Fernsehen.

Kurt Langbein, Jg. 1953, Studium der Soziologie, Redakteur beim Österreichischen Fernsehen, Autor von TV-Dokumentationen und von Beiträgen in verschiedenen Zeitschriften (u. a. *Profil, Der Spiegel*). Veröffentlichungen: Gesunde Geschäfte – Die Praktiken der Pharma-Industrie (Mitautor; 1981); Bittere Pillen, Nutzen und Risiken der Arzneimittel (als Mitautor; 1983, Neuausgabe 1985).

Hans Weiss, Dr. phil., Jg. 1950, Studium der Psychologie und Medizinsoziologie. Seit 1981 freier Journalist (u. a. für das Österreichische Fernsehen und die Magazine *Profil, Der Spiegel* und *Stern*). Veröffentlichungen: Gesunde Geschäfte – Die Praktiken der Pharma-Industrie (als Mitautor; 1981); Bittere Pillen, Nutzen und Risiken der Arzneimittel (als Mitautor; 1983, Neuausgabe 1985).

Kurt Langbein / Hans-Peter Martin / Hans Weiss / Peter Sichrovsky
Gesunde Geschäfte

Die Praktiken der Pharma-Industrie
Erweiterte Neuauflage
KiWi 22. 318 Seiten. Broschur

»Gesunde Geschäfte« machen internationale Pharma-Konzerne und zahllose Ärzte mit ihrem Material – den Patienten. Die Autoren dieses Bestsellers recherchierten jahrelang, arbeiteten teilweise in Führungspositionen in der Industrie und werteten 40000 interne Dokumente aus. Lückenlos belegen sie, wie bekannte Mediziner Patienten zu Versuchszwecken mißbrauchen, welche Nebenwirkungen von Medikamenten geheimgehalten werden, daß Ärzte und Apotheker zur Absatzförderung bestochen und die Arzneimittelpreise willkürlich festgelegt werden.

Kurt Langbein
Hans Peter Martin
Hans Weiss

BITTERE PILLEN

Vollständig neu bearbeitete und erweiterte Ausgabe

NEU: 2.500 Medikamente wissenschaftlich bewertet
Alle Kapitel komplett überarbeitet
Zusätzlich: Kapitel über Naturheilmittel und Homöopathie
Erstmals alle wichtigen Krankenhauspräparate erfaßt und bewertet.

»*Bittere Pillen* ist die Übersetzung der Bibel zur Verhinderung von Arzneimittelmißbrauch für Laien.«
Der Pharmakologe Professor Georges Peters im Spiegel

Kiepenheuer & Witsch

Thomas Weidenbach
Imre Kerner / Dagny Radek
Dioxin – die chemische Zeitbombe

Bestandsaufnahme und Auswege
Mit einem Nachwort von Robert Jungk
KiWi 61. Originalausgabe

Das Boehringer-Werk in Hamburg ist geschlossen. Aber die Dioxin-Erzeugung geht weiter. Trotz aller Dementis entstehen Dioxine bei zahlreichen Produktions- und Entsorgungsprozessen und lassen sich in immer mehr Bereichen unseres Alltagslebens nachweisen: In Konsumgütern, Lebensmitteln und Industriemüll, sogar in Kosmetika und Medikamenten.
Allgemeinverständlich stellen die Autoren auf der einen Seite zum ersten Mal den Gesamtzusammenhang des Dioxinproblems dar, nennen Namen der Hersteller, Entstehungsorte und beschreiben bisher unbekannte Auswirkungen der Gifte.
Auf der anderen Seite entwerfen sie Umrisse eines notwendigen Konzepts, das dem einzelnen Verbraucher wie dem Staat ermöglicht, langfristige, aber auch sofortige Gegenmaßnahmen zu ergreifen.

Umwelt-Lexikon

Herausgegeben von der Katalyse-Umweltgruppe

Nach dem kritischen Medikamentenbuch *Bittere Pillen* liegt nun mit dem *Umwelt-Lexikon* ein Nachschlage- und Ratgeberbuch vor, das den gesamten heutigen Wissensstand über Umweltzerstörung, Gesundheitsgefährdung, Schutzmaßnahmen und Umweltpolitik leicht zugänglich für jedermann zusammenfaßt. Alle Texte zu den einzelnen Stichworten wurden von Fachleuten so formuliert, daß auch komplizierte Begriffe verständlich werden. In zahlreichen Fällen wird der Sachverhalt zusätzlich durch Zeichnungen und Tabellen anschaulich gemacht.

Arnim Bechmann
Leben wollen

Anleitungen für eine neue Umweltpolitik

Seit Anfang der 70er Jahre ist die Umwelt ins Gerede gekommen. Der Bericht des Club of Rome und in seiner Folge eine Flut von Umwelt-Reports haben Umweltzerstörung und Ressourcenverbrauch im Detail geschildert.
Die Politik hat die Herausforderung durch die Umweltkrisen angenommen. Doch konnte sie die Krisen wenden?
Aktuelle Studien wie der US-amtliche Bericht ›Global 2000‹ oder der UNO-Report ›Umwelt weltweit‹ ziehen hartnäckig eine ökologische Wende, während Industrievertreter weiterhin die These ›Wachstum vor Umweltschutz‹ vertreten.

Professor Dr. Arnim Bechmann, Direktor des Instituts für Landschafts-Ökonomie der Technischen Universität Berlin, zieht Bilanz der Umweltveränderungen der vergangenen 15 Jahre. Sein Fazit:

- Umweltpolitik wurde fleißig betrieben. Seit 1970 entstand in der BRD eines der umfassendsten und modernsten Umweltrechts- und gesetzeswerke.

Aber:

- Die Umweltsituation hat sich verschlechtert.
- Die Ziele des Umweltprogramms von 1971 wurden bis heute nicht erfüllt.

Vor dem Hintergrund ausführlicher Analysen legt Arnim Bechmann ein überzeugendes Konzept für eine evolutionäre Umweltpolitik der 80er Jahre vor.

Kiepenheuer & Witsch

Eva Kapfelsperger / Udo Pollmer
Iss und stirb

Chemie in unserer Nahrung
Aktualisierte und neu bearbeitete Ausgabe
KiWi 37. 322 Seiten. Broschur

Den Lebensmitteln, die wir täglich nach Hause tragen, sieht man es in den wenigsten Fällen an, was mit ihnen passiert ist; Tatsache ist, daß die meisten Produkte die Bezeichnung »Lebens-Mittel« nicht mehr verdienen. »Mastvieh mit Arznei verseucht« – »Kaum noch Lebensmittel ohne Giftstoffe« – »Umweltschützer verlangen ein schärferes Lebensmittelrecht« – Schlagzeilen dieser Art sind inzwischen fester Bestandteil unserer Tageszeitungen. Die Autoren geben in ihrem Buch einen Überblick über Grad, Umfang und Methoden der Vergiftung unserer Grundnahrungsmittel. Sie zeigen neben aller Kritik Wege auf, wie man sich als Verbraucher schützen kann und welche Möglichkeiten es gibt, sich trotzdem gesünder zu ernähren. Das derzeitige Lebensmittelrecht, immer wieder gepriesen als eines der »strengsten und verbraucherfreundlichsten«, wird auf seine wahren Inhalte und Möglichkeiten zum Schutz des Verbrauchers hin untersucht.